U0190491

长江设计文库

大坝安全智能监测

理论与实践

■ 童广勤　李双平　姚金忠　等 著
刘祖强　郭棉明　裴灼炎

长江出版社
CHANGJIANG PRESS

参编人员

童广勤　李双平　姚金忠　刘祖强　郭棉明　裴灼炎

耿　峻　陈远瞩　刘顶明　马　瑞　刘勇军　张　斌

史　波　赵　鹏　周　华　张海龙　李永华　李艳芳

徐　瑞　陈子寒　丁　宇　甘　拯　秦维秉　郑　敏

汪昌港　夏　辉　张　弛　陈一鸣　梅晓龙　杨　坤

胡斌斌　廖周伟　丁建新　刘　兵　邓　迪　黄博豪

前言

安全监测是大坝运行安全管理的耳目,基础技术涉及工程测量、岩土力学、水工结构、计算机技术、自动化控制、数值分析与模拟仿真等,随着人工智能、物联网、大数据、移动互联网、云计算和 GIS＋BIM 等新兴技术的融合应用,安全监测逐渐发展为一项跨专业跨学科的综合性、智能化的系统工程,已成为智慧大坝全寿命周期运行安全管理的重要手段,恰逢国家印发《数字中国建设整体布局规划》,以及水利部《关于推进智慧水利建设的指导意见和实施方案》,在总结国内外大坝安全监测新理论、新技术、新方法及应用的基础上,撰写了《大坝安全智能监测理论与实践》,以期推动大坝安全智能监测技术的发展,提升大坝安全管理水平。

本书重点阐述了大坝安全智能监测理论,提出了大坝智能监测关键技术,介绍了智能监测的工程应用。其主要内容如下:

第 1 章为绪论。主要介绍安全监测的目的和意义、大坝安全监测、国内外安全监测现状及发展趋势、安全监测面临的挑战。

第 2 章为大坝安全智能监测理论。主要介绍智能感知技术、数据治理与分析模型、数字模拟与反馈分析、智能监测系统。

第 3 章为大坝安全智能评价与预警。主要介绍监控指标拟定技术、大坝安全评价技术、大坝安全预警技术、

第 4 章为三峡枢纽运行安全智能监测。主要介绍安全监测自动化、智能监测系统设计、智能监测系统。

第 5 章为智能监测关键技术。主要介绍 GIS＋BIM 技术、三维实景建模及可视化集成技术、基于"微惯导＋物联网"的智能巡检技术、智能算法模型及其组合模型技术、基于 BIM 和有限元的快速结构计算技术。

第 6 章为智能监测应用。主要介绍智能查询、智能巡检、数据管理、数据分析及评价、异常工况(数据)智能触发、智能算法模型应用、分析报告智能生成。

第 7 章为展望。主要介绍智能感知仪器设备、数字孪生工程监测、知识图谱与大语言模型。

本书特色体现在基于"微惯导＋物联网"的智能巡检技术,包括巡检任务定制、巡检记录、巡检轨迹、巡检报表报告生成等。分析模型与评价预警技术,包括构建了监测数据自动治理、分析建模、评价预警体系,实现了监测数据异常判别和粗差自动剔除,对异常工况和超限数据进行自动判别和预警,对自动化系统状态及质量进行自动评价等。数字模拟与反馈分析技术,包括"宏微观、地上下、室内外、二三维"多维度可视化技术、融合运用"BIM、WebGL、有限元、在线监控"技术。智能监测管理系统,包括通过系统性衔接物联网仪器,构建基于工作流引擎的大坝安全业务流程体系,实现安全监测数据自动采集、管理、应用等业务智能化管理,为大坝运行安全管理和辅助决策提供基础数据和新技术支撑。

囿于作者水平有限,书中难免有谬误之处,敬请读者斧正。

作　者

2023 年 10 月 18 日

目 录

第1章　绪　论

1.1　安全监测的目的和意义

人类建造和使用大坝已有5000多年的历史。大坝作为大型建筑的一种,是国民经济的重要基础设施资产,具有蓄水、防洪、灌溉、抗旱、河流治理、减少水土流失等多种功能,是开发水利清洁能源、优化水资源配置以及调控水资源时空分布的重要工程措施之一,具有巨大的社会效益和经济效益。大坝建设是水利发展的重要手段,对人类社会的可持续发展起着重要作用。新中国成立以来,水利水电在中国进入了发展快车道,尤其是改革开放之后,水利水电建设在短短几十年间取得了巨大成就。进入21世纪,一大批水利工程陆续建成,其复杂性和工程难度都超越了已有的工程认知水平,如举世瞩目的三峡水电站和白鹤滩水电站,我国逐渐跻身世界水电建设大国之列。截至目前,我国建设的水库大坝已达到近10万座,大坝数量位居世界第一,其中超过30m的大坝有6000余座,占全世界30m以上高坝的43%。

大坝看似是岿然不动的庞然大物,却无时无刻不在发生着动态的变化,其工作条件极其复杂,承受着巨大的负荷,在施工建设和运行期间不仅会受到多种环境和荷载因素的长时间作用,而且会经受如洪水地震等突发性灾难的侵扰。大坝在正常运行时可发挥巨大的效益,但万一失事,漫顶、倒塌等大坝灾害将给下游人民生命财产、国民经济建设以及生态环境带来巨大的危害,招致灾难性的后果。自20世纪以来,大坝崩塌先后在美国、法国、意大利和中国发生,带来了巨大的灾难。1963年意大利的Vajont大坝倒塌导致2600人死亡。1976年美国的Teton大坝倒塌导致100人丧生,经济损失约10亿美元。我国在水库溃坝方面也存在深刻教训。1993年,青海沟后小型水库溃坝导致近300人丧生;2001年,四川大路沟小型水库溃坝导致近40人伤亡。据统计,1991—2006年,全国因水库溃坝死亡到达400多人,约占因洪涝灾害死亡人数的1%。因此,保证大坝安全是坝工建设和管理中的头等大事。

为保证大坝安全运行,通常可采用工程技术,以固定的时间间隔对大坝进行加固和维护,或者采用非工程措施包括洪水预报、安全监测等手段。由于人们认知水平的局限,大坝设计和建设不可能做到万无一失,大坝运行中也可能产生安全问题,加强大坝安全监测就成了非工程措施中极为重要的一面。在全球范围内,大坝安全行业非常重视对大坝的监测,以便及早发现任何一类风险指标,从而及时采取纠正措施,防止安全事故的发生。实践证明,对大坝进行安全监测,是保障大坝运行安全的重要工作。通过监测仪器观测和巡视检查对大坝工程主体结构、地基基础、两岸边坡、相关设施及周围环境进行测量及观察,可以掌握大坝的工作性态,诊断大坝的健康状况。安全监测在大坝工程的规划设计、施工建设、运行管理全生命周期各个阶段中扮演着极其重要的角色,其意义不仅在于提供评价大坝安全状况、制定预警和应急方案的基础信息,还可以通过认识监测量的变化规律来检验原设计理论方法,改进施工与提升工程风险管控,从而提高坝工理论水平。

安全监测可以提供连续评估工程全寿命安全性以及不利情况下对工程性能进行显示和控制所需要的资料,其面临的主要技术问题是判定工程是否处于预计状态。需要尽可能全面获取工程健康状态信息;尽可能准确筛选、识别出反映工程状态的有效信息;尽可能提前准确判断工程安全状态。新时代的水利工程运行管理随着工程规模的提升而更趋复杂,对大坝安全监测提出的要求更多、标准更高。因此,不断完善安全管理系统、提升安全监测技术,建立准确的数据分析模型、行为预测模型和风险预警系统,发展安全监测自动化、信息化与智能化,是确保水利水电工程的高效、高可靠性运行的必然要求。近年来,大坝安全监测自动化和信息化建设取得了重大成就,为智慧水利建设奠定了坚实基础。实施可行、科学、统一的大坝安全智能监测,监测数据实时采集与预处理、深入系统的在线数据分析、及时的大坝运行安全评价和预警以及综合管理平台,不仅可以提升大坝安全监测和管理的信息化水准,实现准确快速的监控水工建筑物安全性态,而且可以及时提供水利工程运行状况,保障水电站经济与安全运行,提高水库甚至流域防汛的指挥调度,进而达到减员增效的目标,避免溃坝等灾害对下游千千万万人民的生命财产造成的损失。

1.2 大坝安全监测

大坝安全监测是为了解大坝运行状态及发展趋势,在大坝运营管理中非常重要,是了解大坝运行状态、保证大坝运行安全、保障人民生命财产安全、实施工程风险管控的重要措施,也是检验设计成果、检查施工质量和认识大坝各种参量变化规律的有效手段。

大坝安全监测主要包括变形监测、渗流渗压监测、应力应变及温度监测等,还包括上下游水位、降雨量、气温、水温等环境量监测。其中,变形和渗流渗压监测直观可靠,可基本反映在各种荷载作用下的大坝安全性态,因而成为最为重要的监测项目。

(1)变形监测

大坝在自重、水压及温度等荷载作用下,会产生坝体变形,变形监测是了解大坝工作性态的重要内容,变形监测主要有表面变形、内部变形、坝基变形、裂缝及接缝、混凝土面板变形、岸坡位移等。

（2）渗流渗压监测

对大坝在上下游水位差作用下产生的渗流压力、渗流量及水质进行监测，渗流监测的主要项目有坝体渗流、坝基渗流、绕坝渗流和渗流量等；渗压监测主要是对大坝的孔隙水压力、扬压力、土压力和接触土压力等进行监测。

（3）应力应变及温度监测

主要是对混凝土应力应变、锚杆应力、钢筋应力、钢板应变、基岩应变、混凝土温度等进行监测。

（4）环境量监测

主要包括上下游水位、降雨量、气温、水温等项目，主要用于分析环境量对大坝变形、应力、应变、渗流及坝内温度场的影响。

1.3 国内外安全监测现状及发展趋势

1.3.1 安全监测历程

通过长期实践，人们开发出多种监测大坝性状变化的手段，通过对这些手段所获取的大量信息进行分析，可以对大坝健康状况作出诊断，对大坝安全性态进行评估，这就是大坝安全监测。在大多数情况下，监测具有多个目的，包括：收集信息，预测维护需求以及确定安全隐患。传统的安全监测工作包括由专业技术人员进行定期巡视检查，通过仪器观测长期监测大坝的物理特性，辅助于工程师理解结构的正常行为，从而识别异常。

大坝安全监测可以追溯到 19 世纪 90 年代。1891 年，德国的埃施巴赫重力坝开展了大坝位移监测，随后于 1903 年美国新泽西州纽布顿重力坝开展了温度监测，1908 年澳大利亚新南威尔士州巴伦杰克溪薄拱坝开展了变形监测。在 1925 年和 1926 年，美国爱达荷州佛尔兹坝和史蒂文森试验拱坝开展了扬压力观测和应力应变观测，这是最早开展安全监测的几个实例。自 20 世纪 50 年代末以来，发生了一系列大坝溃坝事故引起世界各国对大坝安全监测的重视。各国都进行了大坝安全监测技术的研究与应用。随着大坝监测技术的迅速发展，监测对象已从初期的大坝主体结构扩展到对大坝的全方位监测。我国从 20 世纪 50 年代开始进行安全监测工作，大坝安全监测的作用也逐渐被人们认识。在 100 多年的大坝安全监测历史中，按发展的时间尺度大致可以分为以下三个阶段。

（1）1891—1964 年（原型观测阶段）

随着坝工理论和技术的发展，以及众多监测仪器的问世，人们开始对大坝性状进行主动观测。原型观测阶段是大坝安全监测的起步阶段,主要目的是研究大坝设计计算方法,检验设计,改进坝工理论。工程勘测人员主要通过对大坝的原型观测来验证设计理论和计算方法,研究效应量的变化规律。此阶段初步出现了成型的监测仪器和观测方法。弦式仪器和差动式仪器(卡尔逊仪器)相继出现,垂线法被利用到挠度观测;开始采用三角测量法、视准法、精密失准法观测水平位移和垂直位移,采用精密水准法观测倾斜;采用测压管监测混凝土坝坝基压力等。

(2)1964—1985 年(由原型观测向安全监测的过渡阶段)

接连发生的大坝失事让人们逐渐认识到大坝安全的重要性,逐步把保证大坝安全运行作为主要目的。在这一阶段,监测工作的主要目的是大量获取观测资料,从而对大坝的结构性态进行评价,发现其中存在的隐患,为安全管理提供依据。在这一时期,监测仪器的性能得到了较大改善,并且初步出现了自动化观测系统,日常观测逐步实现正规化和规范化,观测的范围也进一步扩大到地基深层和周边库岸。对监测资料的分析也从定性角度转变为定量研究,许多监测数学模型得以发展。此外,大坝安全监测相关制度、法律法规和管理部门也开始逐渐出现并健全。

(3)1985—2010 年(安全监测阶段)

此阶段,大坝安全监测已经成为人们的共识,其目的已经从理解性态和检验设计变为安全监视和预警评估,逐渐向着在线实时监测和智能安全监控的方向发展。在这一时期,已形成了性能稳定、类型齐全的监测仪器。自动化的监测系统也逐渐完善,监测数据能基本实现远程采集和传输。各类法律法规、规范体系也基本完备。随着安全监测技术的不断发展和计算机技术的进步,在线实时大坝安全健康诊断和智能安全监测逐渐成为发展的主流,安全监测不再局限于人工观测和离线分析。

我国的大坝安全监测始于 20 世纪 50 年代,从最初的光学和机械仪器采集、人工记录逐渐发展到传感器、电子设备进行数据采集和记录,使用数据库和程序进行数据处理和分析。近年来,我国的水利工程建设无论在总量或在工程技术指标上都已在世界位列前茅。国内安全监测技术有着长足的发展,大坝安全监测工作也积累了较为丰富的实践经验,同时国家也出台了若干法律法规指导行业规范,大坝安全监测技术逐渐进入国际先进行列。

(4)2010 年至今(安全监测开始迈向信息化和智能化阶段)

随着人工智能、物联网、大数据、移动互联网、云计算和 GIS＋BIM 等新兴技术的融合应用,加之智慧水利迅猛发展的加持,安全监测也快速发展为一项跨专业跨学科的综合性、智能化的系统工程,已成为智慧大坝全寿命周期运行安全管理的重要手段。智能监测仪以全面感知、实时传送和智能处理为基本运行方式,对大坝空间内包括人类社会与水工建筑物在内的物理空间与虚拟空间进行深度融合,建立动态精细化的可感知、可分析、可控制的智能化大坝建设与管理运行体系。

1.3.2　安全监测现状

随着安全监测技术的发展,大坝安全监测已逐步实现自动化。监测自动化发展主要有三种模式。第一种模式是安全监测资料管理和分析的自动化。第二种模式是自动化进行监测资料的管理和分析,并开展有限的数据自动化采集。第三种模式是实现全自动化采集监测数据和管理及分析资料数据。虽然我国安全监测自动化起步较晚,至今也已达到近40年。在安全监测自动化发展的前期,受制于监测仪器的问题,主要以监测资料管理分析自动化的模式开展监测自动化工作。

20世纪80—90年代,我国的水电站大坝安全监测工作得到了快速发展,重点水利工程基本完成了监测自动化的安装和改造,安全监测系统取得了较大的进步。1980年1月,四川龚嘴水电站第一套大坝安全监测自动化采集装置——JCS—1型大坝内部参数自动检测及计算机处理系统投入试运行,标志着我国开始了大坝运行安全监测自动化的征程。中国第一套软硬件齐全的DAMS—1型自动化大坝安全监测系统于1989年12月在辽宁参窝水库投入运行,标志着我国大坝安全监测自动化已进入实用阶段。

90年代中期以后,大坝安全监测技术日趋成熟,其中数据传达更可靠,信息传递更及时,监测数据更稳定,安全监测系统的发展进入了新的阶段。仪器设备方面,监测自动化设备厂家如南瑞集团公司、南京水文、西安木联能、美国Geomation、美国Sinco等纷纷登上舞台,垂线遥测仪、静力水准仪、引张线仪等遥测仪器也相继得到应用;自动化系统架构方面,从相对简单的集中式、混合式发展到更复杂的分布式;软件方面,在常规监测数据进行自动化采集的基础上,开始引入各种模型方法对数据进行深入分析。模块化采集终端、多元化通信方式、分布式数据采集系统以及在线安全管理系统平台,纷纷研制成功并在多项水电工程推广应用,甚至部分工程已可实现内观监测全自动化。随着计算机技术的发展,多款大坝专家决策系统和安全监控系统也相继问世,具备一定的实时监控、分析和预警功能,可为大坝管理人员提供强有力的技术支撑。二滩拱坝安全监测系统综合利用专家们在大坝安全监测工作的经验,先由工程师们分析和编译,再通过计算机技术综合分析安全性态、进行安全评价、开展预警预报和辅助管理决策。南瑞集团公司开发了大坝安全信息管理系统DSIMS,并应用于小湾工程的安全监测信息管理。

2010年以后,我国多座巨型电站建成运行,监测自动化系统也迎来了建设的高峰期。特别是作为水利行业标杆的南水北调、三峡等工程监测自动化系统的投入运行,标志着我国监测自动化系统已达到成熟应用阶段。

1.3.3　安全监测趋势

大坝安全监测自动化系统经过几十年的技术积累,无论是在软、硬件方面,还是在数据传输上,均已取得突飞猛进的发展。智慧水利对大坝安全监测系统建设的方向提出了新的要求,安全监测系统应逐步立体化、一站式、智慧化,系统构建应高屋建瓴,顺应新形势、解决新问题、实现新跨越。新时代的大坝安全监测作为一项综合性、智能化的系统工程,是智慧大坝全寿命周期运行安全管理的重要手段。随着新一代信息技术的融合应用,安全监测正向着智能化、高可靠性、高精度、连续化、实时性和网络化等方向发展。特别是物联网、人工智能、大数据、数字孪生等创新技术赋予了大坝安全监测更多的先进使能技术,进一步推动安全监测由智能化迈向更高层次的监测智慧化阶段。

大坝安全监测智能化发展体现在智能感知、数据传输、计算分析、交互服务等多个维度。感知层面,由智能传感器、智能采集终端、GNSS、无人机、测量机器人等建"天空地一体化"多维度安全监测数据获取技术体系。支撑层面,实现监测设计、系统构建、数据采集、数据整理、数据分析、数据挖掘为一体的一站式供给服务。应用层面,借助数字孪生、大数据技术和信息技术等,对多源异构海量监测数据进行深入挖掘,提供全面、准确、动态、及时的大坝安全监测时空数据资源,为智慧水利提供相对便捷、高效、智慧的安全监测服务。

未来安全监测系统可以做到从数据采集、传输到存储、处理与分析、可视化、判别与决策的全流程智能化管理,同时结合智能巡检,完成监测对象的现场无人管理和值守,实现真正意义上的安全监测自动化系统的智能化监测实施与管理。智能传感器方面,除了需要具备传统消费类传感器的低功耗、低延迟、数据采用率高、易于集成、存储、无线传输等性能外,还需要具备传统工业类传感器的高可靠性和耐久性。传感器的智能化必将带来采集系统的智能化,采集系统可以根据传感器的自身属性,进行智能化数据处理,对监测物理量变化过大的可自动重测或报警,减少人工参与数据处理,提高数据采集与处理的效率和可靠性。在计算分析方面,多模型融合、人工智能应用、现代数值分析等新方法,可以应对大量实时监测仪器所采集的海量数据,为实时监测和智能监测的实现提供了技术基础,为预测与预警、智能诊断与决策提供支持服务。

随着近年来三维模型、BIM 和数字孪生技术的工程应用,利用多专业使能技术来建立多维度、全要素的大坝及其基础数字孪生智慧监测系统也成为大坝安全智能监测的发展热点之一。智慧监测系统借助云架构技术的信息平台,不仅可将单个工程健康信息扩展到流域统合甚至全国联网,有利于扩大纵、横向分析比较的范围,扩充知识积累,在更大的范围内优化决策,而且多领域知识融合的系统分析对设计阶段某些认识较模糊的计算模型和设计参数进行反演、识别,并通过更精细化的仿真分析,实现对工程健康状态的量化评估。大数据与虚拟现实技术的结合可以颠覆传统的工作模式,为人机交互带来革命性的体验。对安全监测信息这种具有时间—空间演化特征的数据分析和成果特征的立体展示带来极大便利,降低了利用专业分析结果的知识门槛。

1.4　安全监测面临的挑战

涉水国家战略与重大工程建设需求对大坝安全提出了新的时代命题。服务国家水安全、双碳目标、"一带一路"建设等国家和区域发展重大战略,支撑国家"十四五"发展规划提出的国家水网、雅江下游水电开发等重大工程,都离不开大坝建设与安全运行。目前,我国筑坝技术已世界领先,但支撑国家战略与重大工程建设,大坝安全面临系列挑战:西南地区"五高一深"(高地震烈度、高寒、高海拔、高边坡、高地应力和深厚覆盖层)复杂环境下的高坝大库高质量建造,抽水蓄能大坝的防渗与隧洞建造,构建数字孪生大坝为基础、以数字孪生流域为核心的智慧水利体系等,随着经济社会发展迅速增多的都市型水库的安全保障等。破解这些技术难题需要持久深研,对安全监测工作的要求也越来越高。如何在传统安全监测业务的基础上,有效整合多源数据,充分利用数字化工具,匹配相应安全管理制度,实现全生命周期精细化管理,有力践行智慧化转型是目前监测行业面临的挑战和关注的重难点。

信息化是当今世界发展的大趋势,也是产业优化升级、实现现代化的关键环节。信息化浪潮给大坝安全智能监测行业注入活力,也给大坝安全智能监测技术创新带来了全新的、高标准的机遇与挑战。就水工程安全监测而言,目前国内相关的信息化及智能化实践尚存在以下问题与挑战:①很多水工程安全监测体系的针对性不强。风险分析的理念在国内工程安全监测中应用很少,相关规范对水工程风险分析及失效模式分析等均未提出明确要求。监测设计中为监测而监测的倾向明显,不少监测系统规模庞大而实际获得的有效数据少,难以对工程安全风险监控提供足够的支撑。②信息化的全面性、系统性不足。和水工程安全相关的信息很多,如设计、地质、施工、环境、结构状态、运行管理、监控模型使用等。很多的信息化项目往往只重视结构化数据和自动化数据,其他方面则关注很少。③人工智能技术的应用尚不普遍。近年来,大数据、深度学习技术在数据粗差识别等方面得到了较多关注,但因为缺乏适用的监控指标,模型分析能力尚有不足,实际部署的系统还难以全面满足大坝安全智能化监控的应用需求。

随着数字孪生时代的兴起,基于数字孪生的智慧水利正如火如荼地建设,利用新时代的多专业使能技术来建立多维度、全要素的数字孪生系统,能够满足大坝运行安全更加实时的状态监测、异常检测、故障诊断、退化和寿命预测等,进而实现大坝运行安全全寿命周期的智能运维、精准管控。数字孪生驱动的智慧监测模式是在虚拟空间中构建高保真度的监测系统及被监测对象大坝虚拟模型,借助监测数据实时传输和控制指令传输技术,在历史数据和实时数据的驱动下,实现物理被测对象和虚拟被测对象的多学科、多尺度、多物理属性的高逼真度仿真与交互,从而直观、全面地反映大坝运行过程全生命周期状态,有效支撑基于数据和知识的科学决策。新时代的基于数字孪生的智慧水利建设,对大坝安全监测提出的要求更多、标准更高:监测数据采集的全域感知和泛在互联是数字孪生工程实现虚实交互和反馈的重要保障;监测数据管理的数据治理、数据挖掘和数据展示等是构建数字孪生数据底板、模型库和知识库的基础;监测数据服务的智能诊断和智能决策是支撑数字孪生工程安全"预报、预警、预演、预案"等业务应用的关键。围绕数字孪生驱动的智慧监测基于物理系统和虚拟系统的虚实共生的新模式。一是应考虑由仅测量物理量向虚实共生数据双向驱动转变、由被动响应向基于虚实交互的自适应主动控制转变、由状态监测向虚实同步映射的全生命期状态预测转变。二是针对智慧监测系统虚实共生新特征,需面向性能和监测对象行为进行动态系统建模,为智慧监测数据流管理奠定基础。三是为实现状态监测及预测的功能,需围绕数字孪生共生驱动的机理特征,探索监测仪器设备、物联网设备和虚拟监测系统的信息物理融合方法等问题的突破性研究工作。

第 2 章　大坝安全智能监测理论

2.1　概述

大坝看似是岿然不动的庞然大物,却无时无刻不在发生着动态的变化,其工作条件极其复杂,且承受着巨大的负荷。大坝在施工建设和运行期间不仅会受到多种环境和荷载因素的长时间作用,而且会经受如洪水地震等突发性灾难的侵扰。安全事故往往是多个因素共同作用的结果。为了减小大坝失事概率甚至规避重大安全事故,在规划、设计、施工和运行管理全生命周期阶段,都要采取切实可行和行之有效的措施。

2.1.1　智能监测内涵

智能监测是以自动化、数字化、网络化、智能化为主线,利用新一代信息使能技术,构建具有自主安全感知、自主异常挖掘、自主预报预警、自主决策应对的敏捷化的大坝运行安全智能监测系统。

监测自动化是智能监测的基础,由监测传感器、精密仪器、自动控制、通信、计算机为一体组成的系统,是获取和积累监测感知数据资源的保障。

数字化是智能监测的载体,把监测系统及其监测对象物理世界在计算机系统中进行虚拟仿真和呈现,并可利用数字技术驱动模式创新、流程再造等。

网络化是智能监测的灵魂,利用通信技术和计算机技术,把分布在不同地点的计算机及各类监测传感器等电子终端设备互联起来,按照一定网络协议相互通信以达到所有用户可以共享软件、硬件和数据资源。同时利用网络化构造平台,促进数据资源的流通和汇聚。

智能化是智能监测的目的,因此,智能监测必须具备灵敏准确的感知功能、正确的思维与判断功能、自适应的学习功能,以及行之有效的执行功能而进行的工作。智能化是从人工、自动到自主的过程。智能化展现能力,通过多源数据融合分析呈现信息应用的类人智能,帮助人类更好认知事物和解决问题。

而敏捷化的大坝运行安全智能监测系统,需要具备以下四大核心功能:

(1)自主安全感知

根据感知规则,自主采取正确观测或加密观测方案。

（2）自主异常挖掘

根据纷繁异常的数据信息，定位安全隐患点及原因。

（3）自主预报预警

根据历史运行数据预测变化态势及面临形势。

（4）自主决策应对

根据技术标准、管理办法、用户偏好等推送正确的应对措施。

2.1.2 智能监测体系

智能是人类所表现出对客观事物迅速、灵活、正确的理解能力，主要表现为收集、加工、应用、传播信息和知识能力，以及对事物发展的前瞻性看法，有效解决实际问题。

智能监测包含数据采集、数据管理、数据服务三大环节（图 2.1-1）。

（1）数据采集

数据采集包括全域感知和泛在互联。全域感知是智能监测的"感觉器官"，是在普适监测技术的基础上，深度融合库坝区：①天基物联，包括全球导航卫星系统（GNSS）、星载 In-SAR 等。②空基物联，包括大坝区域航空摄影测量、低空无人机遥感系统、无人机贴近摄影测量、无人机倾斜摄影等。③地基物联，包括大坝表面测量机器人、地基 SAR、激光扫描仪、电子水准仪、移动式智能巡检、视频监控图像识别等。④内部物联，包括变形、渗流、应力应变、坝址区强震等多类型智能感知仪器。⑤水体物联，包括坝址区域水域多（单）波束测深系统、地下水位监测、水下机器人检测系统等感知技术，从而实现库坝区域"天、空、地、内、水"的全域透彻智能精准信息感知体系。而泛在互联是智能监测的"传导神经"，利用 LoRa、4G/5G、光纤，以及各种高速高带宽网络通信手段，构建智能监测传输网络，以支撑大量数据、图像、视频等信息的传输，保证其实时数据汇聚至智能监测系统平台。同时，还需要保证系统平台与业务应用、其他专业平台信息的实时交互和反馈。

（2）数据管理

数据管理包括数据治理、数据挖掘和数据展示。由于大坝运行安全监测数据实际是反映监测对象的一组时域信号，在周围环境、人为操作以及其他不确定因素的影响下，采集数据通常存在粗差、漏测（空值）不等间距，以及小幅随机波动等现象，这时真实信号被一些噪声信号污染。需要采用数据粗差识别、数据检验、数据降噪、数据预处理等，对采集数据进行治理，以保证后续数据挖掘和数据服务质量。数据挖掘是利用传统的统计回归数理模型、有限元物理模型以及知识图谱技术，对治理后的数据进行特征提取，厘清监测数据与结构性态之间的关系，实现多尺度、多维度、异构信息深度融合分析。数据展示是利用可视化技术结合监测对象的数字化几何模型，将数据采集、数据管理及其衍生数据通过线图、面图、云图等形象的可视化呈现，以方便指导用户获取沉浸式使用体验。

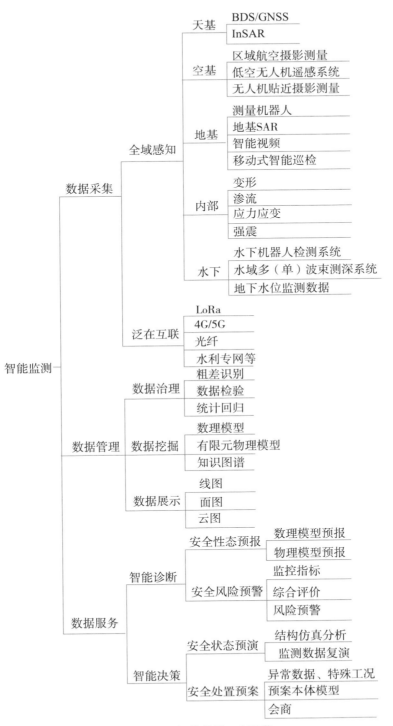

图 2.1-1 智能监测三大环节

（3）数据服务

数据服务包括智能诊断和智能决策。智能诊断是通过数据挖掘模型来准确诊断大坝健康状态，从而支撑大坝运行安全性态预测预报；实时构建监控指标体系和综合评价体系，智能诊断大坝运行安全性态和大坝运行风险识别，具备快速生成应急处置方案功能，为大坝运行安全智能管控提供决策支持。

2.1.3 智能监测使能技术

人工智能、物联网、大数据、区块链、云计算和边缘计算、GIS＋BIM 等创新技术的发展，为智能监测的构建奠定了基础，依托于一系列的底层技术，构成了智能监测系统的使能技术，只有融合应用创新技术智能监测系统的功能才得以完美实现。

2.1.3.1 人工智能技术

（1）测量机器人

测量机器人（Georobot）是一种高精度的能代替人进行自动搜索、跟踪、辨识和自动精确照准目标，并能自动获取目标的角度、距离、三维坐标和记忆影像等数据的高智能型电子全站仪。测量机器人与自动监测软件相结合，能够实现测量数据获取及处理的自动化和测量过程的自动化，可以实现无人值守自动观测。能模拟人脑的思维方式判断和处理测量过程中遇到的各种问题。因此，测量机器人是人工智能技术在大坝安全监测最早、最成功的应用。目前，单台测量机器人利用多重实时差分技术组成的极坐标法，已在大坝等工程变形监测得到很好的应用。但单台测量机器人受通视条件和最大目标识别距离的限制，只能用在通视条件好、变形区域较小的变形体的变形监测中。

（2）智能算法模型与智能模型

根据大坝监测数据系列，应用数学方法建立能够有效地反映大坝效应集与外界荷载集间影响关系的数学模型，来模拟和预测大坝的运行性态，进而综合评价大坝的健康状况，是保证大坝能够安全有效运行的最常用手段和方法。当效应量和自变量关系复杂时，传统分析模型预测效果较差，智能算法模型以可视化、网络化、易于实现等特征发展迅速。近年来，基于 Matlab 平台的智能算法在大坝安全监控模型中能得到很好的应用。智能算法模型的主要思路是：产生训练集、创建训练模型、仿真测试、性能评价、预测。其中，最具代表性的智能算法模型包括神经网络模型、支持向量机模型（SVM）、智能组合模型等。

神经网络模型具有良好的学习能力，在自适应和容错能力上也有良好的特性，特别是在能够很好拟合非线性问题。而 SVM 在处理非线性问题上，由内积函数架构的非线性变换可把输入空间转换成一个高维空间，并在这个高维空间中寻找输入与输出变量之间的非线性关系。大坝变形受到温度、时效因子以及水位等因素影响，其变形值呈现出非线性的特性，所以 SVM 算法非常适用于大坝变形的非线性预测。为利用不同大坝变形预测方法的特征信息,改进预测质量,可采用大坝变形智能组合模型。通常采用线性规划组合模型具有更高的预测精度和更小的峰值误差,为更准确地进行大坝安全监控提供了一种新的途径。

在建立智能算法模型中,人工智能技术显然在模型参数设置和策略优化方面非常重要。未来基于人工智能技术建立大坝监测智能模型是发展方向。由于大坝安全监测数据分析经历了以专家知识经验为代表的定性分析、以统计模型为代表的定量模型分析、以神经网络模型等为代表的机器学习模型分析三个重要阶段。未来研究以专家知识经验+各类数学模型+机器学习的混合智能模型分析,用于大坝运行安全的智能分析具有十分重要的意义。

2.1.3.2　物联网技术

物联网是智能监测系统前端连接和数据采集的基础,是智能监测的关键使能技术。基于物联网,能够帮助实现物理设备的在线化,支持物理设备数据的实时采集和监控,以及支持未来数字孪生监测系统虚拟世界对物理世界的闭环控制。

物联网的基本定义是指通过各种信息传感器、射频识别技术、全球定位系统、红外感应器、激光扫描器等各种装置与技术,实时采集任何需要监控、连接、互动的物体或过程,采集其声、光、热、电、力学、化学、生物、位置等各种需要的信息,通过各类可能的网络接入,实现物与物、物与人的泛在连接,实现对物品和过程的智能化感知、识别和管理。从物联网的定义不难看出,传统的大坝安全监测自动化系统模式与物联网高度契合,比如:监测自动化系统是通过埋设在大坝坝体表面的大地测量仪器等,以及埋设在坝体内部的各类物理学传感器相结合,综合获取大坝的几何量和物理量数据;通过有线电缆、光纤和 4G、5G 等通信手段,将感知信息传输至管理平台;依靠平台开发的各种系统功能为大坝运行安全管理提供服务。因此,可认为,在安全监测自动化系统中,物联网呈现的是远程自动化的一种具体模式,而物联网技术的发展,也推动了安全监测自动化系统的进步,大大促进了智能监测全域智能感知技术的实现。

2.1.3.3　大数据技术

近二十年来,我国大坝安全监测技术发展较快,大坝安全监测信息管理系统或决策支持系统的开发工作日益受到国内外的普遍重视,特别是流域枢纽大坝运行安全智能监测系统的开发应用,实时采集海量多源的感知信息已经成为现实。为了对安全监测系统产生的大量数据进行分析与处理,大型水电企业集团公司开始建设大数据中心来对流域/区域枢纽水库大坝群的监测系统集中管理,为水库大坝群运行安全状况分析与预警奠定良好基础,为水库大坝安全各级责任人和部门提供决策支持。

从大数据的 Volume(体量大)特征来看,监测数据量仍然偏小。但是可以从"大数据即全数据"的核心观点出发来探索监测大数据的构成和应用。对于流域枢纽大坝群监测大数据构成主要为勘测设计施工监测等数据、运维阶段监测系统实时采集数据、流域水库大坝运行维护管理数据、社会资源数据等四个维度。而利用大数据分析核心的关联分析方法,从监测数据中发现规律、监测数据中挖掘知识、监测数据中获得有价值的信息,可以更好地经营和管理这些监测数据,对分析大坝的安全性态,探求各影响因素对大坝安全的影响效应和规律,评价和预测大坝的安全性态,推动智能大坝建造和流域枢纽运行安全维护均具有重要意义和作用。

同时,大数据处理、存储和分析技术是实现智能监测的基础。一方面,基于大数据,可以将现实生产中产生的业务数据进行采集、整理和分析处理,形成结构化的、可以供给智能监测模型的数据养料;另一方面,大数据也可以支持智能监测模型的智能化决策计算,发挥智能监测的业务价值。大数据是智能监测和现实世界的交互信息和知识依据,是智能监测的基础支撑技术。

2.1.3.4 云计算技术

云计算是通过互联网按需提供可动态伸缩的虚拟化计算服务,能够根据用户需求通过网络访问一个可配置的共享资源池,具有用户管理投入少、服务供应商干预少、快速配置和交付、高性能、低成本等优点。

智能监测涉及大量数据的存储和计算,包括历史和实时的数据,要求大量的存储和算力。而云计算的发展,以及成本的下降,是智能监测得以应用和发展的基础。基于云计算技术,可以将"监测大数据资源"转换为"监测大数据资产",使安全监测由业务驱动转向数据驱动,通过云计算巨大的算力和存储资源,揭示传统技术方式难以展现的关联关系,建立"用数据说话、用数据决策、用数据管理、用数据创新"的新管理机制。同时,云计算技术能将分散在全国各地的业务系统通过互联网进行集中存储和管理,可向安全监测管理和分析人员提供数据共享服务以进行大坝性态分析,可以在任何时间、任何地点查询到大坝的实时运行状态,获得大坝安全监测报告、安全性评估服务,大大提高了管理效率。

基于云计算和大数据技术,搭建智能监测管理服务云平台,采用 SaaS(软件即服务)模式,涵盖了数据采集、数据管理、数据整编及分析、报表报告、巡视检查、项目管理等功能,为用户提供全生命周期、全方位的安全监测服务。

2.1.3.5 GIS+BIM 技术

三维地理信息系统(GIS)通过叠加融合倾斜摄影数据、矢量数据、BIM 数据等多源数据,提供更多的地形、水库大坝、附属设施等信息。GIS 结合地理学与地图学以及遥感和计算机科学,能够对空间信息进行分析和处理,并进行视觉显示。而 BIM 以工程的各种相关信息数据作为基础,通过构建虚拟的建筑工程三维模型,利用数字化技术、信息化技术为模型提供与实际结构一致的信息库。近年来,GIS+BIM 作为智慧工程的载体,已逐步应用于水电工程行业的设计、施工,以及运维等全生命周期。

从智能监测对象几何模型构建需求出发,需要将 GIS+BIM 技术和增强现实(AR)、虚拟现实(VR)和混合现实(MR)技术的融合应用,其中 AR 能够将虚拟画面叠加到现实场景,增强现实认知;VR 提供虚拟世界的沉浸式体验;MR 能够将虚拟画面叠加到数字化的现实画面,支持更沉浸的虚实叠加效果。从总体上能够实现对智能监测对象的几何模型的构建提供有效支持,通过立体沉浸的画面,还能提供精确可视的决策支持。

2.2　智能感知技术

水库大坝是国家重要的基础设施,水库大坝建设及运行安全是国家战略需求,受到各级政府、主管部门和运行管理单位的高度重视。大坝安全监测作为水库大坝运行状态的耳目,通过仪器监测和巡视检查等技术手段,能够及时发现异常情况并采取相应的处理措施,是工程安全运行的重要保障。

根据水利部 2016 年组织开展的全国水库大坝监测设施建设与运行现状调查结果显示,近年来我国水库大坝安全监测设施建设、运行和维护水平明显进步,但仍普遍存在着法规制度不健全、专项经费投入偏低、监测设施不完善、监测分析预警薄弱等不足,水库大坝监测设施技术陈旧、数据采集传输稳定性与实时性不足、安全监测信息化软件功能单一、监测数据挖掘利用不充分等问题突出,亟须进一步提升水库大坝安全监测工作水平。

目前,物联网、云计算、大数据等新一代信息技术快速发展,有力促进了传统行业的转型升级,同时也为智慧水利建设带来了新的发展机遇,促进了水利治理能力的现代化。与此同时,在大坝安全监测领域,迫切需要大力推进新一代信息技术与传统专业的深度融合,有效提升大坝安全监测智能感知水平与智慧应用能力。

近年来,在国家的大力支持下,水利水电行业抢抓信息化发展机遇,积极探索技术转型升级,深入开展了大坝安全监测智能感知技术研究及应用工作,为支撑水利大坝工程建设及运行安全作出了积极贡献。

2.2.1　智能传感器

智能传感器(Intelligent Sensor)是应现代化系统发展的需要而提出来的,是传感技术克服自身落后向前发展的必然趋势。智能传感器是传感器与微处理器赋予智能的结合,兼有信息检测与信息处理能力的传感器。其充分应用微机械加工与集成电路微电子工艺等硬件技术,结合学习、推理、感知、通信以及管理等软件支撑,赋予传感器智能化的功能,从而使传感器具有精度高、高可靠性与高稳定性、高信噪比与高分辨率、强的自适应性和低的价格性能比等特点。智能传感器相比于传统工艺传感器,具备体积小、重量轻、耗能低、惯性小、谐振频率高、响应时间短等优势,能够有效提升数据监测的可靠性和智能化程度,非常适用于大坝安全监测智能传感器领域。

2.2.1.1　智能传感器的实现途径

一般情况下,智能传感器的实现有以下几种途径:

(1)非集成化方式

非集成化智能传感器是将传统的经典传感器、信号调理电路、带数字总线接口的微处理器组合为一整体。信号调理电路将传感器输出信号进行放大并转换为数字信号后送入微处理器,再由微处理器通过数字总线接口挂接在现场数字总线上,并配备可进行通信、控制、自校正、自补偿、自诊断等智能软件。

（2）集成化方式

集成化智能传感器是采用微机械加工技术和大规模集成电路工艺技术,利用硅作为基本材料来制作敏感元件、信号调理电路、微处理器单元,并把它们集成在一块芯片上而构成的。集成化智能传感器是智能传感器的最终期望形式。

（3）混合方式

根据需要,将系统各个集成化环节,如敏感元件、信号调理电路、微处理器单元、数字总线接口等,以不同的组合方式集成在两块或三块芯片上。

2.2.1.2 智能传感器的种类

基于 MEMS（微机电系统）技术的智能传感器相比于传统工艺传感器,具备体积小、重量轻、耗能低、惯性小、谐振频率高、响应时间短等优势,能够有效提升数据监测的可靠性和智能化程度,非常适用于大坝、边坡、洞室的变形自动化监测,代表性的智能传感器主要有地表倾角仪、固定式测斜仪和阵列式位移计等。

（1）地表倾角仪

地表倾角仪是为了监控边坡表面崩塌前兆而研发的一种实时监测预警设备。研发集成 MEMS 倾角传感器、加速度传感器、LoRa 无线通信模块、低功耗 CPU 和锂亚电池为一体的智能传感器,实现倾斜变形的实时监测预警。

（2）固定式测斜仪

固定式测斜仪适用于面板坝、边坡、滑坡体、基坑等深部变形监测。采用基于 MEMS 的双轴倾角芯片作为核心测量元件,通过 CAN（控制器局域网络）总线方式进行通信,提高固定式测斜仪的实时性与可靠性,并具有误差修正、温度补偿和故障自检等功能。

（3）阵列式位移计

阵列式位移计是具有多个单位长度的传感器测量单元,运用柔性关节连接相邻的两个传感器测量单元,利用 MEMS 三轴加速度传感器的计算每节传感器的三维姿态,实现整体位移监测,主要应用于洞室收敛变形、大坝沉降和边坡水平位移监测。

2.2.2 智能采集单元

工程安全监测自动化数据采集模块是监测系统组成中最重要的环节。它的稳定性及相关精度直接决定了系统的可靠性及数据精度指标。目前,国内外的工程安全监测自动化数据采集装置主要有：2300 系统、DT 系列数据采集装置、DAU3000 型数据采集单元系统、DG-2010 型分布式大坝安全监测自动化系统、8002 系列分布式网络测量系统、BGK-G2-C 型智能终端机、CK-MCU 自动化数据采集单元和 CJKJ-iMCU 监测智能测控单元等。总体而言,国外公司的自动化数据采集模块环境适应性较强、测量精度高、测量重复性好、通信方式多样可选、测量补偿电路完善、整机功耗低、故障率低,当结合国外高品质传感器使用时,整个系统的可靠性较高,但缺点在于整个系统价格高,国内人员在日常维护以及更换配件等方面缺乏技术支持和足够的资金保障,就长期使用而言代价较高。国内主流数据采集系统在精度、可靠性、测量补偿、环境适应能力以及功耗等方面都与国外先进水平存在差距。

目前,国内基于物联网、嵌入式及移动互联网技术设计的大坝安全监测智能采集成套设备,包括安全监测智能测控单元、无线低功耗采集单元、手持振弦差阻读数仪等智能采集设备能够满足水库大坝施工期及运行期安全监测高效可靠采集的工作需求。

(1)监测智能测控单元

针对大坝安全监测自动化领域长期存在的数据采集传输稳定性与实时性不足等问题,基于嵌入式处理器、嵌入式操作系统和物联网技术,研发的 MCU 监测智能测控单元,能够进行振弦式、差阻式、电流、电压等不同原理和类型传感器的多通道复用测量和人工比测,具备 RS232、RS485、以太网和蓝牙等多种接口,支持监测数据实时测量、定时自动巡测、智能触发召测等功能。目前国内代表性的有 BGK-G2-C 型智能终端机、CK-MCU 自动化数据采集单元和 CJKJ-iMCU 监测智能测控单元。BGK-G2-C 型智能终端机是基于物联网平台利用新技术开发的,智能终端机与测量模块、传感器和云平台组成一体化监测站,通过 GPRS、LAN 和北斗卫星将测量数据传送至云平台。CK-MCU 自动化数据采集模块具有较多的功能,具备独立的网络通信接口及高速数据吞吐量是其核心特点,但其防潮性能、环境适应性及功耗是其较弱的方面。新型智能测控单元(CJKJ-iMCU)的核心指标上与 BGK-G2-C、CK-MCU 在同一水平,采用模组化设计,即由数据采集模块、扩展通道模块、人工比测模块、数据传输模块、防雷接地模块、除湿防潮模块、供电模块等模块化结构,配套开发的数据采集软件(App)功能强大,配置的液晶显示屏方便现场调整参数等。具有传感器信号智能识别、通道数扩展、人工比测自动化程度高、多路数据传输模式、防雷保护、自动除湿、设备供电及保护、状态监控等智能化功能。同时保持低功耗特色,进一步加强环境适应能力、纠错能力和人工操作的便利,以期能够获得更优秀的测量使用效果,使之成为真正意义上的大坝安全监测仪器的换代产品,提升行业的整体监测水平,以及自动化数据采集单元支持多终端配置模式,能够使用手机蓝牙、内置 Web 网页、云平台系统等多种方式进行配置操作,通过以太网、光纤组建大型通信网络,适用于运行期永久性安全监测自动化系统工程,具有很好的稳定性、实时性和可扩展性。

自动化数据采集单元具有振弦波形分析功能,能够准确测量振弦回拨信号的幅值、信噪比、衰减率和干扰频率指标,实现了埋入式振弦仪器回波信号质量分析,为埋入式振弦仪器鉴定提供了新方法。

(2)无线低功耗采集单元

在大坝施工期或者工程边坡等野外环境下,为解决由于现场缺少稳定可靠的电力供应和有线通信媒介而无法实现自动化实时采集的难题,行业研发了基于 LoRa 技术的无线低功耗采集单元,采用协调处理器技术有效解决了低功耗和高性能的冲突问题,既保障了采集所需的高性能资源,又满足了设备低功耗运行需求。

无线低功耗采集单元分为数据集中器和数据采集仪两部分。数据集中器和数据采集仪均内置 LoRa 通信模块,数据集中器通过 LoRa 无线传输方式向数据采集仪发送指令,数据采集仪接受控制指令,进行监测数据采集,并且将采集数据回传至数据集中器,数据集中器收集多个采集仪的数据并传送至物联感知平台,最终汇聚至安全监测云服务系统进行数据处理和分析,用户通过电脑或者手机即可进行数据查询及分析。

(3)手持振弦差阻读数仪

对于未实现自动化观测的安全监测仪器,需要进行人工观测。常规的工作方式是工作人员携带振弦式读数仪或者差阻式读数仪到现场采集监测仪器数据,手工将仪器编号和数据抄写至纸质记录本,再将数据录入至电子表格或者信息管理系统中。此类工作模式不仅效率较低,并且存在着数据记录错误、工作人员随意编造数据的风险。

为提高人工测读工作效率,行业基于电子标签、蓝牙通信和移动互联网等先进技术,设计和研制了手持振弦差阻读数仪,并开发配套智能 App 应用,通过手机蓝牙与手持振弦差阻读数仪通信,App 自动记录监测数据,通过手机 NFC 功能读取仪器编号,完成监测数据与仪器编号的对应,从而实现监测数据采集、存储和云端同步。

手持振弦差阻读数仪不仅能够将监测数据进行信息化管理,还能够通过手机 App 识别工作人员身份,保证现场仪器的监测频次以及数据的真实性,并对现场工作进行监督管理,实现了安全监测管理工作的模式创新。

2.2.3　测量机器人智能变形监测技术

测量机器人智能变形监测是基于测量机器人实现大坝表面变形智能监测的一门技术。测量机器人是具备自动搜索、自动精确照准和读数功能的智能型电子全站仪。目前,单台测量机器人组成的极坐标测量系统,利用多重实时差分技术等,已在水利水电工程、桥梁、隧道等工程得到很好的应用。但单台测量机器人由于受通视条件和最大目标识别距离的限制,只能用在通视条件好、变形区域较小的变形体的变形监测中。

通常远程测量机器人采集控制软件是基于随机软件二次开发的,其观测方案受到随机软件的功能限制,不能满足不同工程相关规范的要求。测量机器人智能变形监测技术,利用获取的测量机器人授权,直接开发了从"测量机器人—光通信—服务器"全链条的自动化采集控制系统。实现不同工程的规范要求定制适合的观测控制方案。并能够依据实时采集的气象信息(包括气温、湿度、气压、雨量等),智能识别当前为浓雾、雨雪等天气时,暂停观测,直到气象条件满足要求为止。若当前气象满足要求,则开始启动测量机器人自动观测。观测过程中发生测点被遮挡等情况暂时无法观测的,则等待一段时间后自动重测;超限的测点也进行重测。观测原始数据经过在线平差处理计算后,若发现平差精度不满足要求的测点,也进行重测后重新计算。

测量机器人智能变形监测技术主要由测量机器人机载自动采集软件、基于 PC 端的远程测量机器人采集控制软件、基于实时气象场模型内插的测距边气象改正算法、测量机器人实时组网自动平差计算、测量机器人高精度智能变形监测管理系统等构成。实现了对多台测量机器人远程智能采集控制,使各台测量机器人站点之间相互配合、协调组网运行,对多台测量机器人站点和监测点动态位置的实时组网解算(含实时气象改正模型),从而获取高精度的监测点的实时运动轨迹。

(1)测量机器人机载自动采集软件

适用于徕卡 TM50 全站仪设备,底层依赖 WINCE6.0 固件。软件分为数据层、硬件层、控制逻辑层、用户界面层。软件功能模块包括参数设置、测站设置、学习测量、自动测量、数据浏览等。

(2)基于 PC 端的远程测量机器人采集控制软件

基于 PC 端的远程测量机器人采集控制软件采用.Net Core 跨平台框架开发,其核心控制指令对接徕卡 GeoCOM 接口,采集的数据自动保存到 MS SQL Server 中。软件作为 Window Service 服务运行于系统后台,并基于 Web Socket 与其他系统或管理系统前端进行通信。软件功能模块:限差设置、制定观测方案、学习测量、周期采集、即时采集、气象采集、设备控制等。

(3)基于实时气象场模型内插的测距边气象改正算法

为了更精确地对测距边进行气象改正,利用构建的实时气象场模型内插测线上的气象元素,进而对测距边进行分段气象改正,分段气象改正能够显著提高边长测量精度。

(4)测量机器人实时组网自动平差计算

主要包括水平角归零处理、测站平差、边长气象改正、计算标心斜距、斜距改平距、计算概略坐标等数据预处理。实时组网平差计算包括确定角和边的权、建立误差方程式、组成法方程、按最小二乘法解算获得测点坐标。最后计算单位权中误差、点位中误差等。

测量机器人高精度智能变形监测管理系统集成了上述 4 种技术,详细逻辑关系见图 2.2-1。实现对测量机器人的采集控制、数据传输、数据处理、数据存储、数据管理、数据统计分析等全流程的管理。软件功能包括项目管理、观测方案制定、采集控制、数据管理、数据查询、数据处理、运行状态、系统管理等模块。

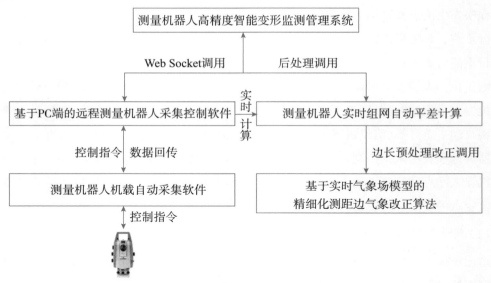

图 2.2-1   测量机器人智能变形监测技术架构

2.2.4   BDS/GNSS 与 InSAR 监测技术

传统地表变形监测技术主要有点式监测和面状监测。点式监测一般采用重复精密水准测量方法。该方法具有很高的监测精度,但存在野外工作劳动强度大、周期长且耗时耗力等技术劣势。面状监测主要有近景摄影测量法和地面三维激光扫描法等,但容易受到距离和环境的限制,存在价格昂贵,运输、安装和迁站等困难问题。近几年来,随着空间大地测量技术的发展,BDS/GNSS 与 InSAR 也逐渐被应用于地表形变的监测。北斗卫星导航系统(BDS)是我国着眼于经济社会发展需要,自主建设、独立运行的卫星导航系统,已全面服务交通运输、公共安全、应急管理、农林牧渔等行业,为大型工程提供了精准的位置服务和变形监测技术支撑。合成孔径雷达干涉测量(Interferometric Synthetic Aperture Radar, In-SAR)作为近年来迅速发展的空间大地测量新技术,具有监测精度高、范围大、全天候、空间覆盖连续等优点,适合水利工程建筑物变形和滑坡地表沉降变形等领域的面域监测和时间序列监测。

BDS 高精度测量技术,可搭建北斗变形监测网,实施面向全过程、全方位、全自动的BDS/GNSS 变形监测系统,为工程提供自主可控、不受制于人的保障手段,提高了测绘服务的国产化水平。InSAR 技术,可通过组建长期 SAR 卫星影像数据池,实现覆盖工程全域的高精度、全天候、长时序的表面变形监测,分析地表变形的时空变化规律,评估工程稳定性。基于 BDS/GNSS 与 InSAR 技术可为工程安全监测、边坡滑移监测等场景提供低成本、高效率的变形监测手段,不仅能够解决当前人工监测劳动强度大、周期长以及"点监测"模式存在大量的监测盲区等问题,而且弥补了常规监测网长距离监测精度下降的缺点,为枢纽安全监测预警和风险防范、科学经济的管养策略制定、渠道的运行安全提供技术保障,是工程信息化、数字化、智能化建设的必然需求。

2.2.5　智能巡检技术

水库大坝安全是推动安全监测工作智能化发展的前提,而是及时发现大坝潜在安全隐患、保障大坝运行安全的重要手段,且巡视检查工作具有全面性、准确性、直观性等测点,是其他仪器监测手段不能代替的。随着水利工程信息化工作的不断深化,对传统巡视检查工作的信息化升级而来的智能巡检工作已广泛开展,甚至部分工程创新应用了无人机巡检、挂轨机器人巡检、水下机器人巡检以及激光雷达巡检等技术来自动获取巡检信息,提升了巡视检查工作智能化程度。

针对传统人工巡视检查工作存在巡检数据散乱、信息孤岛严重、可视化程度不够、信息化管理不足和时效性较差等问题,基于微惯导技术的安全监测智能巡检技术,融合了"物联网＋微惯导"技术,能够基于室内惯导定位或室外 GNSS 定位准确定位巡检路线,通过智能终端拍照、录像等多媒体手段记录巡检数据,并根据巡检路线和巡检数据生成巡检报告,从而有效提升了安全监测巡视检查工作智能化水平,工程应用表明该系统值得在其他工程进行推广使用。

2.2.6　监测自动化通信网络

（1）组网类型

监测自动化通信网络（图 2.2-2）一般使用星型光纤以太网、分层星型光纤以太网、串型光纤以太网。

星型光纤以太网适用于具有多个测站,且测站与中心站（或通信节点）距离不远、便于牵引光纤的工程。

树型光纤以太网适用于具有多个测站,且测站与中心站（或通信节点）距离较远、不便于牵引光纤的工程。

串型光纤以太网适用于线路较长、副坝较多、测站基本排列在一条线上的工程。

在实际组网中,需根据工程实际将以上类型混合使用。

（2）通信协议

工程中最常见的通信协议包括 TCP/IP 通信协议、RS485 通信协议、RS232 通信协议等,各种协议之间可使用信号转换模块进行转换。

TCP/IP 通信协议:一般使用常见的网线（RJ45）进行连接通信,可使用 485－网或 232－网的信号转换模块（又名串口服务器、串口转换器等）进行协议转换。需配置 IP 地址、子网掩码、网关、通信端口号等信息。

RS485 通信协议:一般使用双绞线进行通信。需配置地址码。

RS232 通信协议:一般使用 232 通信线进行通信,需配置地址码。

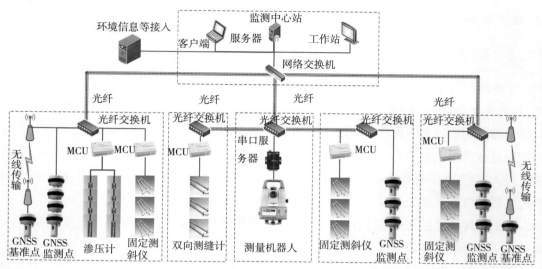

图 2.2-2 大坝监测自动化通信网络示意图

（3）通信介质

工程中使用的通信介质是用于在网络中传输数据的物理载体，通常分为有线介质和无线介质两大类。有线介质主要包括同轴电缆、双绞线、光纤等。

同轴电缆：拥有高抗干扰能力，适用于传输电视信号和早期的以太网连接。它由中央的铜芯、绝缘层、屏蔽层和外部护套组成。超五类屏蔽网线极限传输距离为100m，超过后会存在干扰。敷设时，需注意强弱电分离。

双绞线：极限传输距离为1200m，但传输距离会变低；若要保证传输质量，则尽量不要超过800m。敷设时，需注意强弱电分离。

光纤：利用光脉冲传输数据，提供极高的传输速率和长距离传输能力，同时抗干扰性强，常用于骨干网络和高速互联网连接。光纤由纤芯、包层和护套组成。传输距离受限于两端光电转换设备（一般叫作光电转换器，又名光端机），一般光电转换设备传输距离在15km以上。光纤敷设时，不受强电干扰；但为了检修方便，一般也需和电源电缆分开敷设。需注意的一点是：光纤不改变通信协议，且两端设备的协议、通信速率、通信波段必须相同才能正常连通；其传输的信号具体是什么协议由两端光电转换器决定。例如：光纤两端同时连接光—网的光电转换器时，则其传输的是 TCP/IP 协议信号；若同时连连接光—485 的光电转换器时，则其传输的是 485 协议信号。因此，一般使用光纤来延长协议传输范围。

无线介质主要包括蓝牙和 Wi—Fi、无线网桥、Lora 通信、4G 通信、卫星通信等。

蓝牙和 Wi—Fi：短距离无线技术，广泛应用于个人设备间的数据交换和局域网连接。

无线网桥：一般无线网桥传输距离在5km以内（无遮挡条件），具体传输距离与网桥产品有关。网桥一般成对使用，也可以一对多，即可将多个子网桥对准一个主网桥。子网桥连接设备（GNSS 接收机、气象传感器等），主网桥可安装到测站顶、中心站等位置，就近接入到交换机中。一对多时,需注意多个子网桥角度不得超过 60°,其高差也不可相差太大。

Lora 通信:Lora 一般由终端和网关组成,可形成一对多的信号传输,传输距离一般可达 15km(无遮挡条件),功耗较低。但目前乌东德使用的 Lora 设备不太稳定,需选择其他厂家更稳定的设备。

4G 通信:4G 一般用在距离非常远(>15km)或遮挡较为严重的地方。其终端部署比较简单,但服务端存在较大缺点:①在目前越来越注重网络安全的情况下,部分业主不允许使用 4G 传输;②部署 4G 服务端时,需在局域网之外,另外牵引外网,并配置公网 IP 或域名(购买花生壳等内网穿透服务);③涉及外网与内网数据传输时,需布置网络隔离装置等设备;④终端需购买电话卡或物联网卡,投资较大,且会在忘记缴费的情况下断网。

卫星通信:通过地球同步或非同步轨道上的卫星进行长距离通信,覆盖范围广。

(4)通信模块

工程中使用较多的通信模块包括光电转换器、串口服务器、4G 模块、集线器等。

1)光电转换器

又名光端机,可将光信号和电信号互相转换,可分为单模、多模,百兆、千兆,单纤、双纤等。工程中使用较多的是单模千兆双纤类型。光电转换器必须成对使用,但光电转换器无须相同厂家,只需保证两个转换器的类型相同即可。另外有一种光电转换器专门安装在光纤交换机上,即 SFP 光模块,其功能与普通的光—网转换器相同,可直接将其插入光纤交换机光口中,其接口一般为 LC(俗称小方口),接入 LC 跳线即可。

2)串口服务器

串口服务器分为 485-网、232-网、485-232、485/232-网等,可将串口转换为网口接入交换机中。测量机器人一般使用 232 接口,可使用 232-网的模块连接交换机。

3)4G 模块

4G 模块分为 485-4G、网-4G 等类型,需配置目标 IP 地址或域名、端口号等。

4)集线器

可将多个 485 信号集中为 1 个。

(5)总体通信方案

由于监测自动化系统中设备较多,一般将站内设备集中接入站内交换机中,再由交换机将电信号转换为光信号传输至下一个通信节点。

测站附近的设备(GNSS 接收机、气象传感器等)若距离小于 100m,可直接通过网线牵引至测站交换机中接入;距离大于 100m 时,则需使用光纤牵引至测站,再通过光电转换器接入交换机中。若是 485 通信设备,则可在距离不超过 800m 时使用 485 双绞线牵引至测站,并使用 485-网的串口转换模块接入交换机中。

此外,星型光纤以太网和树型光纤以太网组网时,应根据星型节点级别合理分层部署。将通信级别较高的节点部署在可直接接入中心站的观测站,同时将易断电的不稳定电源观测站部署在该通信节点级别以下的观测站,避免出现因单个观测站频繁断电导致大量观测站通信阻断,影响自动化观测任务。

2.2.7 监测自动化控制系统

随着云计算、物联网、大数据、人工智能等技术的高速发展给水利自动化发展带来了良好的发展环境,大坝是关乎国民生产生活的重要水利工程建筑物,对大坝实行科学合理的自动化控制与管理、减少人为干扰因素,是适应现代化发展和低碳水利的迫切要求。大坝监测自动化控制系统起步较晚,但发展迅速,目前已广泛应用于大坝内观监测自动化控制、外观监测自动化控制、环境量监测自动化控制、水文监测自动化控制等多个方面,大幅提升了大坝安全管理水平,为大坝安全运行与管理发挥了巨大作用。

大坝监测自动化控制系统以水库大坝为监测对象,是水库安全监测最为重要的工具,通过自动化控制系统对大坝进行自动巡视、定时巡视、选测、数据采集分析一体化处理,实现监测、控制和报警功能,保障大坝的安全运行。其主要由监测仪器、数据采集装置、通信装置、计算机监控中心、信号及控制线等组成,在根据工程等级、规模、结构及地形、地质条件和地理环境因素,设置必要的监测项目及相应的设施,定期进行观测。需要监测的部位有坝体、坝基、坝肩、近坝岸坡、与大坝有关的建筑物等。监测项目包括坝体位移监测、坝基位移、裂缝变化、渗流量、扬压力、绕坝渗流、上下游水位、降雨量、气温等,通过监测大坝在正常情况下的一般变形和渗流规律,可以及早发现异常现象,查出异常根源。大坝监测自动化控制系统给大坝安全提供了最科学、最可靠的技术保障。

2.2.7.1 系统架构

大坝监测自动化控制系统分为现场采集层、监测中心管理站、系统用户三个层级(图2.2-3)。

(1)现场采集层

部署数据采集终端,与监测中心管理站之间通过通信网络,依据安全监测数据交换标准,实现现场数据采集服务。

(2)监测中心管理站

主要部署Web应用服务器、数据库服务器、数据采集服务器,用于部署监测自动化控制系统及其数据库,并设置了备份服务器,用户通过授权的Internet(VPN)或者内部网络访问系统或者文件资源。

(3)系统用户

用户可以通过笔记本电脑、台式机、大屏幕系统以及手机、平板等设备,以无线或者有线的方式访问系统程序或者文件资源,在授权范围内对系统进行操作。

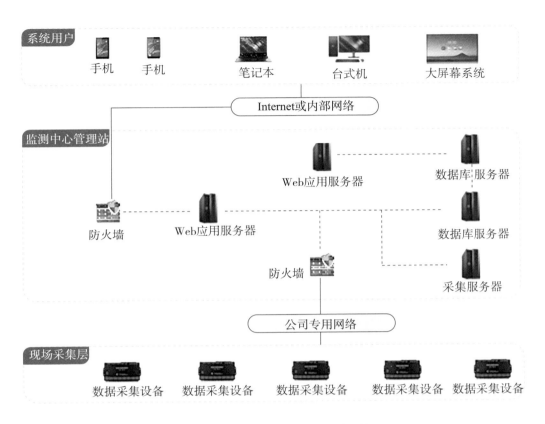

图 2.2-3　大坝监测自动化控制系统结构图

2.2.7.2　系统功能

（1）数据采集

数据采集模块具有巡测、选测和定时测量功能。

1）巡测

数据采集模块在接收到监控计算机巡测指令后，对所有传感器进行测量，并将测量数据发送至监控计算机。

2）选测

数据采集模块在接收到监控计算机测量某个传感器指令后，对指定传感器进行测量，并将测量数据发送至监控计算机上。

3）定时测量

数据采集模块根据设定的开始时间和时间间隔计算测量时间，一旦达到测量时间，数据采集装置对所有传感器进行测量，并将测量结果保存至数据采集模块的内存中，等待监控计算机上线后发送数据。

（2）现场数据通信与远程通信

监控计算机与数据采集模块之间可以进行双向数据通信，监控计算机可向数据采集装置发送指令,数据采集模块可向监控计算机发送指令执行情况和监测数据。远程信息管理计算机与监控计算机之间能够进行双向数据通信,远程信息管理计算机可获取监控计算机上的监测数据,监控计算机也可获取远程信息管理计算机上分析结果和监控指标等。

(3)数据存储和备份

数据采集模块对传感器进行测量后,监测数据能够保存在数据采集模块中,在发送至监控计算机后或接收到删除指令后,才会删除数据。监控计算机在接收到监测数据后,将监测数据存储至数据库,并对监测数据进行定期备份。

(4)掉电保护

数据采集模块在外部供电中断后,仍能运行几天时间,并能接收监控计算机指令进行测量。监控计算机在外部供电中断后,仍能运行一段时间,以便保存数据和关机,避免数据丢失和计算机损坏,特别是避免因突然断电造成计算机硬盘损坏。

(5)网络安全防护

监控计算机或信息管理计算机如与局域网或公网互联,需安装硬件防火墙或网络安全保护软件,如采用网络安全保护软件需定期升级。同时,数据采集软件和信息管理软件能对用户进行验证,防止非法用户访问,避免不当操作造成数据丢失。

(6)自检、自诊断

数据采集模块在开机或接到自检指令后,能进行自检、自诊断,并将诊断结果发送至监控计算机。自检内容包括数据采集模块内部温度、工作电压、充电电压、采集模块数量、采集模块类型等。

(7)防雷及抗干扰

监测自动化控制系统具有避雷措施。观测房和中心控制站等建筑物要安装避雷针或避雷带,避免设备遭受雷击。其中电源线应采用多级防雷措施,数据采集模块还应具有抗电池干扰能力,避免测量时由电磁波干扰造成测量数据不正确。

(8)数据异常报警

当测量数据异常时,数据采集模块或数据采集软件能够以文字、语音或光电等方式报警。数据异常情况包括测量数据缺失、超过仪器量程、数据变幅过大、超过工程安全允许值等。

(9)信息管理

监测自动化控制系统除具有数据采集功能外,还应具有信息管理功能。信息管理软件能够对监测信息有效处理和管理,能够对监测数据进行增、删、改等操作,特别是能够录入人工测量数据,具有打印报表、绘制图形等资料整编功能,具有特征值统计、统计模型建立等资料分析功能。

2.3　数据治理与分析模型

2.3.1　数据治理

通过分析大坝安全监测数据,对水工建筑物的安全状况进行综合分析、安全评价和监控以确保大坝安全。监测数据实际是反映监测对象的一组时域信号,即一种随时间或空间变化的数据信号,其是水压、温度、时效等因素以及噪声影响的综合反映。大坝监测数据为大坝运行性态的直接反映,测值的变化与大坝运行的环境荷载及大坝本身的结构性态有关。因此,监测数据的真实性和可靠性对水工建筑物安全状况的最终评判至关重要。但由于随机因素的影响或收集分析数据的失误而出现异常值。在利用观测资料研究模型之前,必须对监测资料的可靠性加以判断,开展数据治理工作分析出异常的测值。

2.3.1.1　数据检验

(1)标准差检验和均值检验方法

1)标准差检验

①单样本标准差检验——需服从正态分布。

a. 均值已知,$H_0:\delta^2=\delta_0^2$,δ^2 的极大似然估计 $\dfrac{1}{n}\sum\limits_{i=1}^{n}(x_i-\mu)^2$。

$$\chi^2=\frac{n\delta^2}{\delta_0^2}=\sum_{i=1}^{n}\left(\frac{x_i-\mu}{\delta_0}\right)^2\sim\chi^2(n)$$

双侧检验的拒绝域为:

$$\chi^2\leqslant\chi_{a/2}^2(n)\text{ 或 }\chi^2\geqslant\chi_{1-a/2}^2(n)$$

b. 均值未知,δ^2 的极大似然估计为样本标准差。

$$S^2=\frac{1}{N-1}\sum_{i=1}^{n}(x_i-\mu_s)^2$$

$$\chi^2=\frac{(n-1)S^2}{\delta_0^2}\sim\chi^2(n-1)$$

②两总体标准差检验——需服从正态分布。

$$F=\frac{S_1^2}{S_2^2}\sim F(n_1-1,n_2-1)$$

式中:S_1,S_2——标准差。

③多样本标准差齐性检验。

a. 正态分布样本。

检验不同水平下的标准差是否相等(原 $\delta_1^2=\delta_2^2=\cdots=\delta_r^2$,备选假设方差不全相等)。

$$S_i^2=\frac{1}{n_i-1}\sum_{j=1}^{n_i}(x_{ij}-\overline{x_i})^2$$

$$S^2 = \frac{1}{n-r} \sum_{i=1}^{r} (n_i - 1) S_i^2$$

$$n = \sum_{i=1}^{r} n_i$$

$$c = 1 + \frac{1}{3(r-1)} \left[\sum_{i=1}^{r} \frac{1}{n_i - 1} - \frac{1}{n-r} \right]$$

在原假设成立时,得到卡方统计量:

$$\chi^2 = \frac{2.3026}{c} \left[(n-r) \ln S^2 - \sum_{i=1}^{r} (n_i - 1) \ln S_i^2 \right] \sim \chi^2(r-1)$$

b. 正态分布、非正态分布或分布不明样本。

Leneve 检验先对原始数据作变换,再进行标准差分析,主要有三种变换方式:

$$d_{ij} = |x_{ij} - \overline{x}_i|$$

式中:i——水平——应用对称分布(如正态)。

$$d_{ij} = |x_{ij} - md_i|$$

式中:md_i——第 i 个水平下样本的中位数——偏态分布。

$$d_{ij} = |x_{ij} - \overline{x}_i|^2$$

2)均值检验

均值检验基本原理:

①提出假设。

原假设 H_0:这是研究者想要收集证据予以推翻的假设;

备择假设 H_1:这是研究者想要收集证据予以支持的假设。

②确定检验统计量。

假设确立后,要决定接受还是拒绝假设,都是通过构造样本统计量并计算该统计量的概率进行推断的,一般构造的检验统计量应该符合正态分布或近似服从常用的已知分布。如果在总体近似服从正态分布的,而且总体方差已知,可采用 Z 检验这个统计量(几乎不用);如果方差未知,可采用 t 检验(最常用)。

③确定显著性水平 a(一般取 0.05 或 0.01)。

④计算检验统计量 t 的值(代入公式计算即可)。

⑤做出推断。

(2)概率识别方法

假定测值服从随机样本的正态分布,根据正态分布特征,偏离随机样本均值程度越大,概率越小。依据此原理,假定测值在某一显著性水平下为小概率事件,则判定为异常值。

数据检验中是将监测数据列按每年的同一时间进行数据抽样,抽样后的数据服从或近似服从随机正态分布,不再具有二维属性。该法对各种分布规律的监测数据均可进行识别,具体处理步骤如下。

步骤 1：数据抽样。水工建筑物物理量的实测资料实际为一个时间序列。取一测点的全部数据进行分析，记为 $Y=\{Y_1,Y_2,\cdots,Y_m\}$。若监测频率变化随机性较大，可对数据按常规监测频率变化抽样。

步骤 2：数据处理。对 $Y=\{Y_1,Y_2,\cdots,Y_m\}$ 中的数据按 $X_i=Y_{i+1}-Y_i$ 进行逐差处理，若部分时段监测数据缺失，将其后的数据重新逐差处理，获得数据构成样本空间 $X=\{X_1,X_2,\cdots,X_n\}$，且服从或近似服从正态分布，其特征值为：

$$X=\frac{1}{n}\sum_{i=1}^{n}X_i$$

$$S=\left[\left[\sum_{i=1}^{n}X_i^2-nX^2\right]\backslash(n-1)\right]^{\frac{1}{2}}$$

步骤 3：概率检验。运用小概率法确定 X 的可疑值分布区间。取显著性水平 $\alpha=5\%$，根据 α 和 X 的分布函数，查表求得：

$$X_{\max}=F^{-1}(X,S,\alpha/2)$$

$$X_{\min}=F^{-1}(X,S,1-\alpha/2)$$

当 $X>X_{\max}$ 或 $X<X_{\min}$ 时，则 X 可疑。将可疑值同正常值置于同一正态总体。与传统概率识别方法相比，精度虽有所降低，但可通过调整显著性水平 α 控制，且可用求可疑区间的方式进行数据识别，识别效率显著提高。

步骤 4：异常值判断及分析。①当 X_i 与 X_{i+1} 均可疑且符号相反时，则 Y_{i+1} 为尖点型异常值，其原因可能由环境量变化、疏失误差或偶然误差等因素造成；②当 X_i 单点可疑时，则 Y_{i+1} 为台阶型异常值，其原因可能由环境量变化、系统误差或结构性态变化、偶然误差或疏失误差等因素造成。寻求效应量异常值后检验环境量、监测系统、坝体结构等。对异常值分析及处理，对环境量变化造成的异常值着重分析大坝安全性，对由疏失误差造成的异常值予以剔除，由系统误差造成的异常值应对监测系统进行调校等。

步骤 5：复核。将需要剔除的异常值剔除后，按同样方法再进行概率检验，避免异常值间的屏蔽效应。若再次出现异常值按同样的方法进行检查、分析、处理。

（3）数据跳跃方法

通过对大坝安全监测数据的大量采集分析可以发现，一组观测值若不含有异常值，往往具有这样的特点，即各观测值围绕其均值，在一个变化幅度小而均匀的区间内波动。而当一组观测值中存在异常值时，将这些数据从小到大排列，异常值一定会分布在新排列数据组的两侧，而且异常值与其相邻的正常值之间的互差比正常值之间的差值要大得多，将出现最大互差值的这个点称为"数据跳跃点"。

对于一组观测值，由小到大排列为 $L_1,L_2,\cdots,L_n,L_{n+1}$；其互差值为 $\Delta_1=L_2-L_1$，$\Delta_2=L_3-L_2,\cdots,\Delta_{n-1}=L_n-L_{n-1}$，$\Delta_n=L_{n=1}-L_n$。当 Δ_{n-1} 取得最大值时，即认为出现数据跳跃点，此时取前 n 项作为一组观测值。前 n 项均值 $\overline{x_1}=\frac{1}{n}\sum_{i=1}^{n}L_i$，各点观测值改正数 $v'_i=$

$L_i - \overline{x_i}$ ，标准差 $\delta = \pm \sqrt{\sum\limits_{i=1}^{n} (v'_i)^2 / n - 1}$ ，去掉跳跃点后观测值组均值 $\overline{x_2} = \dfrac{1}{n}(\sum\limits_{i=1}^{n-1} L_i + L_{n+1})$ ，$v''_i = L_i - \overline{x_2}$。

根据拉依达法则，当 $|v'_n| > 3\delta_1$ 时，此观测值为异常值。通过数学关系式推导，容易验证：在 $n \geqslant 12$ 时，无论异常值出现在观测值较大的一侧，还是出现在观测值较小的一侧，都有 $|v''_{n+1}| > 3\delta_2$ 成立，说明当跳跃点改正数较大一侧的第一个观测值为异常值时，其后面的所有值均应被认为是异常值。

2.3.1.2　数据插补

（1）采用全段拉格朗日一次或二次插值法

插值法的基本思想就是构造一个简单函数 $y = P(x)$ 作为 $f(x)$ 的近似表达式，以 $P(x)$ 的值作为函数 $f(x)$ 的近似值，而且要求 $P(x)$ 在给定点 x_i 与取值相同，即 $P(x_i) = f(x_i)$。通常称 $P(x)$ 为 $f(x)$ 的插值函数，x_i 称为插值节点。

1）一元线性插值

已知函数 $y = f(x)$，在 x_0, x_1 上的值为 y_0, y_1，如何构造一个插值函数 $y = P(x)$，使之满足 $P(x_0) = y_0$，$P(x_1) = y_1$，从而使得函数 $P(x)$ 可以近似地代替 $f(x)$ 的数据。

一元线性插值法是最简单的插值方法，即该插值函数 $P(x)$ 是通过 $A(x_0, y_0)$ 与 $B(x_1, y_1)$ 两点的一条直线，以此来近似地表示函数 $f(x)$，此直线的方程为：

$$y = P_1(x) = y_0 + \frac{y_1 - y_0}{x_1 - x_0}(x - x_0)$$

上式中 $P_1(x)$ 是 x 的一次多项式，即一次函数，这种插值称为线性插值。

将上式整理，可以改写为：

$$P_1(x) = \frac{x - x_1}{x_0 - x_1} y_0 + \frac{x - x_0}{x_1 - x_0} y_1$$

令

$$L_0(x) = \frac{x - x_1}{x_0 - x_1}$$

$$L_1(x) = \frac{x - x_0}{x_1 - x_0}$$

称 $L_0(x)$ 为 x_0 点的一次插值基函数，$L_1(x)$ 为 x_1 点的一次插值基函数。基函数有如下性质：点的基函数 $L_i(x_i)$ 在其对应点处其值为 1，在其他点处的值为 0。

例如，上述线性插值基函数 $L_0(x)$ 及 $L_1(x)$ 有以下几种。

A 点基函数：
$$L_0(x) = \frac{x - x_0}{x_1 - x_0}$$

在对应点 $A(x_0, y_0)$ 处：

$$L_0(x_0) = \frac{x_0 - x_1}{x_0 - x_1} = 1$$

在其他点 $B(x_1, y_1)$ 处：

$$L_0(x_1) = \frac{x_1 - x_1}{x_0 - x_1} = 0$$

同理，B 点基函数：

$$L_1(x) = \frac{x - x_0}{x_1 - x_0}$$

在对应点 $B(x_1, y_1)$ 处：

$$L_1(x_1) = \frac{x_1 - x_0}{x_1 - x_0} = 1$$

在其他点 $A(x_0, y_0)$ 处：

$$L_1(x_0) = \frac{x_0 - x_0}{x_1 - x_0} = 0$$

可以发现，一次插值函数 $P_1(x)$ 是两个插值基函数的线性组合，其组合系数是对应两节点的函数值。

2）二次插值

二次插值亦称抛物线插值。现已知函数 $f(x)$ 在 x_0, x_1, x_2 处的函数值，这时作一个二次多项式 $y = P_2(x)$。通过三点 $A(x_0, y_0)$，$B(x_1, y_1)$，$C(x_2, y_2)$ 作一条曲线来近似代替函数 $f(x)$，如果 A、B、C 三点不在同一直线上，作出曲线则是抛物线。所需构造插值函数 $P_2(x)$ 为 x 的二次函数，其形式为：

$$P_2(x) = a_0 + a_1 x + a_2 x^2$$

将 A、B、C 三点坐标分别代入上式即可得到一个关于 a_0, a_1, a_2 的三元一次联立方程组，解这个方程可得出插值的多项式 $P_2(x)$ 的 3 个系数。

利用基函数的性质可以更为简便地构造 $P_2(x)$，即

$$P_2(x) = P_1(x) + a(x - x_0)(x - x_1)$$

或

$$P_2(x) = y_0 + \frac{y_1 - y_0}{x_1 - x_0}(x - x_0) + a(x - x_0)(x - x_1)$$

式中，$P_1(x)$——线性插值函数；

a——待定系数。

由上式不难看出，$P_2(x_0) = y_0$，$P_2(x_1) = y_1$ 的条件是满足的。将 $x = x_2$ 代入上式，使之满足插值函数，即

$$P_2(x_2) = y_0 + \frac{y_1 - y_0}{x_1 - x_0}(x_2 - x_0) + a(x_2 - x_0)(x_2 - x_1) = y_2$$

由上式解得待定系数 a 得：

$$a = \frac{\dfrac{y_2 - y_0}{x_2 - x_0} - \dfrac{y_1 - y_0}{x_1 - x_0}}{x_2 - x_1}$$

经整理得：

$$P_2(x) = y_0 + \frac{y_1 - y_0}{x_1 - x_0}(x - x_0) + \frac{\dfrac{y_2 - y_0}{x_2 - x_0} - \dfrac{y_1 - y_0}{x_1 - x_0}}{x_2 - x_1}(x - x_0)(x - x_1)$$

这种插值称为二次插值或抛物线插值。如果将上式右端按 y_0, y_1, y_2 整理，还可以改写成如下形式

$$P_2(x) = \frac{(x - x_1)(x - x_2)}{(x_0 - x_1)(x_0 - x_2)}y_0 + \frac{(x - x_0)(x - x_2)}{(x_1 - x_0)(x_1 - x_2)}y_1 + \frac{(x - x_1)(x - x_2)}{(x_2 - x_0)(x_2 - x_1)}y_2$$

（2）三次样条函数插值模型等方法

设 $S(x)$ 满足样本点要求，则只需在每个子区间 $[x_j, x_{j+1}]$ 上确定 1 个三次多项式，假设为：

$$S_j(x) = a_j x^3 + b_j x^2 + c_j x + d$$

假设有 n 个点，需要 $n-1$ 条线描述，每条线 4 个未知数，则未知数个数为 $4(n-1)$。显然中间 $(n-2)$ 个点具有 4 个约束条件：

$$S(x_j) = f(x_j)$$
$$S'(x_j + 0) = f'(x_j - 0)$$
$$S''(x_j + 0) = f''(x_j - 0)$$
$$S'''(x_j + 0) = f'''(x_j - 0)$$

两端端点存在约束 $s(x_i) = f(x_i)$，则约束方程有 $4(n-2) + 2 = 4(n-1) - 2$，所以总的未知数个数比方程个数多两个，需要额外的两个约束，于是就有了三种边界条件的插值算法。

第 1 类边界条件：给定端点处的一阶导数值。

$$S'(x_1) = y_1', S'(x_n) = y_n'$$

第 2 类边界条件：给定端点处的二阶导数值。

$$S''(x_1) = y_1'', S''(x_n) = y_n''$$

第 3 类边界条件是周期性条件，如果 $y = f(x)$ 是以 $[x_j, x_{j+1}]$ 为周期的函数，于是 $S(x)$ 在端点处满足条件：

$$S'(x_1 + 0) = S'(x_n - 0), S''(x + 0) = S''(x_n - 0)$$

2.3.1.3　数据预处理

（1）数据预处理的方法

数据预处理的方法主要有提取趋势项、零化处理和标准化处理。

1)提取趋势项

①最小二乘法。

趋势项处理是信号检测技术中重要的环节,利用最小二乘原理建立了趋势项的一般模型,对一个含有非线性趋势项的周期信号进行了趋势项消除,并得到了预期效果。

②最小二乘法建模原理。

消除趋势项的方法有多种,视信号特征、被测试对象的物理模型等因素而定。对于随机信号和稳态信号,一般采用最小二乘法。它既可以消除呈线性状态的基线偏移,又可以消除具有高阶多项式的趋势项,也是工程实际中常用的方法。其建模步骤为:首先,假设一趋势项多项式,用最小二乘原理列出求解方程;其次,用矩阵法求出趋势项系数矩阵,并得出趋势项拟合曲线;最后,用原始信号减去趋势项即可得出有用信号。

2)零化处理和标准化处理

①零化处理:是指变量减去它的均值。其实就是一个平移的过程,平移后所有数据的中心是(0,0)。

②标准化处理是指数值减去均值,再除以标准差。

标准化方法有 min-max 标准化方法和 Z-score 标准化方法。

a. min-max 标准化(min-max normalization)方法,也称为离差标准化方法,是对原始数据的线性变换,使结果值映射到 [0 — 1] 之间。转换函数如下:

$$x* = \frac{x - \min}{\max - \min}$$

式中,max——样本数据的最大值;

min——样本数据的最小值。

这种方法有个缺陷就是当有新数据加入时,可能导致 max 和 min 的变化,需要重新定义。

b. Z-score 标准化(0—1 标准化)方法。

这种方法给予原始数据的均值(mean)和标准差(standard deviation)进行数据的标准化。经过处理的数据符合标准正态分布,即均值为 0,标准差为 1。

转化函数为:

$$x* = \frac{x - \mu}{\delta}$$

式中,μ——所有样本数据的均值;

σ——所有样本数据的标准差。

(2)异常数据(粗差)的定位和剔除、滤波消除噪声(随机误差)和建模数据的采集整理

1)异常数据(粗差)的定位和剔除

①基本思想。

规定一个置信水平,确定一个置信限度,凡是超过该限度的误差,就认为它是异常值,从

而予以剔除。

②拉依达方法。

如果某测量值与平均值之差大于标准偏差的 3 倍，则予以剔除。

$$|x_i - \overline{x}| > 3S_x$$

式中，$\overline{x}$——样本均值，$\overline{x} = \dfrac{1}{n}\sum_{i=1}^{n} x_i$ ；

$\quad S_x$——样本的标准差，$S_x = \left(\dfrac{1}{n-1}\sum_{i=1}^{n}(x_i - \overline{x})^2\right)^{\frac{1}{2}}$ 。

③肖维勒方法。

在 n 次测量结果中，如果某误差可能出现的次数小于半次时，就予以剔除。

这实质上是规定了置信概率为 $1 - 1/2n$，根据这一置信概率，可计算出肖维勒系数，也可从表中查出，当要求不很严格时，还可按下列近似公式计算：

$$\omega_n = 1 + 0.4\ln n$$

如果某测量值与平均值之差的绝对值大于标准偏差与肖维勒系数之积，则该测量值被剔除。

$$|x_i - \overline{x}| > \omega_n S_x$$

④一阶差分法。

用前两个测量值来预估新的测量值，然后用预估值与实际测量值比较，若大于事先给定的允许差限值，则剔除该测量值。

预估值：

$$\hat{x}_n = x_{n-1} + (x_{n-1} - x_{n-2})$$

比较判别：

$$|x_n - \hat{x}_n| < W$$

该方法的特点是：适合于实时数据采集与处理过程；精度除了与允许误差限的大小有关外，还与前两点测量值的精确度有关；若被测物理量的变化规律不是单调递增或单调递减函数，这一方法将在函数的拐点处产生较大的误差，严重时将无法使用。

2）滤波消除噪声（随机误差）

①克服大脉冲干扰的数字滤波法（非线性法）。

a. 限幅滤波法。

限幅滤波法（又称程序判别法、增量判别法）通过程序判断被测信号的变化幅度，从而消除缓变信号中的尖脉冲干扰。具体方法是，依赖已有的时域采样结果，将本次采样值与上次采样值进行比较，若它们的差值超出允许范围，则认为本次采样值受到了干扰，应予剔除。

已滤波的采样结果：$\overline{y}_{n-1}, \cdots, \overline{y}_{n-2}, \overline{y}_{n-1}$

若本次采样值为 y_n，则本次滤波的结果由下式确定：

$$\Delta y_n = |y_n - \overline{y}_{n-1}| \begin{cases} \leqslant a, \overline{y}_n = y_n \\ > a, \overline{y}_n = y_{n-1} \ \text{或} \ \overline{y}_n = 2\overline{y}_{n-1} - \overline{y}_{n-2} \end{cases}$$

式中，a——相邻两个采样值的最大允许增量，其数值可根据 y 的最大变化速率 V_{max} 及采样间隔 T_s 确定，即 $a = V_{max} T_s$。

实现本算法的关键是设定被测参量相邻两次采样值的最大允许误差 a，要求准确估计 V_{max} 和采样间隔 Ts。

b. 中值滤波法。

中值滤波法是一种典型的非线性滤波器，它运算简单，在滤除脉冲噪声的同时可以很好地保护信号的细节信息。

对某一被测参数连续采样 n 次（一般 n 应为奇数），然后将这些采样值进行排序，选取中间值为本次采样值。

对温度、液位等缓慢变化（呈现单调变化）的被测参数，采用中值滤波法一般能收到良好的滤波效果。

设滤波器窗口的宽度为 $n = 2k + 1$，离散时间信号 $x(i)$ 的长度为 $N(i = 1, 2, \cdots, N; N \gg n)$，则当窗口在信号序列上滑动时，一维中值滤波器的输出：$\mathrm{med}[x(i)] = x^{(k)}$ 表示窗口 $2k+1$ 内排序的第 k 个值，即排序后的中间值。

②抑制小幅度高频噪声的平均滤波法。

Ⅰ．算术平均滤波法

N 个连续采样值（分别为 X_1 至 X_N）相加，然后取其算术平均值作为本次测量的滤波器输出值。即

$$\overline{X} = \frac{1}{N} \sum_{i=1}^{N} X_i$$

$$X_i = S_i + n_i$$

式中，S_i——采样值中的信号；

n_i——随机误差。

$$\overline{X} = \frac{1}{N} \sum_{i=1}^{N} (S_i + n_i) = \frac{1}{N} \sum_{i=1}^{N} S_i + \frac{1}{N} \sum_{i=1}^{N} n_i$$

$$\overline{X} = \frac{1}{N} \sum_{i=1}^{N} S_i$$

滤波效果主要取决于采样次数 N，N 越大，滤波效果越好，但系统的灵敏度要下降。因此这种方法只适用于慢变信号。

Ⅱ．滑动平均滤波法

对于采样速度较慢或要求数据更新率较高的系统，算术平均滤波法无法使用。

滑动平均滤波法把 N 个测量数据看成一个队列，队列的长度固定为 N，每进行一次新的采样，把测量结果放入队尾，而去掉原来队首的一个数据，这样在队列中始终有 N 个"最

新"的数据。

$$\overline{X}_n = \frac{1}{N} \sum_{i=0}^{N-1} X_{n-i}$$

式中,$\overline{X}_n$——第 n 次采样经滤波后的输出;

$\overline{X}_{n-i}$——未经滤波的第 $n-i$ 次采样值;

N——滑动平均项数。

平滑度高,灵敏度低,但对偶然出现的脉冲性干扰的抑制作用差。实际应用时,通过观察不同 N 值下滑动平均的输出响应来选取 N 值以便少占用计算机时间,又能达到最好的滤波效果。

Ⅲ.复合滤波法

在实际应用中,有时既要消除大幅度的脉冲干扰,又要做数据平滑。因此常把前面介绍的两种以上的方法结合起来使用,形成复合滤波。

d.去极值平均滤波法。

先用中值滤波法滤除采样值中的脉冲性干扰,然后把剩余的各采样值进行平均滤波。连续采样 N 次,剔除其最大值和最小值,再求余下 $N-2$ 个采样的平均值。显然,这种方法既能抑制随机干扰,又能滤除明显的脉冲干扰。

3)建模数据的采集整理

①数据源选择。

建模时面对大量的数据源,各个数据源之间交叉联系,各个数据域之间具有逻辑关系,不同的时间段数值不同等。这一系列问题多会影响数据分析结果,因此确定数据源选择和数据整理至关重要。

②数据抽样选择。

简单的数据分析可以调用全体数据进行分析,数据抽样主要用于建模分析,抽样需考虑样本具有代表性,抽样的时间也很重要,越近的时间窗口越有利于分析和预测。在进行分层抽样时,需要保证分成出来的样本比例同原始数据基本一致。

③数据类型选择。

数据类型分为连续型和离散型,建模分析时需要确定数据类型。

④缺失值处理。

数据分析过程中会面对很多缺失值,其产生原因不同,有的是由于隐私的原因故意隐去,有的是变量本身就没有数值,有的是数据合并时不当操作产生的数据缺失。

缺失值处理可以采用替代法(估值法),利用已知经验值代替缺失值,维持缺失值不变和删除缺失值等方法。具体方法将参考变量和自变量的关系以及样本量的多少来决定。

⑤异常值检测和处理。

异常值对于某些数据分析结果影响很大,如聚类分析、线性回归(逻辑回归),但是对决策树、神经网络、SVM 支持向量机影响较小。

⑥数据标准化。

数据标准化的目的是将不同性质、不同量级的数据进行指数化处理，调整到可以类比的范围。一般可以采用最佳/最大标准化（min-max 标准化法）将数值定在 0 和 1 之间，便于计算。Z 分数法和小数定标标准化法也可以采用。

⑦数据粗分类（Categorization）处理。

归类和分类的目的是减少样本的变量，常有的方法有等间距分类、等频数分类。可以依据经验将自变量分成几类，分类的方法可以不同，建议采用卡方检验来决定采用哪种分类方法。连续型变量可以用 WOE 变化方法来简化模型，但降低了模型的可解释性。

⑧变量选择

数据分析过程中会面对成百上千的变量，一般情况下只有少数变量同目标变量有关，有助于提高预测精度。通常建模分析时，有意义的变量一般 10～15 个，称它们为强相关变量。可以利用变量过滤器的方法来选择变量。

2.3.2　常规数学模型

2.3.2.1　统计模型

统计模型基于线性回归理论，是最经典和最常用的大坝分析模型。大坝与坝基的监测物理量大致可以归纳为两大类：第一类为荷载集，如水压力、泥沙压力、温度（包括气温、水温、坝体混凝土和坝基的温度）、地震荷载等；第二类为荷载效应集，如变形、裂缝开度、应力、应变、扬压力或孔隙水压力、渗流量等。通常将荷载集称为自变量或影响因子（用 $x_1, x_2, \cdots, x_k$ 表示），荷载效应集称为因变量（用 y 表示）。

（1）基本原理

在坝工实际问题中，影响一个事物的因素往往是复杂的。如大坝位移，除了受库水压力（水位）影响外，还受温度、渗流、施工、地基、周围环境以及时效等因素的影响；扬压力或孔隙水压力受库水压力、岩体节理裂隙的闭合、坝体应力场、防渗工程措施以及时效等影响。因此，在寻找因变量与因子之间的关系式时，不可避免地要涉及许多因素。实践证明，仅靠理论分析计算，很难得到与实测值完全吻合的结果，但脱离基本理论的分析，也难以解析工程中存在问题的力学机制，因此两者是相辅相成的。合理的方法是根据对大坝和坝基的力学和结构理论分析，用确定性函数和物理推断法，科学选择统计模型的因子及其表达式，然后依据实测资料用数据统计法确定模型中的各项因子的系数，建立回归模型。借此推算某一组荷载集时的因变量，并与其实测值比较，以判别建筑物的工作状况，对建筑物进行监控。同时，分离方程中的各个分量，并用其变化规律，分析和估计大坝与坝基的结构性态。

在水压力、扬压力、泥沙压力和温度等荷载作用下，大坝任一点产生一个位移矢量 δ，其可分解为水平位移 δ_x、侧向水平位移 δ_y 和竖直位移 δ_z，见图 2.3-1。

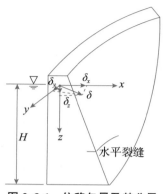

图 2.3-1　位移矢量及其分量

按其成因,位移可分为:水压分量(δ_H)、温度分量(δ_T)和时效分量(δ_θ)三个部分,即

$$\delta(\delta_x \text{ 或 } \delta_y \text{ 或 } \delta_z) = \delta_H + \delta_T + \delta_\theta$$

某些大坝在下游面产生较大范围的水平裂缝,它对位移也有一定的影响,如果考虑裂缝的影响,则需要附加裂缝位移分量(δ_j),那么上式变为:

$$\delta(\delta_x \text{ 或 } \delta_y \text{ 或 } \delta_z) = \delta_H + \delta_T + \delta_\theta + \delta_j$$

从以上两式看出,任一位移矢量的各个分量 $\delta_x,\delta_y,\delta_z$ 具有相同的因子,因此下面重点是 δ_x(以下简称 δ)的因子选择。

这里仅根据监测设备埋设情况,提出因子选择的原理和结果。

1)水压分量 δ_H 的因子选择

在水压作用下,大坝任一测点产生水平位移(δ_H),它由三部分组成(图 2.3-2):库水压力作用在坝体上产生的内力使坝体变形而引起的位移 δ_{1H};在地基面上产生的内力使地基变形而引起的位移 δ_{2H};库水重作用使地基面转动所引起的位移 δ_{3H},即

$$\delta_H = \delta_{1H} + \delta_{2H} + \delta_{3H}$$

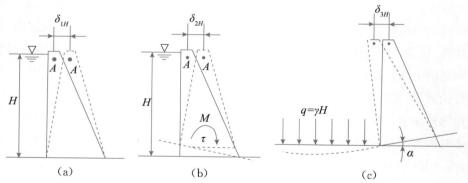

图 2.3-2　δ_H 的三个分量 δ_{1H},δ_{2H},δ_{3H}

2)温度位移分量的因子选择

温度位移分量 δ_T 是由坝体混凝土和岩基温度变化引起的位移。因此,从力学观点来

看,δ_T 应选择坝体混凝土和岩基的温度计测值作为因子。温度计的布设一般有下列两种情况:坝体和岩基布设足够数量的内部温度计,其测值可以反映温度场;坝体和岩基没有布设温度计或只布设了极少量的温度计,而有气温和水温等边界温度计。下面分别讨论这两种情况下的因子选择。

①有内部温度计的情况。

a.用各温度计的测值作为因子。

用有限元计算温度位移时,整个结构物的平衡方程组为:

$$K\delta_T = R_T$$

变温结点等效荷载列阵 R_T 为:

$$R_T = \frac{\alpha E}{1-2\mu}(\sum_{i=1}^{n} N_i \Delta T_i)[1\ 1\ 1\ 0\ 0\ 0]^T$$

式中,K——劲度矩阵;

$\qquad \delta_T$——温度位移列阵;

$\qquad E, \alpha, \mu$——弹性模量、线膨胀系数和泊松比;

$\qquad N_i$——形函数。

$\qquad \Delta T_i$——结点变温值。

从以上两式看出:劲度矩阵仅决定于尺寸和弹性常数。因此,在变温 T 作用下,大坝任一点的位移 δ_T 与各点的变温值呈线性关系。当有足够数量的混凝土温度计时,可选用各温度计的测值作为因子,即

$$\delta_T = \sum_{i=1}^{m_2} b_i T_i$$

b.用等效温度作为因子。

当温度计支数很多时,用各温度计的测值作为因子,则使回归方程中包括的因子很多,从而大量增加监测数据处理的工作量。如图 2.3-3(a),有 30 支温度计($m_2=30$),连同水压因子($m_1=3\sim5$)和时效因子($m_3=1\sim6$),则样本一般需要 340~410,数据处理工作量较大。若用等效温度作为因子,如图 2.3-3(b),温度因子 $m_2=16$,则样本数为 200~270,可使其工作量减小。

Ⅰ.等效温度的概念。

将图 2.3-3(b)中任一高程处的温度计测值绘出温度分布图 $OBCA(T\sim x)$,用等效温度 $QBC''A'(T_e \sim x)$ 代替。代替的原则为:两者对 OT 轴的面积矩相等。

等效温度 $QBC''A'$ 可用平均温度 $\overline{T}$ 和梯度 $\beta=\tan\xi$ 代替,这样每层温度计测值用 $\overline{T}$、β 代替,使温度因子从 30 个减小为 16 个。

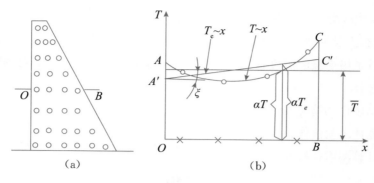

图 2.3-3 温度计布置和等效温度

Ⅱ. δ_T 的统计模型。

采用等效温度代替温度计测值后,温度位移分量 δ_T 的统计模型为:

$$\delta_T = \sum_{i=1}^{m_2} b_{1i}\overline{T}_i + \sum_{i=1}^{m_2} b_{2i}\beta_i$$

Ⅲ. $\overline{T}$、β 的确定。

根据 Saint→Venant 假定。平面变形后仍保持平面,即应变呈线性分布,因此:

$$\varepsilon = A_1 x + B_1$$

由等效温度分布线 $T_e \sim x$,得各点的应变:

$$\varepsilon = \alpha T_e$$

两式相等得:

$$T_e = \frac{A_1}{\alpha}x + \frac{B_1}{\alpha}$$

因为

$$\varepsilon' = \alpha(T_e - T) = \alpha\left(\frac{A_1}{\alpha}x + \frac{B_1}{\alpha} - T\right)$$

根据无外荷载作用下,$\sum Y = 0$,$\sum M = 0$ 的条件:

$$\int_0^B E_c\varepsilon'\mathrm{d}x = 0$$

$$\int_0^B E_c\varepsilon'x\mathrm{d}x = 0$$

并令

$$A_t = \int_0^B T\mathrm{d}x$$

$$M_t = \int_0^B Tx\mathrm{d}x$$

斜率

$$\beta = \frac{A_1}{\alpha}$$

由上式求得：

$$\beta = \frac{12M_t - 6A_t B}{B^3}$$

$$\overline{T} = \frac{A_t}{B}$$

式中：A_t——原温度分布的面积；

　　　M_t——A_t 对 OT 轴的面积矩；

　　　B——截面宽度。

当温度计较少时，用上述公式计算的 A_t、M_t 误差较大时可用 Lagrange 内插公式，求出细等矩的温度值，然后用 Simpson 公式求出 A_t、M_t。为了简化电算程序，可用矩形条块近似求解，在 β 不大时，能满足工程精度要求，则 A_t、M_t 的计算公式为：

$$\left. \begin{array}{l} A_t = 0.5 \sum_{i=0}^{n-1} (T_{i+1} + T_i)(x_{i+1} - x_i) \\[4mm] M_t = 0.25 \sum_{i=0}^{n-1} (T_{i+1} + T_i)(x_{i+1} - x_i)(x_{i+1} + x_i) \end{array} \right\}$$

②无温度资料的情况。

当混凝土水化热已散发，坝体内部温度达到准稳定温度场，此时仅取决于边界温度变化，即上游面和水接触，下游面与空气接触。一般水温和气温作简谐变化，则混凝土内部的温度也作简谐变化，但是变幅较小，而且有一个相位差。

因此，选用多周期的谐波作为因子，即

$$\delta_{T_i} = \sum_{i=1}^{m_3} \left(b_{1i} \sin \frac{2\pi i t}{365} + b_{2i} \cos \frac{2\pi i t}{365} \right)$$

式中：$i=1$——一年周期；

　　　$i=2$——半年周期；

　　　一般 m_3 取 1，2；

　　　b_{1i}，b_{2i}——参数；

　　　t——监测日至始测日的累计天数。

③有水温和气温资料时温度因子的选择

a. 用前期平均温度作为因子。

当有水温和气温资料时，考虑边界温度对坝体混凝土温度的热传导影响，不同部位的混凝土温度滞后边界温度的相位角不同，且边界距离增大时变幅逐渐减小。同时考虑温度位移与混凝土温度呈线性关系，因此可以选用监测前 i 天（或旬）的气温和水温的均值（T_i）或监测前 i 天的气温和水温与年平均温度的差值作为因子，即

$$\delta_T = \sum_{i=1}^{m_2} b_i T_i$$

式中，b_i——参数。

选用 T_i 需根据各坝的具体情况,如某重力坝选择 $i=50\mathrm{d},20\mathrm{d},60\mathrm{d},90\mathrm{d}$,某连拱坝选取 $i=1\mathrm{d},2\mathrm{d},3\mathrm{d},4\mathrm{d}$。

b. 用水深因子反映水温因子。

一般情况下,各层水温 T_{wj} 与水深 H_j 呈指数函数关系:

$$T_{W_i} = (T_{sw} - T_{fw})\,\mathrm{e}^{-CH_j^N} + T_{fw}$$

式中,T_{sw},T_{fw}——库表、库底水温,其值与当地气温有关;

C,N——指数,对某一水库,其值为常数;

H_j——水深(即离水面的宽度)。

将上式的 $\mathrm{e}^{-CH_j^N}$ 展开成幂级数,则 T_{wj} 与 H_j 的 $i(i=1,2,\cdots)$ 次方呈线性关系。取三项 $(i=1,2,3)$,则:

$$T_{W_j} = \sum_{i=1}^{3} b'_i H_j^i$$

因此,水温引起的位移为:

$$\delta_{T_W} = \sum_{i=1}^{3} b_i H_i$$

比较式 $\delta_H = \sum\limits_{i=1}^{3} a_i H^i$ 和上式,水温引起的温度分量与水压引起的位移分量形式相同。因此,在统计分析中,$\delta_T = \sum\limits_{i=1}^{m_2} b_i T_i$ 有时水压分量与温度分量很难分离,它们之间呈现一定的相关关系。气温引起的温度分量仍可应用上式。

c. 用气温因子反映水温因子。

根据水温监测资料分析,水深(离水面)每增加 10m,水温比气温的相位滞后 7～15d;由某连拱坝的水温和气温的统计分析表明,水深每增加 10 m,水温滞后气温的时间为 15d。因此,用前 i 天的气温来代替水温,然后用式 $\delta_T = \sum\limits_{i=1}^{m_2} b_i T_i$ 计算温度分量 δ_T。

d. 温度位移分量 δ_T 的表达式。

由上述分析,δ_T 的数学表达式归纳为表 2.3-1。

表 2.3-1 　　　　　　　　　　　　　δ_T 的数学表达式

情况	周期项	水深因子反映水温因子	气温因子反映水温因子
只有气温资料	$\sum\limits_{i=1}^{m_3} \left(b_{1i} \sin\dfrac{2\pi it}{365} + b_{2i} \cos\dfrac{2\pi it}{365}\right)$	$\sum\limits_{i=1}^{3} b_i H^i$	$\sum\limits_{i=1}^{m_2} b_i T_i$
有混凝土温度资料	$\sum\limits_{i=1}^{m_2} b_i T_i$ 或 $\sum\limits_{i=1}^{m_2} b_{1i} T_i + \sum\limits_{i=1}^{m_2} b_{2i} \beta^i$		

3)时效分量的因子选择

大坝产生时效分量的原因复杂,它综合反映坝体混凝土和岩基的徐变,同时还包括坝体裂缝引起的不可逆位移以及自生体积变形。一般正常运行的大坝,时效位移(δ_θ—θ)的变化规律为初期变化急剧,后期渐趋稳定(图2.3-4)。下面介绍时效位移一般变化规律的数学模型及其选择的基本原则。

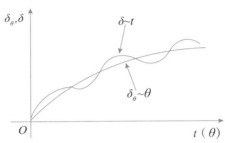

图 2.3-4　时效位移变化规律(δ_θ—θ)

①时效位移(δ_θ)的数学模型。

a.指数函数。

设 δ_θ 随时间 θ 衰减的速率与残余变形量($C \rightarrow \delta_\theta$)成正比,即

$$\frac{\mathrm{d}\delta\theta}{\mathrm{d}\theta} = c_1(C - \delta_\theta)$$

上式解为:

$$\delta\theta = C[1 - \exp(-c_1\theta)]$$

式中:C——时效位移的最终稳定值;

　　c_1——参数。

b.双曲函数。

当测值较稀,采用上述模型将产生较大误差,为此用下列方程描绘 δ_θ:

$$\frac{\mathrm{d}\delta_\theta}{\mathrm{d}\theta} = C(\xi + \theta)^{-2}$$

其解为:

$$\delta_\theta = \frac{\xi_1\theta}{\xi_2 + \theta}$$

式中:ξ,ξ_1,ξ_2——参数。

c.多项式。

将 $\delta_\theta = C[1 - \exp(-c_1\theta)]$ 展开为幂级数,则 δ_θ 可用多项式表示:

$$\delta_\theta = \sum_{i=1}^{m_3} c_i\theta^i$$

式中:c_i——系数。

d. 对数函数。

将 $\delta_\theta = C\left[1 - \exp(-c_1\theta)\right]$ 用对数表示，则 δ_θ 为：

$$\delta_\theta = c\ln\theta$$

式中：c——系数。

e. 指数函数（或对数函数）附加周期项。

考虑混凝土和岩体的徐变可恢复部分，徐变采用 Poynting→Thomso 模型，并设水库水位和温度呈周期函数变化，则可推得 δ_θ 的下列模型：

$$\delta_\theta = c_1(1 - e^{-k\theta}) + \sum_{i=1}^{2}\left(c_{1i}\sin\frac{2\pi i\theta}{365} + c_{2i}\cos\frac{2\pi i\theta}{365}\right)$$

式中：c_1，k，c_{1i}，c_{2i} ——系数。

以上时效位移的数学模型将在下面专门讨论。

f. 线性函数。

当大坝运行多年后，δ_θ 从非线性变化逐渐过渡为线性变化。因而 δ_θ 可用线性函数表示：

$$\delta_\theta = \sum_{i=1}^{m_3} c_i\theta_i$$

式中：c_i ——系数；

　　m_3——分段数。

②选择时效位移的基本原则。

由实测资料 $\delta\text{-}t$，根据其变化趋势或分离出的时效位移分量（$\delta\rightarrow\delta_H\rightarrow\delta_T$），合理选用上述 δ_θ 的数学模型。

a. 相关系数（R）。

线性回归结果的相关系数即计算结果 $\hat{Y}$ 和实测结果 Y 之间的 Pearson 相关系数：

$$R = \rho_{Y\hat{Y}} = \frac{\text{cov}(Y,\hat{Y})}{\sigma_Y\sigma_{\hat{Y}}}$$

b. 决定系数（R^2）。

基于 $\hat{Y}$ 和 Y 定义如下量：

总离差平方和：

$$SST = \sum_i (Y_i - \overline{Y})^2$$

回归平方和：

$$SSE = \sum_i (\hat{Y}_i - \overline{Y})^2$$

残差平方和：

$$SSR = \sum_i (Y_i - \hat{Y}_i)^2$$

则决定系数定义为：

$$R^2 = \frac{SSE}{SST} = 1 - \frac{SSR}{SST}$$

c. 调整后决定系数（adjusted R^2）。

决定系数存在一个不足，只要不断增加原因量，即使增加的原因量跟效应量毫无关系，决定系数也会提高。考虑到随着模型原因量数目的增加，决定系数也随之逐步增加的特点，在决定系数公式中引入惩罚项，保证只有引入真正有助于分析的原因量时，决定系数才能够增加，由此得到调整后决定系数：

$$\text{adjusted} R^2 = 1 - (1 - R^2) \frac{n-1}{n-p-1}$$

式中，n——效应量（Y）数据个数；

p——原因量数目。

d. 标准误差（stderr）。

标准误差也称为均方根误差（RMSE），用于衡量回归结果的准确性，其计算方法为：

$$\text{RMSE} = \sqrt{\frac{1}{n} \sum_{i=1}^{n} (Y_i - \hat{Y}_i)}$$

③模型应用问题。

用坝工理论和数学力学原理，论述混凝土坝变形统计模型的因子选择，并列举典型坝的统计模型。归纳起来有以下几点：

a. 在选择水位因子时，重力坝用 H 的 3 次式，拱坝和连拱坝用 H 的 4 次或 5 次式。同时，重力坝应考虑扬压力的影响，拱坝应考虑应力重调整等影响。

b. 在选择温度因子时，根据温度计的布设情况分别处理。当有内部温度计时，用其测值 T_i，或等效温度（$\overline{T}$、β_i）作为因子。当只有边界温度计时，用气温和水温的测值或用周期项作为因子。

c. 在选择时效位移因子时，应根据实测位移（δ—t）的变化趋势，选择合理的数学模型。一般正常运行的大坝，在蓄水初期，δ_θ 与 θ 呈非线性（对数、指数函数或双曲线等）；运行多年后，δ_θ 随 θ 的增加逐渐衰减，最后渐趋稳定。但是，当大坝或地基遭遇突发事件（如洪水漫顶或地震）以及工程加固等措施时，时效位移的变化规律均要改变，此时要合理选择 δ_θ 的数学模型。

d. 为了反映有变化规律的裂缝（如下游面较大范围的水平缝）对位移的影响，用测缝计的开合度作为因子。

2.3.2.2　灰色系统模型

坝体和基础组成的大坝是一个灰色系统，通过监测得到的较少信息，建立所需微分方程的动态模型。在此基础上进行分析，进一步认识大坝原型结构特性及其稳定性。下面分别给予阐述。

（1）基本原理

将大坝监测效应量当作一定范围内变化的灰色量,将其监测的资料视为一定时区变化的灰色过程,将无或弱规律变化的原始数列变为有较强规律变化的生成数据,并以此建立灰色模型。然后将模型的计算值进行逆生还原为原始数据进行预测效应量的变化规律和演变趋势。根据以上思路,用灰色理论建模的基本原理概述如下。

设给定时间序列:

$$\{x_i^{(0)}(t_j)\} \quad (i=1,2,\cdots,M;j=1,2,\cdots,N)$$

式中,i——因子数;

N——样本量。

有相应的一阶累加序列:

$$\{x_i^{(1)}(t_j)\} \quad (i=1,2,\cdots,M;j=1,2,\cdots,N)$$

$$x_i^{(1)}(t_j)=\sum_{s=1}^{j}x_i^{(0)}(t_s)$$

有相应的多次累差序列:

$$\{a^{(k)}(x_i,j)\}(i=1,2,\cdots,M;j=2,3,\cdots,N;k=1,2,\cdots,n)$$

$$a^{(1)}(x_i,j)=x_i^{(0)}(t_j)$$

$$a^{(2)}(x_i,j)=x_i^{(0)}(t_j)-x_i^{(0)}(t_j-1)$$

$$\vdots$$

$$a^{(k)}(x_i,j)=a^{(k-1)}(x_i,j)-a^{(k-1)}(x_i,j-1)$$

$$(k=3,4,\cdots,n)$$

则做如下数据处理,并采用等价记法 $x_i(t_j)=x_i(j)$:

$$\boldsymbol{A}=\begin{pmatrix} -a^{(n-1)}(x_1^{(1)},2) & -a^{(n-2)}(x_1^{(1)},2) & \cdots & -a^{(1)}(x_1^{(1)},2) \\ -a^{(n-1)}(x_1^{(1)},3) & -a^{(n-2)}(x_1^{(1)},3) & \cdots & -a^{(1)}(x_1^{(1)},3) \\ \vdots & \vdots & \vdots & \\ -a^{(n-1)}(x_1^{(1)},N) & -a^{(n-2)}(x_1^{(1)},N) & \cdots & -a^{(1)}(x_1^{(1)},N) \end{pmatrix}$$

$$\boldsymbol{B}=\begin{pmatrix} -\dfrac{1}{2}(x_1^{(1)}(2)+x_1^{(1)}(1)) & x_2^{(1)}(2) & \cdots & x_M^{(1)}(2) \\ -\dfrac{1}{2}(x_1^{(1)}(3)+x_1^{(1)}(2)) & x_2^{(1)}(3) & \cdots & x_M^{(1)}(3) \\ \vdots & \vdots & \vdots \\ -\dfrac{1}{2}(x_1^{(1)}(N)+x_1^{(1)}(N-1)) & x_2^{(1)}(N) & \cdots & x_M^{(1)}(N) \end{pmatrix}$$

$$\hat{\boldsymbol{a}}=[a_1,a_2,\cdots,a_n:b_1,\cdots,b_{M-1}]^T$$

$$\boldsymbol{Y_N}=[a^{(n)}(x_1^{(1)},2) \quad a^{(n)}(x_1^{(1)},3)\cdots a^{(n)}(x_1^{(1)},N)]^T$$

在定义灰色导数的基础上，建立分析资料序列式 1 或式 2 的变化趋势的微分方程为：

$$\sum_{i=0}^{n} a_i \frac{\mathrm{d}^{(n-i)}(x_1^{(1)})}{\mathrm{d}t^{n-i}} = \sum_{i=1}^{M-1} b_i x_{i+1}^{(1)}$$

将上式化为差分方程后：

$$\sum_{i=0}^{n} a_i \frac{\Delta^{n-i}(x_1^{(1)}(t))}{\Delta t^{n-i}} = \sum_{i=1}^{M-1} b_i x_{i+1}^{(1)}$$

对具有物理、力学等意义的灰色系统，为非负时间序列。可令 $\Delta t = 1$，且 $a_0 = 1$，从而有：

$$\sum_{i=0}^{n} a_i a^{n-i}(x_1^{(1)}, j) = \sum_{i=1}^{M-1} b_i x_{i+1}^{(1)}(t_j) \quad (j=2,\cdots,N)$$

即

$$\begin{pmatrix} a^{(n)}(x_1^{(1)},2) \\ \vdots \\ a^{(n)}(x_1^{(1)},N) \end{pmatrix} = - \begin{pmatrix} -a^{(n-1)}(x_1^{(1)},2) & \cdots & a^{(1)}(x_1^{(1)},2) \\ \vdots & & \vdots \\ -a^{(n-1)}(x_1^{(1)},N) & \cdots & a^{(1)}(x_1^{(1)},N) \end{pmatrix}$$

$$\begin{pmatrix} a_1 \\ \vdots \\ a_{n-1} \end{pmatrix} + \begin{pmatrix} -a^{(0)}(x_1^{(1)},2) & x_2^{(1)}(2) & \cdots & x_M^{(1)}(2) \\ \vdots & \vdots & \vdots & \vdots \\ -a^{(0)}(x_1^{(1)},N) & x_2^{(1)}(2) & \cdots & x_M^{(1)}(N) \end{pmatrix} \cdot \begin{pmatrix} a_n \\ b_1 \\ \vdots \\ b_{M-1} \end{pmatrix}$$

应用灰数生成理论按最小二乘法对 a 求解，可得：

$$\hat{a} = ([A:B]^{\mathrm{T}}[A:B])^{-1}[A:B]^{\mathrm{T}}Y_N$$

阶数 n 选择不同，建立微分方程的阶数也就不同，一般可取 $n=0,1,2$ 时的模型 GM$(0,m)$，GM$(1,m)$ 和 GM$(2,m)$。

（2）GM$(0,m)$ 预测模型

式 4 中的 $n=0$ 时，则为 GM$(0,m)$ 预测模型，其表达式为：

$$x_1^{(0)}(t) = \sum_{i=1}^{M-1} b_i x_{i+1}^{(0)}(t) + b_0$$

设参数向量 $a = [b_0, b_1, \cdots, b_{M-1}]$，则有：

$$\hat{\boldsymbol{a}} = (\boldsymbol{B}^{\mathrm{T}}\boldsymbol{B})^{-1}\boldsymbol{B}^{\mathrm{T}}\boldsymbol{Y}_N$$

式中：

$$\boldsymbol{Y}_N = \begin{bmatrix} x_1^{(0)}(1) & x_1^{(0)}(2) & \cdots & x_1^{(0)}(N) \end{bmatrix}^{\mathrm{T}}$$

$$\boldsymbol{B} = \begin{bmatrix} x_2^{(0)}(1) & x_3^{(0)}(1) & \cdots & x_M^{(0)}(1) \\ x_2^{(0)}(2) & x_3^{(0)}(2) & \cdots & x_M^{(0)}(2) \\ \vdots & \vdots & & \vdots \\ x_2^{(0)}(N) & x_3^{(0)}(N) & \cdots & x_M^{(0)}(N) \end{bmatrix}$$

为了提高建立模型的精度，首先应对数据进行必要的白化处理，可按下式建立 GM 预测模型：

$$x_1^{(1)}(t) = \sum_{i=1}^{M-1} b_i x_{i+1}^{(1)}(t) + b_0$$

令 $t=t_{i-1}$ 和 $t=t_i$ 分别代入上式，两者相减并注意到：

$$x_i^{(1)}(t_i) - x_i^{(1)}(t_{i-1}) = \sum_{k=1}^{i} x_i^{(0)}(t_k) - \sum_{k=1}^{i-1} x_i^{(0)}(t_k)$$
$$= x_i^{(0)}(t_i)$$

则得：

$$x_1^{(0)}(t_i) = \sum_{i=1}^{M-1} b_i x_{i+1}^{(0)}(t_i)$$

而 $b_i(i=0,1,2,\cdots,M-1)$ 仍由上式求出，但式中：

$$\boldsymbol{B} = \begin{pmatrix} 1 & x_2^{(1)}(1) & x_3^{(1)}(1) & \cdots & x_M^{(1)}(1) \\ 1 & x_2^{(1)}(2) & x_3^{(1)}(2) & \cdots & x_M^{(1)}(2) \\ \vdots & \vdots & \vdots & & \vdots \\ 1 & x_2^{(1)}(N) & x_3^{(1)}(N) & \cdots & x_M^{(1)}(N) \end{pmatrix}$$

$$Y_N = [x_1^{(1)}(1) \quad x_1^{(1)}(2) \quad \cdots \quad x_1^{(1)}(N)]^{\mathrm{T}}$$

（3）GM$(2,m)$预测模型

设 $n=2$，则由上式得 GM$(2,m)$模型：

$$\frac{\mathrm{d}^2 x_1^{(1)}}{\mathrm{d}t^2} + a_1 \frac{\mathrm{d}x_1^{(1)}}{\mathrm{d}t} + a_2 x_1^{(1)} = b_1 x_2^{(1)} + b_2 x_3^{(1)} + \cdots + b_{M-1} x_M^{(1)}$$

令 $t=t_i$ 和 $t=t_i-1$ 分别代入上式，相减得：

$$\frac{\mathrm{d}^2[x_1^{(0)}(t_i)]}{\mathrm{d}t^2} + a_1 \frac{\mathrm{d}[x_1^{(0)}(t_i)]}{\mathrm{d}t} + a_2 x_1^{(0)}(t_i) = b_1 x_2^{(0)}(t_i) + \cdots + b_{M-1} x_M^{(0)}(t_i)$$

简化表示为：

$$\frac{\mathrm{d}^2 x_1}{\mathrm{d}t^2} + a_1 \frac{\mathrm{d}x_1}{\mathrm{d}t} + a_2 x_1 + \sum_{j=2}^{M} b_{j-1} x_j$$

设

$$\hat{\boldsymbol{a}} = [a_1 \quad a_2 \quad b_1 \quad b_2 \quad \cdots \quad b_{M-1}]^{\mathrm{T}}$$

则

$$\hat{\boldsymbol{a}} = [\boldsymbol{A} : \boldsymbol{B}]^{\mathrm{T}} [\boldsymbol{A} : \boldsymbol{B}]^{-1} [\boldsymbol{A} : \boldsymbol{B}]^{\mathrm{T}}) Y_N$$

$$[\boldsymbol{A} : \boldsymbol{B}] = \begin{pmatrix} -a^{(1)}(x_1^{(1)}, 2) & -\dfrac{1}{2}(x_1^{(1)}(2) + x_1^{(1)}(1)) & x_2^{(1)}(2) & \cdots & x_M^{(1)}(2) \\ -a^{(1)}(x_1^{(1)}, 3) & -\dfrac{1}{2}(x_1^{(1)}(3) + x_1^{(1)}(2)) & x_2^{(1)}(3) & \cdots & x_M^{(1)}(3) \\ \vdots & \vdots & \vdots & & \vdots \\ -a^{(1)}(x_1^{(1)}, N) & -\dfrac{1}{2}(x_1^{(1)}(N) + x_1^{(1)}(N-1)) & x_2^{(1)}(N) & \cdots & x_M^{(1)}(N) \end{pmatrix}$$

$$\boldsymbol{Y}_N = \begin{bmatrix} a^{(2)}(x_1^{(1)},2) & a^{(2)}(x_1^{(1)},3) & \cdots & a^{(2)}(x_1^{(1)},N) \end{bmatrix}^{\mathrm{T}}$$

（4）大坝及基础动态系统灰色模型（DGM(n,h)）

由于 GM(n,h) 模型较适合于呈指数变化的数据序列的预测，用于动态分析时也不直观，有时甚至偏离实际情况，因此该模型不宜直接用来分析处理大坝安全监测数据序列。

定义中心累减生成、均值生成，导出了一种新的动态系统灰色模型，简记为 DGM(n,h) 模型。

1）GM(n,h) 模型建模机理及其在大坝安全监测中应用的问题

由灰色系统理论可知，一个 n 阶 h 个变量的 GM(n,h) 模型为：

$$\frac{\mathrm{d}^n x_1^{(1)}}{\mathrm{d}t^n} + \sum_{i=1}^{n} a_i \frac{\mathrm{d}^{n-i} x_1^{(1)}}{\mathrm{d}t^{n-i}} = \sum_{i=1}^{h} b_j x_i^{(1)}$$

式中，$x_i^{(1)}$——原始序列 $x^{(0)}$ 的一次累加生成序列，记 $x_i^{(0)}$ 为系统主行为（输出），$x_i^{(1)}$，$i=1$(1)h（即 $i=1,2,\cdots,h$，下同）；

$x_i^{(0)}$——系统行为因子（输入），$x_i^{(0)}$（$i=2$(1)h）。

$x_i^{(1)}$ 与 $x_i^{(0)}$ 满足如下关系：

$$x_i^{(1)}(k) = \sum_{j=1}^{k} x_i^{(0)}(j) \quad (i=1(1)h; h=1(1)N)$$

相应对 $x_1^{(1)}$ 作 n 次累减生成记为 $a^{(n)}(x_1^{(1)})$，有：

$$a^{(n)}(x_1^{(1)}(k)) = a^{(n-1)}(x_1^{(1)}(k) - a^{(n-1)}(x_1^{(1)}(k-1))$$

式中，$a^n(x_1^{(1)}(k)) = x_1^{(1)}(k)$；$k=1(1)N$。

由此可构成累减生成矩阵 A、累加生成矩阵 B 和常数向量 YN：

$$A = \begin{bmatrix} -a(n-1)(x_1^{(1)}(2)), a^{(n-2)}(x_1^{(1)}(2)), \cdots -a^{(1)}(x_1^{(1)}(2)) \\ -a^{(n-1)}(x_1^{(1)}(3)), -a^{(n-2)}(x_1^{(1)}(3)), \cdots -a^{(1)}(x_1^{(1)}(3)) \\ \cdots \qquad\qquad \cdots \qquad\qquad \cdots \\ -a^{(n-1)}(x_1^{(1)}(N)), -a^{(n-2)}(x_1^{(1)}(N)), \cdots -a^{(1)}(x_1^{(1)}(N)) \end{bmatrix}$$

$$B = \begin{bmatrix} -0.5(x_1^{(1)}(2)+x_1^{(1)}(1)), x_2^{(1)}(2), \cdots & x_h^{(1)}(2) \\ -0.5(x_1^{(1)}(3)+x_1^{(1)}(2)), x_2^{(1)}(3) & \cdots & x_h^{(1)}(3) \\ \cdots \qquad\qquad \cdots \qquad\qquad \cdots \\ -0.5(x_1^{(1)}(N)+x_1^{(1)}(N-1)), x_2^{(1)}(N) & \cdots & x_h^{(1)}(N) \end{bmatrix}$$

$$\hat{a} = [a_1, a_2, \cdots, a_{n-1} \vdots a_n, b_2, b_3, \cdots, b_h]^{\mathrm{T}}$$

用最小二乘法可求得上式参数列的辨识算式：

$$\hat{a} = [(A \vdots B)^{\mathrm{T}}(A \vdots B)]^{-1}(A \vdots B)^{\mathrm{T}} Y_N$$

以上描述，可看出公式推导的机理：

①假定原始序列为等间距采样，即

$$\Delta t = (t+1) \rightarrow t = 1$$

②用累减生成近似 $x_1^{(1)}$ 的导数信号：

$$\frac{\mathrm{d}^n x_1^{(1)}(k)}{\mathrm{d}t^n} = \Delta^n(x_1^{(1)}(k)) = a^{(n)}(x_1^{(1)}(k) = a^{(n-1)}(x_1^{(1)}(k) - a^{(n-1)}(x_1^{(1)}(k-1))$$

③用均值生成近似 $x_1^{(1)}$ 的零导数信号：

$$\frac{\mathrm{d}^\circ x_1^{(1)}(k)}{\mathrm{d}t^\circ} = x_1^{(1)}(k) = 0.5(x_1^{(1)}(k) + x_1^{(1)}(k-1))$$

由于 $GM(n,h)$ 模型在大坝监测资料分析中常取 $n=1$，这时 $GM(n,h)$ 表达式退化为：

$$\frac{\mathrm{d}x_1^{(1)}}{\mathrm{d}t} + ax_1^{(1)} = \sum_{i=2}^h b_i x_i^{(1)}$$

可得：

$$\hat{u} = [a, b_2, b_3, \cdots, b_h]^{\mathrm{T}} = (B^{\mathrm{T}}B)^{-1} B^{\mathrm{T}} Y_N$$

离散解为：

$$\hat{x}_1^{(1)}(K) = (x_1^{(1)}(1) - \frac{1}{a}\sum_{j=2}^h b_i x_8^{(1)}(k)\mathrm{e}^{-a(k-1)} + \frac{1}{a}\sum_{i=2}^h b_i x_1^{(1)}(k)$$

对上式计算的 $\hat{x}_1^{(1)}(k)$ 作一次累减生成，即可还原成原始序列。模型精度采用残差、关联度和后验差检验法检验。

从上述推导和分析可以看出，$GM(n,h)$ 模型在大坝安全监测中应用尚存在以下问题：

a. $GM(n,h)$ 模型用累减生成近似导数信号时，其时间难以统一。

b. $GM(n,h)$ 模型为累加生成建模，因而比较适合呈指数增长的输出序列。而大坝监测数据序列大多为周期性变动的时间序列。

c. 在 $GM(1,h)$ 模型中，除 $x_1^{(0)}k(\mathrm{d}x_1^{(1)}(k)/\mathrm{d}t = \Delta x_1^{(1)}(k) = a^{(1)} x_1^{(1)}(k) = x_1^{(0)}(k)$ 为原始数据外，其余量均为累加生成量。因此，它不便直接对系统进行分析。此外，$x_1^{(0)}$ 与 $\sum_{i=2}^h b_i x_1^{(1)}$ 的驱使下，其发展变化的数量特征、动态关系也不够明确。

d. 在大坝监测诸因素中，大多为非负时间序列，经过累加生成后，行为因子间相关性将大大提高，有的因子间原不相关或相关不显著，经过累加生成后也会变成相关显著的因子。这时用最小二乘法估计模型参数易偏离实际，从而导致变形分析失去意义。

2）DGM(n,h) 模型的建立

令 $x_1 = \{x_1(k) \mid k = 1(1)N\}$ 为原始输出序列，定义如下 n 次生成：

$$\Delta^1 x_1(\tau_1) = x_1(k+1) - x_1(k)$$

$$\Delta^2 x_1(\tau_2) = \Delta^1 x_1(\tau_1) - \Delta^1 x_1(\tau_1 - 1)$$

$$\cdots$$

$$\Delta^n x_n(\tau_n) = \Delta^{n-1} x_1(\tau_{n-1}) - \Delta^{n-1} x_1(\tau_{n-1} - 1)$$

当 n 为奇数时，取 $\tau_n = k + 1/2$；当 n 为偶数时，取 $\tau_n = k$，则称为中心累减生成。

当取 $\tau_n = k + 1$ 时，则称为邻累减生成，即灰色系统理论定义的累减生成。

令 $x = \{x_i(k) \mid k = 1(1)N; i = 1(1)h\}$ 为原始序列,记 τ 时刻的生成为:

$$x_i(\tau) = 0.5x_i(k+1) + 0.5x_i(k)$$

当取 $\tau = k + 1/2$ 时,称为中心均值生成。

当取 $\tau = k + 1$ 时,称为邻均生成,即为灰色系统理论定义的均值生成。

给定原始数据序列 $\{x_i(k) \mid k = 1(1)N; i = 1(1)h\}$,可直接建立如下 n 阶 h 个变量的微分方程,记为 DGM(n, h) 模型:

$$\frac{d^n x_1}{dt^n} = \sum_{i=1}^{n} a_i \frac{d^{n-i} x_1}{dt^{n-i}} = \sum_{i=2}^{h} b_i x_i$$

其参数列 $\hat{a} = [a_1, a_2, \cdots, a_{i-1} \vdots a_n, b_2, b_3, \cdots, b_n]^T$:

$$\hat{a} = [(A \vdots B)^T (A \vdots B)]^{-1} (A \vdots B)^T Y_N$$

其中,中心累减生成矩阵 A、均值生成矩阵 B 和常数向量 YN 分别为:

$$A = \begin{bmatrix} -\Delta^{n-1} x_1(n/2+1), & -\Delta^{n-2} x_1(n/2+1), & \cdots, & -\Delta x_1(n/2+1) \\ -\Delta^{n-1} x_1(n/2+2), & -\Delta^{n-2} x_1(n/2+2), & \cdots, & -\Delta x_1(n/2+2) \\ \cdots & \cdots & & \cdots \\ -\Delta^{n-1} x_1(N-n/2), & -\Delta^{n-2} x_1(N-n/2), & \cdots, & -\Delta x_1(N-n/2) \end{bmatrix}$$

$$B = \begin{bmatrix} -x_1(n/2+1), & x_2(n/2+1), & \cdots, & x_h(n/2+1) \\ -x_1(n/2+2), & x_2(n/2+2), & \cdots, & x_h(n/2+2) \\ \cdots & & & \cdots \\ -x_1(N-n/2), & x_2(N-n/2) & \cdots & x_h(N-n/2) \end{bmatrix}$$

$$YN = [\Delta n x_1(n/2+1), \Delta n x_1(n/2+2), \cdots \Delta n x_1(N \rightarrow n/2)]^T$$

对于微分方程式,如果取原始序列等间距采样,即 $\Delta t = (t+1) \rightarrow 1 = 1$。

用中心累减生成近似 x_1 的导数信号:

$$\frac{d^n x_1(\tau)}{dt^n} = \Delta^n(x_1(\tau))$$

相应对序列 $x_i, i = 1(1)h$,作中心均值生成:

$$x_i(\tau) = 0.5x_i(k+1) + 0.5x_i(k)$$

则在 τ 时刻,微分方程式可变为如下等效增量模型:

$$\Delta^n x_1(\tau) + \sum_{i=1}^{n} a_i \Delta^{n-i} x_1(\tau) = \sum_{i=2}^{h} b_1 x_1(\tau) + \varepsilon(\tau)$$

式中,$\varepsilon(\tau)$——误差项,取 $\tau = (n/2+1)(1)(N \rightarrow n/2)$,用最小二乘法可求得使 $\varepsilon T \varepsilon = \min$ 的参数列 $\hat{a}$。

用 DGM(n, h) 模型分析处理大坝监测资料时,仍取 $n = 1$,这时微分方程式变为:

$$\frac{d x_1}{dt} + a x_1 = \sum_{i=2}^{h} b_i x_i$$

公式退化为:

$$\hat{a} = [a, b_2, b_3, \cdots, b_h]^{\mathrm{T}} = (B^{\mathrm{T}}B)^{-1}B^{\mathrm{T}}Y_N$$

得离散解为：

$$\hat{x}_1(k) = \left(x_1^{(1)} - \frac{1}{a}\sum_{i=2}^{h} b_i x_i(k)\right)\mathrm{e}^{-a(k-1)} + \frac{1}{a}\sum_{i=2}^{h} b_i x_i(k)$$

模型精度仍用残差、关联度和后验差检验法综合检验。当精度不满足要求时，可采用残差辨识模型来修正上式。实际应用时还可采用广义最小二乘法、M-稳健估计法以及递推最小二乘法。

2.3.2.3 时间序列模型

（1）基本原理

水工建筑物观测物理量的实测资料实际上是一个时间序列：

$$x(t_1), x(t_2), \cdots, x(t_n)$$

等时间间隔上取值的时间系列：

$$x_1, x_2, \cdots, x_i, \cdots, x_{n_0}$$

式中，$x_j = x(t_0 + j_\tau)$，$j = 1, 2, \cdots, u_0, u > u_0$；

t_0——量测开始的时间；

n——采样个数。

对于多维时间序列，则有：

$$x_j = [x_1(t_j), x_2(t_j), \cdots, x_n(t_j)]^{\mathrm{T}} \quad (j = 1, 2, \cdots, n)$$

如果采用等间隔时间上取值，则 $t_j = t_0 + j_\tau$，$j = 1, 2, \cdots, u_0, u > u_0$。

但是，在大坝原型观测中，有些不是等时间间隔观测的，因此，在对观测资料进行时间序列分析以前，先要对观测物理量进行采样处理，使其变为等时间间隔的时间序列。

对时间序列 $x_1, x_2, \cdots, x_i, \cdots, x_n$ 或 $x_j = [x_1(t_j), x_2(t_j), \cdots, x_n(t_j)]^{\mathrm{T}}$ 的分析，要解决下列问题：分析时间序列 $x(t)$ 的规律；推断产生时间序列 $x(t)$ 的物理性质；预报 $t > t_n$ 时的取值。所以对上述分析和预报等，具有广泛的应用前景。

$x_1, x_2, \cdots, x_i, \cdots, x_n$ 或 $x_j = [x_1(t_j), x_2(t_j), \cdots, x_n(t_j)]^{\mathrm{T}}$ 序列随时间的变化情况，可以分为平稳和非平稳时间序列。如果一个随机过程 $X(t)$ 的统计性质不随时间原点的推移而变化，则 $X(t)$ 为平稳随机过程。由 $X(t)$ 的一个现实函数，经离散数字化处理后，就得到平稳时间序列 $x_1, x_2, \cdots, x_i, \cdots, x_n$ 或 $x_j = [x_1(t_j), x_2(t_j), \cdots, x_n(t_j)]^{\mathrm{T}}$。反之，为非平稳时间序列。

先解决一维和多维平稳时间序列的分析和预报问题。然后，再转入一般时间序列的分析和预报。

（2）平稳时间序列分析

1）一维平稳时间序列分析

①平稳随机过程 $X(t)$ 的统计特性值。

平稳随机过程 $X(t)$ 具有两个显著特点：其一，是它的量测数据 $x(t)$ 围绕在一个固定不变的水平线作均匀随机摆动；其二，是任意两个不同时刻 t 和 $t+\tau$ 上，得到的随机数据 $X(t)$ 和 $X(t+\tau)$ 之间的统计性质只是时间间隔 τ 的函数，不依赖于时间原点 t_0 的位置。这意味着随机过程的数学期望和方差为常数，即

$$\left.\begin{array}{l} E[\overline{X}(t)]=\mu(t)=\mu \\ E[(\overline{X}(t)-\mu)^2]=\sigma^2(t)=\sigma^2 \end{array}\right\}$$

相关函数与时间 (t) 无关，而只是时间间隔 t 的函数。其证明如下：

$$R(t,t+\tau)=E\left[\left(\frac{X(t)-\mu(t)}{\sigma(t)}\right)\cdot\left(X\frac{(t+\tau)-\mu(t+\tau)}{\sigma(t+\tau)}\right)\right]$$

$$=E\left[\left(\frac{X(t)-\mu}{\sigma}\right)\cdot\left(X\frac{(t+\tau)-\mu}{\sigma}\right)\right]$$

$$=E[\widetilde{X}(t)\cdot\widetilde{X}(t+\tau)]$$

$$=R(\tau)$$

式中：

$$\widetilde{X}(t)=\frac{X(t)-\mu}{\sigma}$$

表示经过标准化处理后，均值为 0，方差为 1 的平稳过程。

根据相关系数 $R(\tau)$ 的定义，有下列特性 $R(\tau)=R(\rightarrow\tau)$，是 τ 的偶函数，且 $|R(\tau)|\leqslant R(0)=1$。

当 $\tau=0,1,2,\cdots,m-1$ 时，$R(\tau)$ 的值组成一个 m 阶的相关矩阵：

$$(\boldsymbol{R}(i-j))=\begin{bmatrix} R(0) & R(1) & \cdots & R(m-1) \\ R(1) & R(0) & \cdots & R(m-2) \\ \cdots & \cdots & \cdots & \cdots \\ R(m-1) & R(m-2) & \cdots & R(0) \end{bmatrix}$$

$(\boldsymbol{R}(i\rightarrow j))$ 是正定实对称的，称为 Toeplitz 矩阵。

②平稳时间序列的统计特性值。

根据平稳随机过程 $X(t)$ 的一个时间序列 $x_1,x_2,\cdots,x_i,\cdots,x_{n_0}$，可以求出它的数学期望 μ，方差 σ^2 和相关函数 $f(T)$ 的无偏或渐近无偏的统计估计值。

$$\overline{x}=\frac{1}{n}\sum_{i=1}^{n}x_i$$

$$S^2=\frac{1}{2}\sum_{i=1}^{n}(x_i-\overline{x})^2$$

$$\gamma(\tau)=\frac{1}{n-\tau}\sum_{i=1}^{n-\tau}\left(\frac{x_i-\overline{x}}{S}\right)\left(\frac{x_{i+x}-\overline{x}}{S}\right)$$

为了使 $r(\tau)$ 与 $R(t)$ 无偏估计，要求 $n_0>50$，$m<\frac{n_0}{4}$，一般取 $n_0/10$。

③功率谱密度。

相关函数 $R(\tau)$ 的傅里叶变换,从频域上描述平稳过程 $X(l)$ 的基本统计特性,称为平稳过程的功率谱密度 $g(\omega)$。

$$g(\omega)=\int_{-\infty}^{\infty}R(\tau)\mathrm{e}^{-j\omega\tau}\mathrm{d}\tau=2\int_{-\infty}^{\infty}R(t)\cos\omega\tau\,\mathrm{d}\tau$$

将 $r(\tau)$ 代替上式中的 $R(\tau)$,则可以推得谱密度 $g(w)$ 的渐近无偏估计值:

$$g(k)=1+2\sum_{\tau=1}^{m-1}r(\tau)\cos\frac{k\tau\pi}{m}+r(m)\cos k\pi \quad (k=0,1,\cdots,m)$$

在实际计算中,为了减少采样误差,可以利用下列三点平稳公式,给出谱密度 $g(w)$ 的更优估计值。

$$\left.\begin{aligned}\overline{g}&=\frac{1}{2}\big[g(0)+g(1)\big]\\\overline{g}_k&=\frac{1}{4}\big[g(k-1)+2g(k)+g*(k+1)\big] \quad (k=1,2,\cdots,m-1)\\g_m&=\frac{1}{2}\big[g(m-1)+g(m)\big]\end{aligned}\right\}$$

④自回归预报模型。

为了对平稳时间序列 $x_1,x_2,\cdots,x_i,\cdots,x_{n0}$ 进行预报,引入 m 阶自回归预报模型。

$$\widetilde{x}=\beta_1\widetilde{x}_{t-1}+\beta_2\widetilde{x}_{t-2}+\cdots+\beta_m\widetilde{x}_{t-m}+\varepsilon_t$$
$$=\sum_{j=1}^{m}\beta_j\widetilde{x}_{t-j}+\varepsilon_t$$

式中,β_1、β_2、$\cdots$、β_m——自回归系数,在预报问题中,m 和 $\beta_j(j=1,2,\cdots,m)$ 为待定参量;

ε_t——残差(或称白噪声),它的均值为零、方差为 σ_x^2,相关函数 $R_x(\tau)=\begin{cases}1(\tau=0)\\0(\tau\neq0)\end{cases}$,且当 $i>0$ 时,$E(\widetilde{x}_{i-i}\varepsilon_\tau)=0$。

将 $\widetilde{x}_{i-i}$ 乘以式5的两边,得到方程为:

$$\widetilde{x}_t\widetilde{x}_{t-i}=\sum_{j=1}^{m}\beta_j\widetilde{x}_{t-j}\widetilde{x}_{t-i}+\varepsilon_t\widetilde{x}_{t-i}$$

根据前述公式,$E(\widetilde{x}_{i-i}\varepsilon_\tau)=0$,对上式的两边取数学期望,得到自回归系数 β_j 满足 m 阶分方程。

$$R(i)=\sum_{j=1}^{m}R(i-j)\beta_j$$

这里 $i>0$,取 $i=l,2,\cdots,m$;得到 β_j 满足的 m 阶线性方程组:

$$\begin{bmatrix}1 & R(1) & \cdots & R(m-1)\\R(1) & 1 & \cdots & R(m-2)\\\cdots & \cdots & \cdots & \cdots\\R(m-1) & R(m-2) & \cdots & 1\end{bmatrix}\begin{Bmatrix}\beta_1\\\beta_2\\\cdots\\\beta_m\end{Bmatrix}=\begin{Bmatrix}R(1)\\R(2)\\\cdots\\R(m)\end{Bmatrix}$$

如果用相关函数 $R(\tau)$ 的估计值 $r(\tau)$ 代替上式中的 $R(\tau)$，得到自回归系数 β_j 的估计值 b_j，满足 m 阶线性方程组。用 m 阶的 Toeplitz 矩阵 $(r(t-j))$ 表示时，有：

$$(\gamma(i-j))\begin{Bmatrix} b_1 \\ b_2 \\ \cdots \\ b_m \end{Bmatrix} = \begin{Bmatrix} \gamma(1) \\ \gamma(2) \\ \cdots \\ r(m) \end{Bmatrix}$$

上式可用 Toeplitz 矩阵 $(r(i-j))$ 特有性质的递推或逐步回归算法求解。

假如在求得 m 阶线性方程组上式的解 $b_1, b_2, \cdots, b_m$ 后，不难求得 $(m+1)$ 阶方程：

$$\left. \begin{aligned} b_{m+1,m+1} &= \frac{\gamma(m+1) - \sum\limits_{j=1}^{m} b_{mj}\gamma(m+1-j)}{1 - \sum\limits_{j=1}^{m} b_{mj}(j)} \\ b_{m+1,j} &= b_{mj} - b_{m+1,m+1} \cdot b_{m,m+1-j} \quad (j=1,2,\cdots,m) \end{aligned} \right\}$$

那么，用逆推算法求解方程组，将比直接算法求解的运算量要小，而且计算速度要提高一个数量级。

解得 b_j 后，得到 x_{n+1} 的预报值：

$$x_{n+1}^* = \overline{x} + S\sum_{j=1}^{m} b_j \widetilde{x}_{n+1-j} + S_{\varepsilon_t}$$

以此类推，可给出预报值 $x_{n+2}^*, \cdots, x_{n+m}^*$。

2）多维平稳时间序列分析

设有 K 维平稳随机过程：

$$X(t) = (X_1(t), X_2(t), \cdots, X_K(t))^{\mathrm{T}}$$

则随机过程 $X_1(t), \cdots, X_k(t)$ 的数学期望和方差为常数。

$$\left. \begin{aligned} \mu_i(t) &= E[X_i(t)] = \mu_i \\ \sigma_i^2(t) &= E[X_i(t) - \mu_i)^2] = \sigma_i^2 \end{aligned} \right\}$$
$$i = 1, 2, \cdots, K$$

它们的自相关函数 $R_{ii(\tau)}$ 和互相关函数 $R_{ij(\tau)}$ 为：

$$R_{ii(\tau)} = E(\widetilde{X}_i(t)\widetilde{X}_i(t+\tau))$$
$$R_{ij(\tau)} = E(\widetilde{X}_i(t)\widetilde{X}_j(t+\tau))$$

它们与 t 无关，只是它们的时间间隔 τ 的函数。

根据以上两个相关函数的定义式可知：

$$R_{ii(\tau)} = R_{ii(-\tau)}$$
$$R_{ij(\tau)} = R_{ij}(-\tau)$$

因此，多维平稳随机过程

$$\widetilde{X}(t) = (\frac{X_1(t) - \mu_1}{\sigma_1}, \frac{X_2(t) - \mu_2}{\sigma_2}, \cdots, \frac{X_K(t) - \mu_K}{\sigma_K})^{\mathrm{T}}$$

的相关弊病数阵矩。

$$R(t)=E\left[\widetilde{X}(t)\widetilde{X}^{\mathrm{T}}(t+\tau)\right]=\begin{bmatrix} R_{11}(\tau) & R_{12}(\tau) & \cdots & R_{1K}(\tau) \\ R_{21}(\tau) & R_{22}(\tau) & \cdots & R_{2K}(\tau) \\ \cdots & \cdots & \cdots & \cdots \\ R_{K1}(\tau) & R_{K2}(\tau) & \cdots & R_{KK}(\tau) \end{bmatrix}$$

可知

$$R^{\mathrm{T}}(\tau)=R(-\tau)$$

若 $X(t)$ 是一个各态历经的多维平稳过程,根据它的现实序列 $x_j=[x_1(t_j),x_2(t_j),\cdots,x_n(t_j)]^{\mathrm{T}}(j=1,2,\cdots,n)$,可给出其数学期望 μ_i,方差 σ_i^2 和自、互相关函数 $R_{ii}(\tau)$、$R_{ij}(\tau)$ 的无偏或渐近无偏的统计估计值。

$$\left.\begin{aligned} \overline{x}_i &= \frac{1}{n}\sum_{k=1}^{n}x_i(k) \\ S_i^2 &= \frac{1}{2}\sum_{k=1}^{n}(x_i(k)-\overline{x}_i)^2 \\ T_{ij}(\tau) &= \frac{1}{n-\tau}\sum_{k=1}^{n-\tau}\left(\frac{x_i(k)-\overline{x}_i}{\sigma_i}\right)\left(\frac{x_j(k+\tau)-\overline{x}_2}{\sigma_j}\right) \\ &= \frac{1}{n-\tau}\sum_{k=1}^{n-\tau}x_i(k)x_j(k+\tau) \end{aligned}\right\}$$

$$i,j=1,2,3,\cdots,K;\tau=0,1,\cdots,m$$

为了预报多维平稳时间序列,取 m 阶自回归预报模型:

$$\begin{bmatrix} \widetilde{x}_1(t) \\ \widetilde{x}_2(t) \\ \cdots \\ \widetilde{x}_k(t) \end{bmatrix}=\sum_{j=1}^{m}\begin{bmatrix} g_{11}^{(j)} & g_{12}^{(j)} & \cdots & g_{1k}^{(j)} \\ g_{21}^{(j)} & g_{22}^{(j)} & \cdots & g_{2k}^{(j)} \\ \cdots & \cdots & \cdots & \cdots \\ g_{k1}^{(j)} & g_{k2}^{(j)} & \cdots & g_{K}^{(j)} \end{bmatrix}\cdot\begin{bmatrix} \widetilde{X}_1(t-j) \\ \widetilde{X}_2(t-j) \\ \cdots \\ \widetilde{X}_K(t-j) \end{bmatrix}+\begin{bmatrix} \varepsilon_1(t) \\ \varepsilon_2(t) \\ \cdots \\ \varepsilon_K(t) \end{bmatrix}$$

简写为:

$$\widetilde{x}(t)=\sum_{j=1}G_j\widetilde{x}(t-j)+\varepsilon(t)$$

这里,$\widetilde{x}(t)$ 是均值为 0、方差为 1 的 K 维平稳随机过程。残差(即白噪声)$\varepsilon(t)=(\varepsilon_1(t),\cdots,\varepsilon_K(t))^{\mathrm{T}}$。

回归系数矩阵 G_j 是进行预报的待定参量:

$$G_j=\begin{bmatrix} g_{11}^{(j)} & g_{12}^{(j)} & \cdots & g_{1K}^{(j)} \\ g_{21}^{(j)} & g_{22}^{(j)} & \cdots & g_{2K}^{(j)} \\ \cdots & \cdots & \cdots & \cdots \\ g_{K1}^{(j)} & g_{K2}^{(j)} & \cdots & g_{KK}^{(j)} \end{bmatrix}$$

用 $\widetilde{x}^{\mathrm{T}}(t-i)$ 右边乘以前述公式的两边,取数学期望,得到回归系数矩阵 G_j 满足 m 阶差分方程:

$$R(-i) = \sum_{j=1}^{m} G_j R(j-i)$$

将上式的两端转置,得到回归系数矩阵 G_j 满足 K 个 K_m 阶差分方程:

$$R(i) = \sum_{j=1}^{m} R(j-i) G_j^{\mathrm{T}} \quad (i = 1, 2, \cdots, K)$$

把算得的自、互相关函数 $r_{ij}(t)$ 代入上式,求解回归系数矩阵 G_j 满足上式的估计矩阵 B_j,给出 $\widetilde{x}(n+1)$ 的预报值。

$$\widetilde{x}^{*}(n+1) = \sum_{j=1}^{m} B_j \widetilde{x}(n+1-j)$$

显然,当 K,m 取值较大时,计算是相当困难的。

3)时间序列的平稳性检验

在 $X(t)$ 是各态历经平稳随机过程的假定下,利用自回归预报模型,得到求解自回归系数 β_i、G_j 的线性方程组。在实际问题中,利用估计值 b_j,B_j 进行预报时,对一些问题是成功的,但有些问题是不成功的。其主要原因不一定是平稳的,为此需要检验平稳性。

根据前面分析,一个平稳的随机过程 $X(t)$ 具有两个基本特点:它的数学期望、方差取为常量;相关函数只是时间间隔 τ 的函数,不依赖于时间 t。在自回归模型的建立和计算过程中正是利用了这两个性质。因此,对时间序列的平稳性检验,就是要检验 $X(t)$ 是否具有这两个性质。

假如随机过程 $X(t)$ 的现实序列 $x_1, x_2, \cdots, x_i, \cdots, x_{n0}$ 或 $x_j = [x_1(t_j), x_2(t_j), \cdots, x_n(t_j)]^{\mathrm{T}} (j = 1, 2, \cdots, n)$ 是够长的,即 n 取值足够大,如取 $n = \xi \cdot l$。按长度把 $x_1, x_2, \cdots, x_i, \cdots, x_{n0}$ 或 $x_j = [x_1(t_j), x_2(t_j), \cdots, x_n(t_j)]^{\mathrm{T}} (j = 1, 2, \cdots, n)$ 分为 ξ 段子序列:

$$x_{i1}, x_{i2}, \cdots, x_{it}$$

其中,$x_{ij} = x_{(i-1)(1+j)}$,$i = 1, 2, \cdots, \zeta$;$j = 1, 2, \cdots, l$。

可以计算多个子序列的均值方差和相关函数的估计值:

$$\left. \begin{aligned} \overline{x}_i &= \frac{1}{l} \sum_{j=1}^{t} x_{ij} \\ S_i^2 &= \frac{1}{l} \sum_{j=1}^{t} (x_{ij} - \overline{x})^2 \\ r_i(\tau) &= \frac{1}{l-\tau} \sum_{j=1}^{t-\tau} \left(\frac{x_{ij} - \overline{x}_i}{S_i} \right) \left(\frac{x_{i,j+\tau} - \overline{x}_i}{S_i} \right) \end{aligned} \right\}$$

根据平稳性假设,利用上式得到各个子序列的样本均值 $\overline{x}_i$、方差 S_i^2 和相关函数 $r_i(\tau)$,不应有显著的差异。

其检验过程是:

假设 $X(t)$ 是一个正态平稳随机过程，具有方差 σ^2 和相关函数 $R(t)$。对长为 l 的一般现实序列，由上式得到它的 $\overline{x}_i$、S_i^2 和 $T_i(\tau)$。对这些统计量，可分别求出它们的理论方差：

$$\sigma^2(\overline{x}_i) = \frac{\sigma^2}{l}\left[1 + 2\sum_{j=1}^{i}\left(1 - \frac{j}{l}\right)R(j)\right]$$

$$\sigma^2(S_i^2) = \frac{2\sigma^2}{l}\left[1 + 2\sum_{j=1}^{i}\left(1 - \frac{j}{l}\right)R^2(j)\right]$$

$$\sigma^2(\gamma_i(\tau)) = \frac{1}{l-\tau}\left[1 + R^2(\tau) + 2\sum_{j=1}^{i-\tau}\left(1 - \frac{j}{l-\tau}\right)(R^2(j) + R(j+\tau)R(j-\tau))\right]$$

用测量序列 $x_1, x_2, \cdots, x_i, \cdots, x_{n0}$ 或 $x_j = [x_1(t_j), x_2(t_j), \cdots, x_n(t_j)]^{\mathrm{T}}(j=1,2,\cdots, n)$ 给出几个测量数据，得到 σ^2 和 $R(\tau)$ 的估计值 S^2 和 $r(\tau)$ 代入上式中，给出子序列样本均值 $\overline{x}_i$、方差 S_i^2 和相关函数 $r_i(\tau)$ 的理论方差的渐近估计值 $\overline{\sigma}^2(\overline{x}_i)$、$\overline{\sigma}^2(S_i^2)$ 和 $\overline{\sigma}^2(r_i(\tau))$。取显著水平 $\alpha = 0.05$，若

$$\left.\begin{aligned}
& |\overline{x}_{i_1} - \overline{x}_{i_2}| \leqslant 2.77\overline{\sigma}(\overline{x}_i) \\
& |S_{i_1}^2 - S_{i_2}^2| \leqslant 2.77\overline{\sigma}(S_i^2) \\
& |\gamma_{i_1}(\tau) - \gamma_{i_2}(\tau)| \leqslant 2.77\overline{\sigma}(\gamma_i(\tau)) \\
& i_1 \neq i_2, i_1, i_2 = 1, 2, \cdots, \zeta
\end{aligned}\right\}$$

成立，则称无显著性差异，接受 $X(t)$ 的平稳性假设。否则有显著差异。

应该注意：只有当 l 取值足够大时，统计量 $\overline{x}_i$、S_i^2、$r_i(\tau)$ 对不同的 i 可近似视为相互独立同分布的随机变量。那么，可以利用上述方法检验。因此，时间序列 $x_1, x_2, \cdots, x_i, \cdots,$ x_{n0} 或 $x_j = [x_1(t_j), x_2(t_j), \cdots, x_n(t_j)]^{\mathrm{T}}(j=1,2,\cdots, n)$ 要求足够长。否则无法检验随机过程 $X(t)$ 的平稳性。

4）平稳时间序列分析

经上面的平稳性检验，如果一些统计量有显著性差异，那么时间序列 $x_1, x_2, \cdots, x_i, \cdots,$ x_{n0} 或 $x_j = [x_1(t_j), x_2(t_j), \cdots, x_n(t_j)]^{\mathrm{T}}(j=1,2,\cdots, n)$ 为非平稳时间序列。在实际问题中遇到的多数物理数据一般都是非平稳的。因此，对非平稳的时间序列进行分析，具有更大的实际意义。

非平稳时间序列的基本特征是统计性质随时间而变化，使对其分析比较复杂。这里给出几类非平稳的时间序列的分析和预报方法。

①典型的非平稳时间序列的种类。

从图 2.3-5 可以看出，$X_1(t)$ 的量测数据不在固定不变的水平线附近随机摆动，均值 $E[X(t)]$ 将随时间而异，这类问题在水工建筑物原型观测中常遇到。如大坝的变形、应力和扬压力等的观测资料存在时效影响。$X_2(t)$ 的量测数据虽在 $x=0$ 的水平线附近随机摆动，但摆动是不均匀的，$X_2(t)$ 的方差 $\sigma^2[X_2(t)]$ 将随时间而异。$X_3(t)$ 的量测数据有更复杂的性质，它的振动频率随时间变化，这意味着 $X_3(t)$ 的相关函数值随 t 和 τ 的不同而异。显然，

这些非平稳性质的不同组合,可以组成更复杂的一类非平稳时间序列。

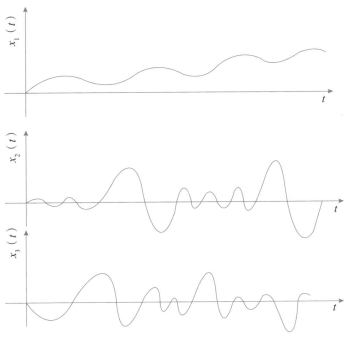

图 2.3-5　典型的非平稳时间序列

设 $\varphi(t)$、$\varphi_1(t)$、$\varphi_2(t)$ 是时间 t 的确定性函数,$\eta(t)$ 是一个各态历经的平稳随机过程。根据上面分析,非平衡随机过程作为实际物理过程的近似。

加法模型:

$$x_1(t) = \varphi(t) + \eta(t)$$

乘法模型:

$$x_2(t) = \varphi(t) \cdot \eta(t)$$

混合模型:

$$x_3(t) = \varphi_1(t) + \varphi_2(t)\eta(t)$$

乘法模型和混合模型经过变换,都可化为加法模型处理,因此下面主要讨论可用加法模型来处理的一类随机过程的分析和预报问题。

②分析方法。

对平稳时间序列常用参数模型法和差分模型法两种方法。下面主要介绍参数模型法的基本原理。

用蒙特卡罗方法模拟随机过程 $X(t)$ 的模型为:

$$X(t) = \varphi(t) + \eta(t) = f(t) + p(t) + \eta(t)$$

式中,$\varphi(t)$——趋势函数项,包含主值函数项 $f(t)$ 和周期函数项 $p(t)$ 等。

$\eta(t)$ ——剩余部分。

由 $X(t)$ 的量测数据 $x_1, x_2, \cdots, x_i, \cdots, x_{n0}$ 或 $x_j = [x_1(t_j), x_2(t_j), \cdots, x_n(t_j)]^{\mathrm{T}}(j=1, 2, \cdots, n)$，用统计分析方法估计函数 $\varphi(t)$ 所含的一些参数，识别、提取和预报趋势函数 $\varphi(t)$，把这样一类方法称为参数模型方法。

a. 识别和提取趋势函数项 $\varphi(t)$。

识别和提取趋势函数项 $\varphi(t)$ 是很重要的一步，有些问题中，识别和提取 $\varphi(t)$ 就是对 $X(t)$ 进行统计分析的最终结果。这里有一点要特别指出：只有量测数据有明显的趋势函数项时，进行这样的提取才有意义。

下面介绍计算各项的原理：

a) 主值函数项。

对一般的量测数据 $x_1, x_2, \cdots, x_i, \cdots, x_{n0}$ 或 $x_j = [x_1(t_j), x_2(t_j), \cdots, x_n(t_j)]^{\mathrm{T}}(j=1, 2, \cdots, n)$，可以选用相对的时间单位，为了计算处理的方便，可以取

$$t_0 = 1, \tau = \frac{1}{n}, t_j = 1 + \frac{j}{n} \quad (j=1, 2, \cdots, n)$$

这时，取主值函数项：

$$f(t) = a_0 + \sum_{i=1}^{4} a_i t^i + a_5 t^{-1} + a_6 t^{-2} + a_7 t^{\frac{1}{2}} + a_8 t^{-\frac{1}{2}} + a_9 \mathrm{e}^{-t} + a_{10} \ln t$$

用逐步回归法挑选 $f(t)$ 的形式和参数，确定 $f(t)$。若 $a_i = 0(i=1, 2, \cdots, 10)$，说明时间序列无主值函数项 $f(t)$。

对于特殊的量测数据，需要根据这些数据的物理概念或实际经验，自选特有的主值函数项。如大坝变形的主值函数项可以选取下列形式：

$$f(t) = \delta_H + \delta_T + \delta_\theta = \sum_{i=0}^{4} a_{1i} H^i + \sum_{i=0}^{m_1} a_{2i} T_i + a_{31}\theta + a_{32}\ln\theta$$

式中，H——水深；

$\quad T_i$——温度计测值；

$\quad \theta$——时间，每增加一天，$\theta = 0.01$。

b) 周期函数项。

去掉 $f(t)$ 后，可以得到一个新的有序数集合：

$$q(t) = x(t) - f(t) \quad (t=1, 2, \cdots, n)$$

对这组数据考虑一个隐含周期模型：

$$\left. \begin{array}{l} q(t) = P(t) + \eta(t) \\ P(t) = b_0 + \sum_{j=1}^{t}(b_{1j}\cos\omega_j t + b_{2j}\sin\omega_j t) \end{array} \right\}$$

式中，b_0, l, b_j, w_j——待定量。

Ⅰ. 统计检验。

为了检验周期函数项 $P(t)$ 的显著性，必须首先进行统计检验。

根据给出的 n 个数据：

$$q_1, q_2, \cdots, q_n$$

如果随机过程 $X(t)$ 存在周期，用周期图方法可以分析到的周期有 $n/k\,(k=l,2,\cdots,$ $K)$。这里的 K 一般取为：

$$K = \left[\frac{n}{2}\right] = \begin{cases} \dfrac{n}{2} & \text{（当 } n \text{ 为偶数时）} \\[2mm] \dfrac{n-1}{2} & \text{（当 } n \text{ 为奇数时）} \end{cases}$$

对可能周期 $T_i = n/k\ (k=1,2,\cdots,K)$，计算它们的振幅：

$$\left. \begin{aligned} b_{1k} &= \frac{2}{n}\sum_{j=1}^{k} q_j \cos \frac{2\pi}{n} k_j \\ b_{2k} &= \frac{2}{n}\sum_{j=1}^{k} q_j \sin \frac{2\pi}{n} kj \end{aligned} \right\} \quad \left(k=1,2,\cdots,\left[\frac{n-1}{2}\right]\right)$$

当 n 为偶数时，有：

$$b_{1k} = \frac{1}{n}\sum_{j=1}^{n} (-1)^j q_j$$

$$b_{2k} = 0$$

统计量一般取为：

$$S_K^2 = \frac{1}{2}(b_{1k}^2 + b_{2k}^2) \quad (k=1,2,\cdots,\left[\frac{n-1}{2}\right])$$

$$S_{\frac{n}{2}}^2 = b_{1,\frac{n}{2}}^2 \quad \text{（当 } n \text{ 为偶数时）}$$

为随机过程 $X(t)$ 周期图，取

$$S^2 = \sum_{k=1}^{K} S_k^2$$

可以证明

$$S^2 = \frac{1}{n}\sum_{j=1}^{n} (q_j - \bar{q})^2 = \sum^{K} S_k^2$$

为了从这些周期中选取随机过程 $X(t)$ 的真正周期，给出下面的统计舍选方法，取

$$S_{i1}^2 = \max\{S_1^2, S_2^2, \cdots, S_K^2\}$$

在 $\eta(t)$ 为高斯白噪声的假定下，统计量 $y_1 = S_{i1}^2/S^2$ 服从 Fisher 分布。

$$P\{y > y_1\} = \sum_{j=0}^{r} (-1)^j C_k^{j+1}\left[1 - (j+1)y_1\right]^{k-1}$$

其中 r 是使 $1 \rightarrow (r+l)y_1 > 0$ 成立的最大正整数。

对给定的显著水平 a，若

$$P\{y > y_1\} \geqslant \alpha$$

则认为随机过程 $X(t)$ 无周期函数项 $P(t)$。否则，$P\{y > y_1\} < a$，以显著水平 a，接受

$T_1 = \dfrac{n}{i_1}$，为随机过程 $X(t)$ 的第一个周期。

同理，设 S_{ik}^2 为 $S_1^2, S_2^2, \cdots, S_k^2$ 中的第 k 个最大值。统计量为：$y_k = y_{ik}^2 / S^2$。

服从 Fisher 分布：

$$P\{y > y_k\} = C_K^{k-1} \sum_{j=1}^{r} (-1)^j C_{K-(k-1)}^{j+1} \frac{j+1}{j+k} [1 - (k+j)y_k]^{K-1}$$

其中，r 是使 $1 \to (k+r)y_k > 0$ 成立的最大正整数。

对给定的显著水平 a，若

$$P\{y > y_k\} < a$$

则接受 $T_k = \mu/i_k$ 为随机过程 $X(t)$ 的一个周期。应指出的是：显著水平 a 一般可取 $a \leqslant 0.01$。

在实际计算时，当数据量 n 比较大时，可以看出：计算系数 b_{1k}，b_{2k} 的运算量很大。由于计算 b_{1k}、b_{2k} 和计算平稳过程的谱密度式子类似，主要运算量是计算一个有限的傅里叶级数，即计算

$$\sum_{j=1}^{n} z_j \cos j\theta, \quad \sum_{j=1}^{n} z_j \sin j\theta$$

因此，给出一种比较简单的算法是十分必要的。

取 $u_{n+2} = u_{n+1} = 0$。

计算递推等式：

$$u_j = z_j + 2\cos\theta \cdot u_{j+1} - u_{j+2} \quad (j = n, n-1, \cdots, 2, 1)$$

可以证明

$$\left. \begin{aligned} \sum_{j=1}^{n} z_i \cos j\theta &= u_1 \cos\theta - u_2 \\ \sum_{j=1}^{n} z_i \sin j\theta &= u_1 \sin\theta \end{aligned} \right\}$$

这样，只需要算出三角函数 $\cos\theta$、$\sin\theta$，便可有效地计算。对一些特殊的 n 值，特别在 $n = 2^m$（m 为正整数）时，可以利用快速傅里叶算法更快地求解。

Ⅱ. 周期函数项。

由统计检验公式，若选得随机过程 $X(t)$ 的 1 个周期 $T_1, T_2, \cdots, T_l$，取圆频率：

$$\omega_k = 2\pi/Tk = 2\pi i_k/n$$

得到周期函数项：

$$P(t) = b_0 + \sum_{j=1}^{t} (b_{1j} \cos\omega_j t + b_{2j} \sin\omega_j t)$$

其中

$$b_0 = \frac{1}{n} \sum_{j=1}^{n} q_j = \bar{q}$$

Ⅲ. 人工周期函数项。

利用周期图分析方法,经过上述公式的识别,提取周期函数项 $P(t)$,只能得到以 $1/n$ 为基频的频率分量,无疑不能满足实际问题的需要。引入人工周期函数项 $m(t)$,可以弥补周期图分析的这个缺陷。

人工周期函数项 $m(t)$ 可以用下列函数式:

$$m(t) = C_0 + \sum_{j=0}^{t} \left(C_{1j} \cos \frac{2\pi}{T_j} t + C_{2j} \sin \frac{2\pi}{T_j} t \right)$$

用逐步回归分析法,舍选上式中周期 T_j,给出参数 C_0, C_{1j}, C_{2j} 的最小二乘估计值,得到 $m(t)$。

b. 计算剩余部分 $\eta(t)$。

在求得 $f(t)$,$P(t)$ 和 $m(t)$ 后,得到随机过程 $X(t)$ 的趋势函数项:

$$\varphi(t) = f(t) + P(t) + m(t)$$

那么,在随机过程 X(t) 中提取趋势函数项后,剩余的部分为:

$$\eta(t) = X(t) - \varphi(t)$$

由于去掉趋势函数项,因此 $\eta(t)$ 可作为一个平稳随机过程,按照前面介绍的平稳随机过程处理方法进行分析和预报。

由分析经验表明,选取适当的趋势函数项 $\varphi(t)$,可以改进数据序列 $x_1, x_2, \cdots, x_i, \cdots,$ x_{n0} 或 $x_j = [x_1(t_j), x_2(t_j), \cdots, x_n(t_j)]^T (j = 1, 2, \cdots, n)$ 的平稳性,提高预报精度。一般来说,观测数据的样本 n 比较小,拟合比较复杂的趋势函数项 $\varphi(t)$ 容易出现假象,在观测数据范围内的拟合精度高,外延预报精度低。

如果把 $\eta(t)$ 作为平稳时间序列处理不合理时,可进一步分析,以改进 $\eta(t)$ 的平稳性。通常根据问题的物理概念和对 $\eta(t)$ 数据进行统计分析的结果,构成一个新的修正算子 L,对 $\eta(t)$ 进行加工以得到一个渐进的平稳随机过程:

$$D(t) = L[\eta(t)]$$

4)时间序列分析框图

根据前面的分析,给出如下所示的时间序列分析框图(图 2.3-6)。

框图说明:

①输入原始观测数据及其控制参量。

$z(t), t = 1, 2, \cdots, n$;基本模型;控制参量。

②原始数据线性滤波。

$$y(t) = L_1[z(t)] \quad (t = 1, 2, \cdots, n_0, n_0 < n)$$

③滤波结果后进行变换。

$$x(t) = L_2[y(t)] \quad (t = 1, 2, \cdots, n_0)$$

④$x(t)$ 的主值函数项 $f(t)$ 的识别、提取和预报。

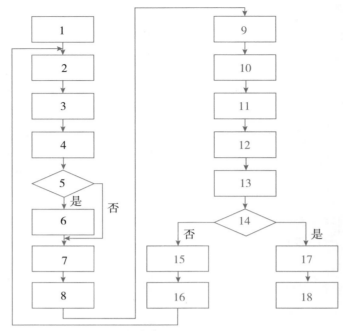

图 2.3-6 时间序列分析框图

⑤是否给出人工周期 T_j。

⑥根据 T_j 进行人工周期函数项的识别、提取和预报。

⑦进行自然周期函数项 $p(t)$ 的识别、提起和预报。

⑧计算趋势函数项和剩余项：

$$\varphi(t) = f(t) + m(t) + p(t) \quad (t = 1, 2, \cdots, n_0, n_0 + 1, \cdots, n_0 + L)$$

$$\eta(t) = x(t) \to \varphi(t) \quad (t = 1, 2, \cdots, n_0)$$

⑨进行 $\eta(t)$ 的平稳性改进

$$D(t) = L_3[\eta(t)] \quad (t = 1, 2, \cdots, n_0)$$

⑩对 $D(t)$ 进行平稳分析。

⑪对 $D(t)$ 构造随机模型，进行 $D(t)$ 的统计预报，给出预报值 $D(n_0 + l)(l = 1, 2, \cdots, L)$。

⑫给出综合预报值：

$$x(n + l) = D(n + l) + L_3 \to 1[D(n_0 + l)]$$

$$y(n + l) = L_2 \to 1[x(n_0 + l)] \quad (l = 1, 2, \cdots, L)$$

⑬进行预报结果的精度分析。

⑭预报精度是否满足要求。

⑮若预报精度不满足要求，停机后修改模型和控制参数。

⑯根据给出的新模型和参量，转②进行新的计算，直至满足预报精度要求。

⑰输出分析结果和预报结果。

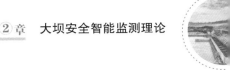

⑱结束。

2.3.2.4　卡尔曼滤波模型

卡尔曼滤波是由卡尔曼等提出的一种递推式滤波算法,它是一种利用线性系统状态方程,通过系统输入输出观测数据,对系统状态进行最优估计的算法。受观测数据中包括系统中的噪声和干扰的影响,因此最优估计也可看作是滤波过程。

（1）模型数学表达式

卡尔曼滤波的数学模型包括状态方程(也称动态方程)和观测方程两部分。其离散化形式为:

$$X_k = A_k X_{k-1} + \Gamma_{k-1} q_{k-1}$$
$$L_k = H_k X_k + r_k$$

式中,X_k——t_k 时刻系统的状态向量(n 维);

$\quad L_k$——t_k 时刻系统的观测向量(m 维);

$\quad A_k$——时间 t_{k-1} 至 t_k 的系统状态转移矩阵($n \times n$);

$\quad q_{k-1}$——t_{k-1} 时刻的动态噪声(r 维),$q_k \sim N(0, Q_k)$;

$\quad \Gamma_{k-1}$——动态噪声矩阵($n \times r$);

$\quad H_k$——t_k 时刻的观测矩阵($m \times n$);

$\quad r_k$——t_k 时刻的观测噪声(m 维),$r_k \sim N(0, R_k)$。

卡尔曼滤波的递推公式为:

1）状态预报

$$\hat{X}_{k|k-1} = A_k \hat{X}_{k-1}$$

2）状态协方差阵预报

$$P_{k|k-1} = A_k P_{k-1} A_k^{\mathrm{T}} + \Gamma_{k-1} Q_{k-1} \Gamma_{k-1}^{\mathrm{T}}$$

3）状态估计

$$\hat{X}_{k|k} = \hat{X}_{k|k-1} + K_k (L_k - H_k \hat{X}_{k|k-1})$$

4）状态协方差阵估计

$$P_{k|k} = (I - K_k H_k) P_{k|k-1}$$

式中,K_k——滤波增益矩阵,其具体形式为:

$$K_k = P_{k|k-1} H_k^{\mathrm{T}} (H_k P_{k|k-1} H_k^{\mathrm{T}} + R_k)^{-1}$$

可知,当已知 t_{k-1} 时刻动态系统状态 $\hat{X}_{k-1}$ 时,即可得到下一时刻 t_k 的状态预报值 $\hat{X}_{k|k-1}$。当 t_k 时刻对系统进行观测 L_k 后,就可以利用该观测量对预报值进行修正,得到 t_k 时刻系统的状态估计(滤波值)$\hat{X}_{k|k}$,将 $\hat{X}_{k|k}$ 带入前式即可获取下一时刻的预报值……如此反复进行递推式预报与滤波。因此,在给定了初始值 $\hat{X}_0$、$\hat{X}_0$ 后,就可依据上述公式进行递推计算,实现滤波目的。

卡尔曼滤波算法的核心思想是：根据当前的仪器"测量值"和上一刻的"预测量"和"误差"，结合"测量值"的误差和"预测量"的误差，对"测量值"和"预测值"进行加权平均，最终计算得到当前的最优量，再预测下一刻的量。

（2）卡尔曼滤波计算流程

卡尔曼滤波计算流程见图 2.3-7。

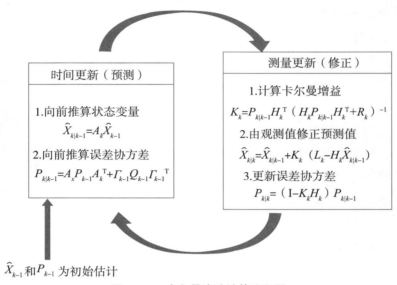

时间更新（预测）

1.向前推算状态变量
$$\hat{X}_{k|k-1} = A_k \hat{X}_{k-1}$$

2.向前推算误差协方差
$$P_{k|k-1} = A_x P_{k-1} A_k^{\mathrm{T}} + \Gamma_{k-1} Q_{k-1} \Gamma_{k-1}^{\mathrm{T}}$$

测量更新（修正）

1.计算卡尔曼增益
$$K_k = P_{k|k-1} H_k^{\mathrm{T}} (H_k P_{k|k-1} H_k^{\mathrm{T}} + R_k)^{-1}$$

2.由观测值修正预测值
$$\hat{X}_{k|k} = \hat{X}_{k|k-1} + K_k (L_k - H_k \hat{X}_{k|k-1})$$

3.更新误差协方差
$$P_{k|k} = (I - K_k H_k) P_{k|k-1}$$

$\hat{X}_{k-1}$ 和 P_{k-1} 为初始估计

图 2.3-7　卡尔曼滤波计算流程图

2.3.3　智能算法模型

2.3.3.1　神经网络模型

人工神经网络（Artificial Neural Networks，ANNs），也简称为神经网络（ANNs）或称作连接模型（Connection Model），它是一种模仿动物神经网络行为特征，进行分布式并行信息处理的算法数学模型。这种网络依靠系统的复杂程度，通过调整内部大量节点之间相互连接的关系，从而达到处理信息的目的。神经元网络是机器学习学科中的一个重要部分，用来classification 或者 regression。思维学普遍认为，人类大脑的思维分为抽象（逻辑）思维、形象（直观）思维和灵感（顿悟）思维三种基本方式。逻辑性的思维是指根据逻辑规则进行推理的过程；它先将信息化成概念，并用符号表示，然后根据符号运算按串行模式进行逻辑推理。这一过程可以写成串行的指令，让计算机执行。然而，直观性的思维是将分布式存储的信息综合起来，结果是忽然间产生想法或解决问题的办法。这种思维方式的根本之点在于两点：信息是通过神经元上的兴奋模式分布存储在网络上；信息处理是通过神经元之间同时相互作用的动态过程来完成的。

人工神经网络就是模拟人思维的第二种方式。这是一个非线性动力学系统，其特色在于信息的分布式存储和并行协同处理。虽然单个神经元的结构极其简单,功能有限,但大量神经元构成的网络系统所能实现的行为却是极其丰富多彩的。

（1）基本原理

输入信号 X_i 通过中间节点（隐层点）作用于输出节点,经过非线性变换,产生输出信号 Y_k,网络训练的每个样本包括输入向量 X 和期望输出量 t,网络输出值 Y 与期望输出值 t 之间的偏差,通过调整输入节点与隐层节点的连接强度取值 W_{ij} 和隐层节点与输出节点之间的连接强度 T_{jk} 以及阈值,使误差沿梯度方向下降,经过反复学习训练,确定与最小误差相对应的网络参数（权值和阈值）,训练即告停止。此时经过训练的神经网络即能对类似样本的输入信息,自行处理输出误差最小的经过非线性变换的信息。

（2）BP 神经网络的确定

BP 神经网络包括输入层、隐含层和输出层,隐含层的节点数小于输入节点数,输入节点数与输出节点数相同。在工作过程中,输入信号通过隐含层点作用于输出点,经过非线性变换产生输出信号,通过调整输入节点和隐含层节点的连接强度,使输出模式尽可能地等于输入模式。输入模式将网络数据通过少量的隐含层单元映射到输出模式。当隐含层的单元数比输入模式少时,就意味着隐含层就能更有效地表现输入模式,并把这种表现传送给输出层,输出层节点数和输出层节点数相同。单个隐含层的网络可以通过适当增加神经元节点的个数实现任意非线性映射,所以单个隐含层可以满足大部分的应用。当隐含层神经元的个数较少时,就意味着隐含层能用更少的数来表现输入模式。因此在三层 BP 神经网络技术中,要通过控制隐含层的数量,来达到使输出层的个数与输入层的个数相同。

（3）BP 神经网络模型创建

BP 神经网络是理论和应用中出现最多的一种人工神经网络模型。它是一种多层前向网络,一般用于数据的分类、拟合等领域。BP 网络接受一个输入向量,在输出端给出另一个向量,内在的映射关系通过神经元间的连接权值来体现和保存。

采用一个隐含层,则整体构成一个三层的网络。把一组输入模式通过少量的隐含层单元映射到一组输出模式,并使输出模式尽可能地等于输入模式（隐含层神经元的值和相应的全值向量可以输出一个与原输入模式相同的向量）。将图像数据样本集作为输入和信号训练 BP 网络,则当神经网络训练好之后,网络的耦合权在压缩过程中始终保持不变。

三层前馈网中输入向量 $X=(x_1,x_2,\cdots,x_i,\cdots,x_n)^{\mathrm{T}}$,如加入 $x_0=-1$ 可为隐层引阈值;隐层输出向量 $Y=(y_1,y_2,\cdots,y_j,\cdots,y_m)^{\mathrm{T}}$,如加入 $y_0=-1$,可为输出层引入阈值;输出层输出向量为 $O=(o_1,x_o,\cdots,o_k,\cdots,x_l)^{\mathrm{T}}$;期望输出向量为 $d=(d_1,d_2,\cdots,d_k,\cdots,d_l)^{\mathrm{T}}$。输入层到隐层间的权值矩阵用 V 表示,$V=(V_1,V_2,\cdots,V_k,\cdots,d_m)^{\mathrm{T}}$,其中 W_k 输出层第 k 个神经元对应的权向量。下面分析各层信号之间的数学关系。

对于输出层有:

$$o_k = f(net_k) \quad (k = 1, 2, \cdots, l)$$

$$net_k = \sum_{j=0}^{m} W_{Jk} V_J \quad (k = 1, 2, \cdots, l)$$

对于隐藏层有：

$$y_J = f(net_J) \quad (J = 1, 2, \cdots, m)$$

$$net_J = \sum_{i=0}^{n} v_{IJ} x_I \quad (J = 1, 2, \cdots, m)$$

以上两式中，转移函数冯 $f(x)$ 均为单极 Sigmoid 函数，$f(x) = \dfrac{1}{1 + e^{-x}}$，$f(x)$ 具有连续、可导的特点，且有 $f'(x) = f(x)[1 - f(x)]$。以上所有公式构成了三层 BP 神经网络。

BP 神经网络模型包括节点输出模型、作用函数模型、误差计算模型和自学习模型。

（1）节点输出模型

隐节点输出模型：$o_J = f(\sum W_{IJ} x_I - q_J)$；输出节点模型：$y_k = f(\sum t_{Jk} o_J - q_k)$。其中，$f$ 表示非线性作用函数，q 表示神经单元阈值。

（2）作用函数模型

作用函数是反映下层输入对上层节点刺激脉冲强度的函数又称刺激函数，一般取为（0，1）内连续取值 Sigmoid 函数：$f(x) = \dfrac{1}{1 + e^{-x}}$。

（3）误差计算模型

误差计算模型是反映神经网络期望输出与计算输出之间误差大小的函数为节点的期望输出值；o_{pl-I} 节点计算输出值。

$$E_P = \frac{1}{2} \sum (t_{pl} - o_{pl}) 2 t_{pl-I}$$

（4）自学习模型

神经网络的学习过程，即连接下层节点和上层节点之间的权重矩阵 W_{IJ} 的设定和误差修正过程。BP 网络有师学习方式→需要设定期望值和无师学习方式→只需输入模式之分。自学习模型为：$\Delta W_{IJ}(m+1) = h\theta_I o_J + a \Delta W_{IJ}(n)$，其中，$h$，$\Delta$ 表示学习因子；θ_I 表示输出节点 I 的计算误差；o_J 表示输出节点 J 的计算输出；a 表示动量因子。

2.3.3.2 支持向量机模型

极限学习机（Extreme Learning Machine，ELM）是一种简单易用、有效的单隐层前馈神经网络 SLFNs 学习算法，于 2004 年由南洋理工大学黄广斌副教授提出。传统的神经网络学习算法（如 BP 算法）需要人为设置大量的网络训练参数，并且很容易产生局部最优解。极限学习机只需要设置网络的隐层节点个数，在算法执行过程中不需要调整网络的输入权值以及隐元的偏置，并且产生唯一的最优解，因此具有学习速度快且泛化性能好的优点。

其主要思想是:输入层与隐藏层之间的权值参数,以及隐藏层上的偏置向量参数是不需要像其他基于梯度的学习算法一样通过迭代反复调整刷新,求解直接,只需求解一个最小范数最小二乘问题(最终化归成求解一个矩阵的 Moore Penrose 广义逆问题)。因此,该算法具有训练参数少、速度非常快等优点。

(1)基本思想

对于一个单隐层前馈神经网络(Single → hidden Layer Feedforward Networks, SLFNs),结构见图 2.3-8。

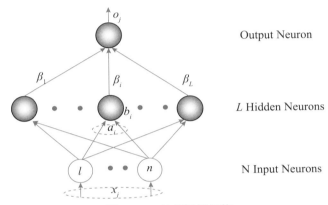

图 2.3-8 神经网络结构

为描述方便,引入以下记号:

N:训练样本总数;$\tilde{N}$:隐藏层单元(以下简称隐单元)的个数;n,m:输入层和输出层的维度(即输入向量和输出向量的长度);(x_j,t_j),$j=1,2,\cdots,N$:训练样本(要求它们是 distinct 的),其中

$$x_j = (x_{j1},x_{j2},\cdots,x_{jn})^\mathrm{T} \in R^n$$
$$t_j = (t_{j1},t_{j2},\cdots,t_{jn})^\mathrm{T} \in R^m$$

将所有输出向量按行拼接起来,可得到整体的输出矩阵:

$$T = \begin{bmatrix} t_1^\mathrm{T} \\ t_2^\mathrm{T} \\ \cdots \\ t_n^\mathrm{T} \end{bmatrix}_{\tilde{N}\times m} = \begin{bmatrix} t_{11},t_{12},\cdots,t_{1m} \\ t_{21},t_{22},\cdots,t_{2m} \\ \cdots \\ t_{N1},t_{N2},\cdots,t_{Nm} \end{bmatrix}$$

o_j,$j=1,2,\cdots,N$:与标注 t_j 对应的实际输出。

$W = (w_{ij})_{\tilde{N}\times m}$:输入层与输出层之间的权矩阵,其中 W 对应的第 i 行对应的向量为:$w_i = (w_{i1},w_{i2},\cdots,w_{in})^\mathrm{T}$,表示连接隐藏层第 i 个单元层和输出单元的权向量,矩阵展开可表示为:

$$\beta = \begin{bmatrix} \beta_{11}, \beta_{12}, \cdots, \beta_{1m} \\ \beta_{21}, \beta_{22}, \cdots, \beta_{2m} \\ \cdots \\ \beta_{\tilde{N}1}, \beta_{\tilde{N}2}, \cdots, \beta_{\tilde{N}m} \end{bmatrix}$$

$g(x)$：为激活函数。

(2)极限学习机模型

数学上，标准的 SLFNs 模型为：

$$\sum_{i=1}^{\tilde{N}} g(w_i x_j + b_i)\beta_i = o_j \quad (j = 1, 2, \cdots, N)$$

单隐层神经网络的最终目的是使输出的误差最小，在极限情况下为零误差逼近，可以表示为：

$$\sum_{i=1}^{N} \| o_j - t_j \| = 0$$

即存在 β_i, w_i, b_i 使得

$$\sum_{i=1}^{\tilde{N}} g(w_i x_j + b_i)\beta_i = t_j \quad (j = 1, 2, \cdots, N)$$

以上 N 个线性方程组可以简单用矩阵表示：

$$H\beta = T$$

其中

$$H(w_i, \cdots, w_{\tilde{N}}, b_1, \cdots, b_{\tilde{N}}, x_1, \cdots, x_N) = \begin{bmatrix} g(w_1 x_1 + b_1) \cdots g(w_{\tilde{N}} x_1 + b_{\tilde{N}}) \\ \cdots \\ g(w_1 x_N + b_1) \cdots g(w_{\tilde{N}} x_N + b_{\tilde{N}}) \end{bmatrix}_{N \times \tilde{N}}$$

$$\beta = \begin{bmatrix} \beta_1^T \\ \cdots \\ \beta_{\tilde{N}}^T \end{bmatrix}_{N \times \tilde{N}}$$

$$T = \begin{bmatrix} \beta_1^T \\ \cdots \\ T_N^T \end{bmatrix}_{N \times m}$$

为了能够训练单隐层神经网络，我们希望得到 β_i, w_i, b_i，使得

$$\| H(\tilde{w}_1, \cdots, \tilde{w}_{\tilde{N}}, \hat{b}_1, \cdots, \hat{b}_{\tilde{N}})\hat{\beta} - T \| = \min_{w, b, \beta} \| H(\hat{w}_1, \cdots, \hat{w}_{\tilde{N}}, \hat{b}_1, \cdots, \hat{b}_{\tilde{N}})\hat{\beta} - T \|$$

其最小二乘解便为：

$$\hat{\beta} = H^+ T$$

式中，H^+ —— H 的广义逆矩阵，利用 SVD 分解等许多方法均可以求出。

（3）算法步骤

①任意赋值输入权值；$w_i,b_i(i=1,2,\cdots,\widetilde{N})$；

②计算隐层输出矩阵 H；

③计算输出权矩阵 $\widetilde{\beta}=H^+T$。

2.3.3.3　小波分析模型

近 20 年小波在理论分析及实际应用上得到了蓬勃的发展。它涉及面之广、影响之深、发展之迅速都是空前的。小波分析是公认的数据信息获取与处理领域的高新技术。数据与图像处理已经成为当代科学技术工作上的重要部分。从数学上讲，实值函数、光滑的复值函数，比如解析函数及调和函数都是十分重要的函数类，它们的理论和应用都比较完善。相对而言，带奇异性的函数从理论上讲发展较慢，应用方面远远没有光滑函数那么深入。在实际应用中的绝大多数数据信号是非平稳的，而带有奇异性的或者不规则的结构往往是数据信号中最重要的部分。

过去常常用傅里叶变换来分析这些数据信号的奇异性，但由于傅里叶变换是全局性的，它可以全面描述数据信号的整体性质，但不适合于寻找奇异性的分布及奇异点的位置所在和奇异程度。而小波变换特别适于分析处理非平稳数据信号。因此，小波分析的应用十分广泛，在数学方面，它已应用于数值分析、构造快速数值方法、曲线曲面构造、微分方程求解、控制论等。

（1）傅里叶变换

小波变换最初是为了克服 Fourier 变换的不足而提出来的。傅里叶分析是数据信号处理中的经典技术，是处理平稳信号最常用也是最主要的方法。从适用的观点看，人们通常所说的傅里叶分析是指傅里叶变换和傅里叶级数。

函数 $f(x)\in L^2(R)$（表示平方可积的空间，即能量有限的信号空间）的连续傅里叶变换定义为：

$$f(\hat{\omega})=\int_{-\infty}^{+\infty}f(x)\mathrm{e}^{-i\omega x}\mathrm{d}x$$

其逆变换定义为：

$$f(x)=\frac{1}{2\pi}\int_{-\infty}^{+\infty}f(\hat{\omega})\mathrm{e}^{i\omega x}\mathrm{d}\omega$$

傅里叶变换是时域到频域互相转化的工具。从物理意义上讲，傅里叶变换的实质是把 $f(x)$ 这个信号波形分解成许多不同频率的正弦波的叠加，这样就是把对 $f(x)$ 的分析转化为对其权系数，即其傅里叶变换 $f(\hat{\omega})$ 的计算。从上面的第一个式子可以看出，傅里叶变换中的标准基是由正弦波及其高次谐波组成的，因此它在频域内具有局部化性质。

虽然傅里叶变换能分别从时域和频域对信号的特征进行刻画，但却不能将两者有机地结合起来。这是因为信号的时域波形中不包含任何频域信息；同样，其傅里叶谱是数据信号的统计特征,是整个时域内的积分,完全不具备时域信息。也就是说,对于傅里叶谱中的某一频率,不知道该频率是在什么时候产生的,而数据实际信号往往是时变信号,非平稳过程,了解它们的时间与频率的局部特征常常是很重要的。而且,因为一个数据信号的频率与其周期长度成反比,那么对于高频信息,时间间隔要相对小以给出比较好的精度,而对于低频信息,时间间隔要相对宽以保持信息的完整,这就是小波变换的根本出发点。

傅里叶变换不具备空间域(或时间域)的局部性,其根本原因在于它的基函数族$\{e^{i\omega x}\}$不具备紧支集,即$e^{i\omega x}$不在某个有限的区间外恒等于零,因此要想从$f(\hat{\omega})$来分析数据信号$f(x)$的局部特征是困难的,因为信号$f(x)$的局部特征完全在其谱系数$f(\hat{\omega})$中铺展开。当然傅里叶变换并未损失关于$f(x)$的信息,只不过是把它分散在系数$f(\hat{\omega})$中去。

为了克服傅里叶分析不能做局部分析的弱点,Dennis Gaber于1946引入了窗口傅里叶变换,他的做法是用一个有限窗宽的光滑函数去乘所要分析的对象,然后对它做傅里叶变换。

$$Gf(\omega,b)=\int_{-\infty}^{+\infty}f(x)g(x-b)e^{-i\omega x}\,\mathrm{d}x$$

从这里可以看到,这种变换确实能做局部性。然而虽然窗口能随位置参数b变化而移动,但其窗口函数$g(x)$不变,其窗口的大小、形状与对象$f(x)$的局部特征无关,即当窗口函数$g(x)$确定后,b只能改变窗口的形状,这样窗口傅里叶变换实质上是具有单一分辨率的分析。而要改变分辨率,则必须重新选择窗函数$g(x)$,若选择的$g(x)$窄(即时间分辨率高),则频率分辨率低;而如果为了提高频率分辨率使$g(x)$变宽,平稳假设的近似程度便会变差。因此,联合的时频分辨率是有限制的,存在着基本的折中,即为取得好的时间分辨率(使用短的时间窗)而牺牲频率分辨率,反之亦然。

可以证明,不论采用任何函数作为窗函数,其时间窗和频率窗宽度的乘积最小都是2,这就是著名的测不准原理,这个原理揭示出不可能在时间和频率两个不同维度同时以任意精度逼近被测数据信号。因此,窗口傅里叶变换用来分析平稳信号犹可,但对于监测数据这类非平稳信号而言,在信号变化剧烈时,必然对应于含有迅速变化的高频分量,要求较高的时间分辨率,而在变化比较平缓的时刻,主频是低频,则要求较高的频率分辨率。窗口傅里叶变换不能兼顾两者,暴露出它的不足。而小波变换是一种窗口大小可变而且形状可变,即时间窗和频率窗都可改变的时频局部化分析方法。小波变换可以根据需要选取时间或者频率的精度,一般说来,在低频部分,信号比较平缓,我们不必太关心信号随时间的变化,而也就是在这个部分,所含的频率成分很多,所以我们可以降低时间分辨率来提高频率分辨率。而在高频部分,高频成分本身就包含了很多瞬态变化的特征,而在高频部分,相对的频率的改变量对信号的影响不大,我们就可以在较高的时间分辨率下关注信号的瞬态特征,而降低频率分辨率。即在高频部分具有较高的时间分辨率和较低的频率分辨率,在低频部分具有较低的时间分辨率和较高的频率分辨率,因此小波分析被誉为数学显微镜,正是这种特性,使它具有对数据信号的自适应性,因而越来越广泛地被应用于工程实际。

（2）小波变换原理

连续小波变换（Continuous Wavelet Transform，CWT）也称积分小波变换（Integral Wavelet Transform，IWT），定义为：

$$(XWT\psi f)(a,b) = \mid a \mid^{-\frac{1}{2}} \int_{-\infty}^{+\infty} f(t)\overline{\psi(\frac{t-b}{a})}dt$$

其中，系列函数：

$$\psi_{a,b}(t) = \mid a \mid^{-\frac{1}{2}}\psi(\frac{t-b}{a}) \quad (a,b \in R, a \neq 0)$$

称为小波函数（Wavelet Function）或简称小波（Wavelet），它是由函数 $\psi(t)$ 经过不同的时间尺度伸缩（Time Scale Dilation）和不同的时间平移（Time Translation）得到的。因此，$\psi(t)$ 是小波原型（Wavelet Prototype），并称为母小波（Mother Wavelet）或基本小波（Basic Wavelet）。

a 是时间轴尺度伸缩参数，b 是时间平移参数，系数 $\mid a \mid^{-\frac{1}{2}}$ 是归一化因子，它的引入是为了让不同尺度的小波能保持相等的能量。显然，若 $|a|>1$，则 $\psi(t)$ 在时间轴上被拉宽且振幅被压低，$\psi_{a,b}(t)$ 含有表现低频量的特征；若 $|a|<1$，则 $\psi(t)$ 在时间轴上被压窄且振幅被拉高，$\psi_{a,b}(t)$ 含有表现高频量的特征。而不同的 b 值表明小波沿时间轴移动到不同的位置上。

如果把小波 $\psi_{a,b}(t)$ 看成是宽度随 a 改变、位置随 b 变动的时域窗，那么连续小波变换可以被看成是连续变化的一组短时傅氏变换的集合。这些短时傅氏变换对不同的信号频率使用了宽度不同的窗函数，具体来说，即高频用窄时域窗，低频用宽时域窗。

$$(XWT\psi f)(a,b) = \int_{-\infty}^{+\infty} f(t)\overline{\psi_{a,b}(t)}dt = <f,\psi_{a,b}>$$

即信号 $f(t)$ 关于 $\psi(t)$ 的连续小波变换等于 $f(t)$ 与小波 $\psi(t)$ 的内积。此式可以理解为：

①连续小波变换定量地表示了信号与小波函数系中的每个小波相关或接近的程度（与连续信号的相关函数的定义比较可知）。

②如果把小波看成是 $L^2(R)$ 空间的基函数系，那么连续小波变换就是信号在基函数系上的分解或投影。

此外，从公式中我们可以看到，对于不同的母小波，同一信号的连续小波变换是不同的，因此，小波变换定义中用下标强调了这一点。

（3）小波变换的条件

一个函数 $\psi(t) \in L^2(R)$ 能够作为母小波，必须满足允许条件：

$$C_\psi = \int_{-\infty}^{+h} \frac{\mid \stackrel{\wedge}{\psi}(\omega) \mid^2}{\mid \omega \mid}d\omega$$

式中，$\psi(\hat{\omega})$——$\psi(t)$ 的傅氏变换。

如果 $\psi(t)$ 是一个合格的窗函数，则 $\psi(\hat{\omega})$ 是连续函数。因此，允许条件意味着：

$$\psi(\hat{\omega})=\int_{-\infty}^{+\infty}\psi(t)\mathrm{e}^{-i\omega t}\,\mathrm{d}t\;|_{\omega=0}=\int_{-\infty}^{+\infty}\psi(t)\mathrm{d}t=0$$

这表明 $\psi(t)$ 具有波动性，是一个振幅衰减很快的"波"。这就是称为"小波"的原因。由于在 $\int_{-\infty}^{+\infty}\psi(t)\mathrm{d}t=0$ 的条件下，$|C_\psi|<\infty$ 衰减型表现为：

$$|\psi(t)|\leqslant\frac{c}{(1+|t|^2)^{1+\varepsilon}}\quad(\varepsilon>0)$$

因此，作为母小波的条件有以下两种等价的形式：

①满足 $|C_\psi|<\infty$ 的函数 $\psi(t)\in L^2(R)$ 可作为母小波；

②满足波动性 $\int_{-\infty}^{+\infty}\psi(t)\mathrm{d}t=0$ 和衰减型 $|\psi(t)|\leqslant\frac{c}{(1+|t|^2)^{1+\varepsilon}}(\varepsilon>0)$ 的函数可以作为母小波。

（4）时频分析窗口

如果母小波 $\psi(t)$ 的傅氏变换 $\psi(\hat{\omega})$ 是中心频率为 ω_0、宽度为 D_ω 的带通函数，那么 $\psi_{a,b}(\hat{\omega})$ 是中心为 $\frac{\omega_0}{a}$、宽度为 $\frac{D_\omega}{a}$ 的带通函数。

设 $\omega_0>0$，a 为正实变量，那么可以把 $\frac{\omega_0}{a}$ 看成频率变量。$\psi_{a,b}(\hat{\omega})$ 的带宽与中心频率之比为相对带宽，即 $[(D_\omega/a)/(\omega_0/a)]=D_\omega/\omega_0$。相对带宽与尺度参数 a 或中心频率的位置 $\frac{\omega_0}{a}$ 无关，这就是"恒 Q 性质"。把 $\frac{\omega_0}{a}$ 看成频率变量后，"时间—尺度"平面等效于"时间—频率"平面。因此，连续小波变换的时间—频率定位能力和分辨率也可以用时间—尺度平面上的矩形分析窗口（时频窗）来描述，该窗口的范围是：

$$\left[b+at_0-\frac{1}{2}aD_t,b+at_0+\frac{1}{2}aD_t\right]\times\left[\frac{\omega_0}{a}-\frac{1}{2a}D_\omega,\frac{\omega_0}{a}+\frac{1}{2a}D_\omega\right]$$

窗口宽为 aD_t，高为 $\frac{D_\omega}{a}$，面积为 $aD_t\times\frac{D_\omega}{a}=D_tD_\omega$ 与 a 无关，仅取决于 $\psi(t)$ 的选择。因此，一旦选定了母小波，分析窗口的面积也就确定了。

小波变换的时频局部化机理：对于参数 a 固定、参数 b 变化的情形，小波变换 $(CWT_\psi)(a,b)$ 是关于变量 b 的时域函数；由于 $\psi_{a,b}(\hat{\omega})$ 是频窗函数的缘故，小波变换 $(CWT_\psi)(a,b)$ 实际是被限制在：

$$频窗=\left[\frac{\omega_0}{a}-\frac{1}{2a}D_\omega,\frac{\omega_0}{a}+\frac{1}{2a}D_\omega\right]$$

的子频带范围内的时域函数。

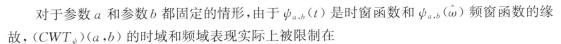

对于参数 a 和参数 b 都固定的情形,由于 $\psi_{a,b}(t)$ 是时窗函数和 $\psi_{a,b}(\hat{\omega})$ 频窗函数的缘故,$(CWT_\psi)(a,b)$ 的时域和频域表现实际上被限制在

$$\text{分析窗口的面积}=\left[b+at_0-\frac{1}{2}aD_t,\,b+at_0+\frac{1}{2}aD_t\right]\times\left[\frac{\omega_0}{a}-\frac{1}{2a}D_w,\,\frac{\omega_0}{a}+\frac{1}{2a}D_w\right]$$

范围内。因为 $(CWT_\psi)(a,b)$ 与 $f(t)$ 对应的一种积分变换,所以小波变换 $(CWT_\psi)(a,b)$ 实际上是在积分变换机制下将 $f(t)$ 和 $F(\omega)$ 限制在时频窗内的一种局部化表现。换句话说,$(CWT_\psi)(a,b)$ 在时窗内的表现对应着 $f(t)$ 在时空内的表现,$(CWT_\psi)(a,b)$ 在频窗内的表现对应着 $F(\omega)$ 在频窗内的表现。

小波变换的时频窗的自适应性:从小波窗函数 $\psi_{a,b}(t)$ 的参数选择方面观察。b 仅仅影响分析窗口在相平面时间轴上的位置,而 a 不仅影响分析窗口在频率轴上的位置,也影响分析窗口的形状。当 a 较小时,频窗中心 $\frac{\omega_0}{a}$ 调整到较高的频率中心的位置,且时频窗正好符合高频信号的局部时频特性,尺度参数 a 小,小波 $\psi_{a,b}(t)$ 的有效宽度将越窄,因而小波分析的时域分辨率将越高。同样,当 a 较大时,频窗中心 $\frac{\omega_0}{a}$ 调整到较低位置,且时频的分析窗口形状变宽;因为低频信号在较宽的范围内仅有较低的频含量,所以"宽"的时频窗正好符合低频信号的局部时频特性。这样小波变换对不同的频率在时域上的取样步长是非曲直具有调节性的,即在低频时小波变换的时间分辨率较差,而频率分辨率较高;在高频时小波变换的时间分辨率较高,而频率分辨率较低,这正好符合低频信号变化缓慢而高频信号变化迅速的特点。这正是它优于经典的傅氏变换与短时傅氏变换的地方。

2.3.3.4 智能组合模型

对大坝变形分析与预报的数学模型主要有统计模型、确定性模型和混合模型三类。其中,统计模型又分为回归分析法、时间序列分析法、灰色理论模型、卡尔曼滤波法及人工神经网络法等多种模型方法,事实上以上各类数学模型均含有统计的特性,在一定程度上预报的精度取决于因子选取的正确与否,在实际应用中各种单一模型预报的精度都不高。鉴于每种单一的预报模型都存在着自身的优缺点,因此有必要将其组合起来,以期扬长避短,进一步提高模型预报的精度与适用范围,以准确地预报大坝变形并对大坝安全状况做出判断。

(1)线性规划组合法

将各种单一监测模型进行组合的关键问题是确定每种预报模型的组合系数。线性规划组合法是采取对两种或多种预测模型进行加权组合的方式。以两种模型组合为例,设有一组位移实测数据序列,利用两种模型对未来时期的变形进行预报,设对未来预报 n 组数据,$k_i(i=1,2,\cdots,n)$ 为最优组合预报值,k_{1i},$k_{2i}(i=1,2,\cdots,n)$ 分别是对应两种模型的实测值,k'_{1i},$k'_{2i}(i=1,2,\cdots,n)$ 分别是对应两种模型的预报值,预测残差分别为 e_{1i},e_{2i}。

设 m_1、m_2 为对应预报模型的权系数,且 $m_1+m_2=1$,则有:

$$m_1e_{1i}+m_2e_{2i}=e_i$$

计算两种模型的误差平方和,并将式带入得:

$$E = \sum_{i=1}^{n} e_{ji}^2 = \sum_{i=1}^{n} \left[m_1 (e_{1i} - e_{2i}) + e_{2i} \right]^2$$

分别令 $\dfrac{\partial E}{\partial m_1} = 0$, $\dfrac{\partial E}{\partial m_2} = 0$ 解得:

$$m_1 = \frac{\sum e_{2i}^2 - \sum e_{1i} e_{2i}}{\sum e_{1i}^2 + e_{2i}^2 - 2 \sum e_{1i} e_{2i}}$$

$$m_2 = 1 - \frac{\sum e_{2i}^2 - \sum e_{1i} e_{2i}}{\sum e_{1i}^2 + e_{2i}^2 - 2 \sum e_{1i} e_{2i}}$$

故可得组合预报模型的预报值为:

$$k'_i = m_1 k'_{1i} + m_2 k'_{2i} 。$$

(2)最优加权组合法

设构造了 m 个单一的监测预报模型 $k_i (i = 1, 2, \cdots, m)$,构成组合预报模型 $K_q = \varphi(k_1, k_2, \cdots, k_n)$,其中 $n \leqslant m$,q 为模型的组合数。

设组合模型中各单一模型的权向量 $P = [p_1, p_2, \cdots, p_n]$,并取 $\sum_{j=1}^{n} p_j = 1$,此时组合预报模型的形式为:

$$K = p_1 \hat{K}_1 + p_2 \hat{K}_2 + \cdots + p_n \hat{K}_n = \sum_{j=1}^{n} p_j \hat{K}_j$$

设某个单一模型的拟合残差为:

$$e_{ti} = k_{ti} - \hat{K}_{tj} \quad (j = 1, 2, \cdots, m; t = 1, 2, \cdots, n)$$

则各单一预报模型可构成拟合残差矩阵:

$$V = \left[\sum_{t=1}^{n} e_{ti} e_{tj} \right] \quad (i, j = 1, 2, \cdots, m)$$

按最小二乘原理求解目标函数:

$$\begin{cases} Q = \sum_{i=1}^{n} e_i^2 = \min \\ S.\, t = \sum_{j=1}^{n} p_j = 1 \end{cases}$$

令 $R = [1, 1, \cdots, 1]^{\mathrm{T}}$,则上式成为:

$$\begin{cases} Q = \sum_{i=1}^{n} e_i^2 = P^{\mathrm{T}} V P = \min \\ S.\, t = \sum_{j=1}^{n} p_j = R^{\mathrm{T}} P = 1 \end{cases}$$

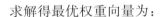

求解得最优权重向量为：

$$P_0 = \frac{V^{-1}R}{R^{\mathrm{T}}V^{-1}R}$$

由上式即可解得组合预测模型中各个单一模型的最优权重比。

组合预报模型比任何单一预报模型有较低的均方差，在最大化信息利用的基础上集合了单一监测模型包含的所有信息，在大多数情况下，将单一监测预报模型通过科学的组合，可以提高大坝变形监控预报的精度。

（3）GM→GA→BP 智能组合模型

将灰色模型（GM(1,1)）法、人工神经网络法（BP 网络法）、遗传算法（GA）的预测模型组合，建立大坝智能组合预测模型（GM→GA→BP 预测模型），算法如下：

①输入原始数据资料。

②应用灰色模型 GM(1,1)进行预测，得到预测序列。

③将预测值作为输入量，原始数据作为期望值。

④构造 BP 网络。

⑤根据 BP 网络的设计目标，一般的预测问题都可以通过单隐层的 BP 网络实现（图 2.3-9）。根据 Kolmogorov 定理和单隐层的设计经验公式，以及考虑实际情况，解决该问题的网络中间层（隐层）神经元个数，设计一个隐含层神经元数目可变的 BP 网络，通过误差对比，确定最佳的隐含层神经元个数，并检验隐含层神经元个数对网络性能的影响。

⑥用 GA 优化网络的权。a. 将网络的权值和阈值作为参变量，进行实数编码。b. 在编码的解空间中，随机生成初始种群，种群中每一个位串表示一个神经网络的一种权值分布。c. 对群体中每个个体进行适应度评价，算法的适应值为输出与样本误差平方和的倒数。d. 根据个体适应度值的大小，对群体中个体进行选择、交叉和变异遗传操作，生成新一代种群，选择操作采用排序选择方法（norm Geom Select），交叉操作采用算术交叉（Arithmetic Crossover），变异操作采用非均匀变异（non→uniform mutation）。e. 重复步骤 c 和 d，直到算法收敛到设定的精度或达到最大遗传代数。

将 GA 算法的结果分解为 BP 网络所对应的权值、阈值的初始值，对神经网络进行初始化。

⑦采用 L→M 优化算法对神经网络进行训练。

⑧将训练好的网络权值和阈值保存起来之后，把较好性能的网络用作最终网络，此时无须再进行训练，直接加载网络权值和阈值即可。

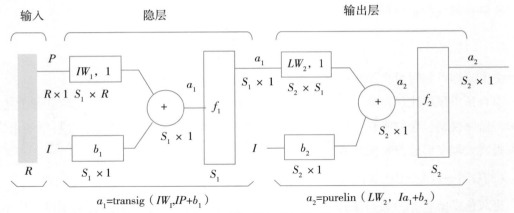

图 2.3-9　单隐层 **BP** 网络(***LW*** 表示层权重矩阵,用 ***IW*** 表示输入权重矩阵)

(4)趋势变化和周期波动智能组合模型

由于大坝监测时间序列呈现趋势变动性和周期波动性特征,对这种二重时间序列预测提出了很多方法,其中最常见的是自回归滑动平均(ARIMA)模型,而该模型要求时间序列数据经过差分后具有平稳性;BP 神经网络也广泛应用于该时间序列的预测,但它常常会忽略某些巨大噪音或非平稳数据;而灰色 G(1,1)模型,但它仅能较好地拟合时间序列的趋势性部分,而对于周期波动性,其预测精度则明显降低。显然,若用这些单一的模型对复杂的二重时间序列进行预测,难以取得理想效果。

将灰色 G(1,1)模型、BP 模型、ARIMA 模型进行智能组合,使之符合二重趋势时间序列的特征。具体算法如下:

1)灰色组合预测模型

首先对二重趋势时间序列进行分解,得到趋势变动项和周期波动项,用灰色 GM(1,1)对趋势项预测,再用 BP 神经网络和 ARIMA 的组合模型对周期项预测,最后用乘积模型合成这两部分结果,得到二重趋势时间序列的最终预测值。其智能算法见图 2.3-10。

图 **2.3-10**　灰色组合预测模型算法

2）二重趋势时间序列分解

对二重趋势特征的时间序列数据进行分析应用时，通常可分解成趋势变动项和周期波动项，典型的分解方法是乘积模型：

$$X(t) = P(t) \times T(t)$$

式中，$X(t)$——月观测值；

$P(t)$——观测值的趋势变动项；

$T(t)$——观测值的周期波动项，t 与年份 $i(i=1,2,\cdots,n$，n 为观测数据年份个数），月份 j 满足关系式：

$$t = (i-1) \times 12 + j$$

设序列 $X(1),X(2),\cdots,X(h)$，其中 h 为序列的长度，则观测数据序列年份个数 h 及月周期数 12 的关系为 $h=12n$。用中位移动平均法，可以提取不含周期波动的趋势项：

$$P(t) = \frac{1}{12}\left[\sum_{i=-5}^{t} X(t+i) + \frac{1}{2}(X(t+6) + X(t-6))\right] \quad (t=7,8,\cdots,h-6)$$

式中是以 12 为周期，以 t 为中心，2 阶对称滑动平均数字滤波，$P(t)$ 经过滤波后不再含有周期波动项，而周期波动项为：

$$T(t) = \frac{X(t)}{P(t)}$$

这样就把观测数据的时间序列分解为趋势项和周期项，可分别对它们进行分析、建模和预测。

3）趋势变动项预测

利用灰色模型 G(1,1)模型，即单变量一阶灰色模型，实质是对原始数据作一次累加生成，使生成数列呈一定规律，通过建立微分方程模型，求得拟合曲线，用以对系统进行预测，其建模步骤前已叙述。

4）周期波动项预测

周期波动项具有非常复杂的非线性结构，对其准确预测较难。BP 神经网络模型是目前比较成熟的算法，在函数逼近和数据拟合方面具有很大的优越性，但它常会忽略一些大的噪声数据。而自回归滑动平均（ARIMA）模型对噪声数据具有很强的预测能力。由此，结合这两个模型的优势，分别用 BP 神经网络模型和 ARIMA 模型对周期项波动预测，根据权重优化模型，建立周期波动项的组合预测模型。

参照前文方法分别建立 BP 神经网络模型和 ARIMA 模型。周期的组合模型建立方法如下：

设 $\hat{y}_{BP}(k)$ 是 BP 神经网络对周期波动项的预测值，$\hat{y}_{\text{ARIMA}}(k)$ 是 ARIMA 模型对周期波动项的预测值，则周期项的组合预测值 $\hat{y}(k)$ 为：

$$\hat{y}(k) = w_{bp}\hat{y}_{bp}(k) + w_{\text{ARIMA}}\hat{y}_{\text{ARIMA}}(k)$$

式中，w_{BP}、w_{ARIMA}——每种预测值的权重，目标函数取误差平方和最小，若有 l 个实际观测

值,则周期波动项的组合模型权重的优化模型如下:

$$\min \sum_{k}^{l} \mid y(k) - \hat{y}(k) \mid^2$$

$$\text{s. t. } w_{\text{bp}} + w_{\text{ARIMA}} = 1$$

其中,权重 w_{BP}、w_{ARIMA} 的确定可以通过前文线性规划法和最优加权组合法,另外还有遗传算法、量子搜索算法、粒子群算法等其他智能算法。

（5）非线性智能组合模型

为同时利用不同大坝变形预测方法的特征信息,改进预测质量,可以采用一种基于微粒群优化—支持向量机(PSO—SVM)的大坝变形非线性智能组合预测模型。选取几种不同原理的建模方法建立预测模型并预测,利用其预测结果建立组合预测模型,组合函数的拟合采用混合核函数支持向量回归算法。为提高 SVM 的学习、泛化能力,采用混合核函数,并用具有并行性和分布式特点的 PSO 算法优化选择 SVM 模型参数。该模型能较好地整合不同建模方法的特征信息,避免了单一方法的偶然性,较单一预测模型、加权组合预测模型具有更高的预测精度和更小的峰值误差,为更准确地进行大坝安全监控提供了一种新的途径。

1)PSO→SVM 预测原理

①混合核函数支持向量机。

支持向量机的改进算法($\nu - SVR$)较其基本算法在模型参数选择方面更加方便,支持向量回归的原问题可通过引入拉格朗日乘子,得到原问题的对偶问题来解决。同时为了能解决非线性问题,可以通过非线性变换将原问题映射到某个高维特征空间中的线性问题上进行求解。在高维特征空间中,线性问题中的内积运算可以用核函数来代替,即

$$K(x_i \cdot x_j) = \varphi(x_i) \varphi(x_j)$$

引入拉格朗日乘子与核函数后原问题的对偶问题如下:

$$\max W(\alpha^{(*)}) = \sum_{i=1}^{l} (\alpha_i^* - \alpha_i) y_i - \frac{1}{2} \sum_{i,j}^{l} (\alpha_i^* - \alpha_i)(\alpha_j^* - \alpha_j) k(x_i \cdot x_j)$$

$$\text{s. t. } \sum_{i=1}^{l} (\alpha_i - \alpha_i^*) = 0 \quad (\alpha_i^* \in [0, C/l])$$

$$\sum_{i=1}^{l} (\alpha_i + \alpha_i^*) \leqslant C_\nu$$

式中,l ——样本个数;

　　C ——惩罚参数,用来平衡模型复杂度和训练误差;

　　$\nu (0 \leqslant \nu \leqslant 1)$ ——控制支持向量个数。

求解上述凸二次规划问题得到 $\nu - SVR$ 法的决策函数:

$$f(x) = \sum_{i \in SV} (\alpha_i^* - \alpha_i) k(x_i \cdot x_j) + b$$

上式中决策函数的性质很大程度上取决于核函数的选择。每种核函数都有其自身的优点和缺点,核函数的种类很多,比如多项式核函数、径向基核函数、Sigmoid 核函数等,很难知

道每一种核函数的具体性质,但是核函数的类型总体上分为局部核函数和全局核函数。全局核函数具有较强的外推能力,而局部核函数具有较强的拟合能力。典型的局部核函数是径向基核,全局核函数是多项式核。

$$K_{RBF}(x_i,x_j)=\exp(-\parallel x_i-x_j\parallel^2/2\sigma^2)$$

$$K_{poly}(x_i,x_j)=((x_i,x_j)+1)d$$

式中,σ,d——两种核的参数。

为了结合这两种核函数的优良特性,可以采用混合核函数:

$$K_{\min}=\rho K_{poly}+(1+\rho)K_{RBF}\quad(0\leqslant\rho\leqslant1)$$

由此 SVM 模型可建立如下:

$$M=\{\rho,\sigma,d,C,v\}\quad(0\leqslant\rho,v\leqslant1,\sigma,d,C\geqslant0)$$

式中,ρ,σ,d——混合核函数参数;

C——惩罚参数,用来平衡模型复杂度和训练误差。

②基于 PSO 的 SVM 模型参数选择。

采用混合核函数之后,SVM 模型的参数增多,采用传统的网格搜索法选择模型参数所需时间较长,模型的优化选择需借助新型的智能优化方法。微粒群优化算法是一种新兴的演化计算技术,与进化算法相比,PSO 是一种更高效的并行搜索算法。

由于收缩因子比惯性权重系数更能有效地控制与约束微粒的飞行速度,同时增强了算法的局部搜索能力。采用 Carlisle 等提出的采用收缩因子的经典 PSO 算法模型,其进化方程如下:

$$v_{id}=\begin{cases}k(v_{id}+c_1r_1(p_{id}-x_{id})+c_2r_2(p_{gd}-x_{id}))\\x_{\min}<x_{id}<x_{\max}\\0\quad(其他)\end{cases}$$

$$x_{id}=\begin{cases}x_{id}+v_{id}\quad(x_{\min}<x_{id}<x_{\max})\\x_{\max}\quad(x_{id}+v_{id}>x_{\max})\\x_{\min}\quad(x_{\min}<x_{id}+v_{id})\end{cases}$$

k 为收缩因子:

$$k=\frac{2}{|2-c-\sqrt{c^2-4c}|}$$

采用经典参数集,$c_1=2.8,c_2=1.3,c=c_1+c_2$,种群规模 N 为 30。SVM 的性能函数记为 F,采用交互验证法的均方根误差作为评价指标,进行混合核函数支持向量机模型参数选择的优化方程为:

$$\min F(M)=RMSE_{CV}(M)$$

$$s.t.\,M=\{\rho,\sigma,d,C,v\}\quad(0\leqslant\rho,v\leqslant1,\sigma,d,C\geqslant0)$$

采用 PSO 算法进行若干次搜索迭代之后,将会收敛到一个交互验证的均方根误差的较小值,此时的参数组即为被选中的最优模型参数,用其来进行混合核函数 SVM 模型的训练和预测。

2)基于 PSO→SVM 的大坝变形非线性智能组合预测模型

为较好地整合各种建模方法的特征信息,克服单一预测模型不能完全正确地描述预测量变化规律的缺点,可以采用组合预测的方法。线性组合预测方法比较简单,但局限性较大,是不同预测方法之间的一种凸组合。为克服线性组合预测方法的不足,可以采用非线性组合预测方法。对于事件 F 有 m 种预测方法,用映射:

$$x \in X \subset R^n \xrightarrow{\varphi_i} y \in Y \subset R$$

表示第 i 种预测方法,非线性组合预测原理是说不同的预测方法的非线性组合函数:

$$y = \varphi(x) = \varphi \quad (\varphi_1, \varphi_2, \cdots, \varphi_m)$$

在某种测度之下,组合函数 $\Phi(x)$ 的度量要比 $\varphi_i(x)(i=1,2,\cdots,m)$ 优越。

采用 PSO→SVM 进行非线性组合函数 $\Phi(x)$ 的拟合,提出一种基于 PSO→SVM 的大坝变形非线性智能组合预测模型。建模步骤如下:

①大坝变形影响因子选择,主要有温度因子、水压因子和时效因子等。

②数据预处理,包括平滑处理和归一化等,形成训练和测试样本。

③选择几种不同原理的建模方法,如多元回归方法、模糊数学方法、灰色系统方法、混沌方法、神经网络方法等,用选择的建模方法分别建立大坝变形影响因子与大坝位移之间的映射关系,并对大坝变形进行预测。

④以各种模型的预测结果作为输入,实际值作为输出,再次形成训练和测试样本。用 PSO 算法优化混合核函数 SVM 模型参数,进行非线性组合函数的拟合,得到基于 PSO→SVM 的大坝变形非线性智能组合预测模型。

⑤用非线性智能组合预测模型对测试样本进行预测,检验模型的有效性。

2.4 数字模拟与反馈分析

2.4.1 实景三维模型与 BIM 模型

随着数字图像处理技术的高速发展以及计算机运算能力的不断增强,实景三维建模技术利用数字摄像机作为图像传感器,综合运用图像处理、视觉计算等技术从二维图像中提取目标的三维空间信息,通过多种手段的综合应用,最终实现目标的三维重建。

BIM(Building Information Modeling)是指建筑信息模型,是一种基于数字化技术的建筑设计、建造、运营管理的方法。它是一种将建筑物的所有信息,包括几何信息、构造信息、材料信息、设备信息、维护信息等整合到一个三维模型中的技术。

实景三维模型和 BIM 都是基于数字化技术的建筑设计、建造、运营管理的方法,但它们的应用领域和技术特点有所不同。

实景三维模型主要应用于建筑设计、城市规划、游戏制作、虚拟现实等领域。它使用计算机技术将真实场景进行数字化处理,创建出一个具有真实感的三维模型。实景三维模型的制作过程包括采集现场数据、处理数据、建模、纹理贴图等步骤,可以更加直观地展示出真实场景的细节和特征。

BIM 技术则主要应用于建筑设计、施工和运营维护领域。BIM 技术可以实现信息的共享和协同,提高工作的效率和质量,降低成本和风险,促进建筑行业的可持续发展。

实景三维模型和 BIM 技术都是数字化技术在建筑领域的应用,两种技术可以相辅相成,提高建筑设计、施工和运营维护的效率和质量。

2.4.1.1　实景三维模型

(1)地形地貌模型

1)空地数据采集

①地面控制点采集。

为了得到高精度的地理数据成果,航飞前需要在测区内布设一定数量的控制点,并测量控制点的坐标信息。为达到控制点测量高精度、高效益的目的,减少不必要的时间和资源的耗费,在测量实施前,对整个测区的控制点分布进行合理的总体设计。本书基于航摄区域卫星影像及航线规划图,采用不规则区域网布点方案进行像控点布设,航飞范围不规则凸、凹处均布设像控点。控制点一般选在接近正交的线状地物交点、明显地物拐角顶点或固定的点状地物上,若周边无明显可辨认地物,可使用油漆刷"十"字标作为控制点(图 2.4-1)。

图 2.4-1　像控点分布

像控点定位测量采用实时动态测量(RTK)的方法。RTK 技术是全球卫星导航定位技术与数据通信技术相结合的载波相位实时动态差分定位技术,它能够实时地提供测站点在指定坐标系中的三维定位结果。采用 RTK 测量获取像控点的大地坐标,后通过七参数转换求解大坝坐标系下的各像控点坐标值。

外业像控点测量时,同时使用数码相机或收集拍摄反映像控点点位和仪器架设情形的照片,以及反映点位附近地形地物的照片,便于后期作业人员的像控点判读。

②正射影像采集。

对于大场景的正射航空影像采集,选取飞马 V100 无人机搭载 V-CAM100 航测模块进行作业。

a.影像采集要求。

无人机进行航空拍摄时需满足以下条件:

Ⅰ.航线规划时,设置正确的重叠度,使得航摄采集的影像满足数字空中三角测量计算的基本要求;

Ⅱ.航空拍摄选择在气象条件好、能见度高、太阳高度角大于45°等天气良好的时间下进行,尽量减小天气对航空影像质量的影响;

Ⅲ.影像质量保证影像清晰、反差适中、颜色饱和、色彩鲜明、色调一致,有较丰富的层次、能辨别与地面分辨率相适应的细小地物影像,满足内业数据处理基本要求。

b.影像采集流程。

无人机影像采集时,可在测区附近架设基准站进行同步观测,通过解算消除或减弱 GPS 误差,获取更高精度的航拍影像位置信息。

无人机影像采集的主要工作内容包括:空域申请、现场踏勘、航线设计(图 2.4-2)、起飞前检查、航空拍摄、影像质量检查等。每一个步骤都是最终获取合格数据的重要环节,按照先后顺序开展工作、环环相扣,缜密、有条不紊地提交满足需求的优质成果。

Ⅰ.空域申请。

航摄作业前需先确定航摄采集范围,根据《中华人民共和国民用航空法》等相关法律法规,无人机飞行前向相关部门(战区和空管等)申请临时飞行空域,经批准后方可开展飞行作业。

Ⅱ.现场踏勘。

无人机航飞实施前,需先组织航飞人员进行现场踏勘,对航摄测区的自然、地理环境等情况进行了解,航飞时选择距测区最近的较大面积平坦区域作为无人机起降场地,保证航飞安全。

Ⅲ.航线设计。

飞机飞行拍摄前需进行航线设计时,生成覆盖测区范围的曝光点坐标,为飞行管理定点曝光提供基础数据。

Ⅳ.起飞前检查。

在航线设计的同时,进行机载飞控、相机等的安装。安装完毕之后,在进入飞行前,对飞机遥控器、电池、GPS 定位检查、动态传感器数据观察、GPS 控制和机载相机等进行一系列检查。

图 2.4-2　垂直摄影航线设计

Ⅴ.航空拍摄。

无人机航摄时做好各项飞行记录,注意对飞行器的飞行状态及机载传感器工作状态的监控,应对各种可能的突发事件,从而采取应急预案,确保飞行过程的安全和飞行数据的质量。

Ⅵ.影像质量检查。

飞行结束后及时将影像数据导出,结合飞行记录尽快对获取的影像质量进行检查,主要包括:影像重叠度、影像倾斜与旋转、航线弯曲、航高保持、影像曝光和云遮等。查看曝光点坐标与实际飞行情况是否一致。当出现有曝光点坐标明显偏离航线时,应做好记录,并修复。若影像质量有严重缺陷,如未完全覆盖目标区、影像曝光严重过度或严重不足等,则需尽快安排补飞,确保获得合格的目标区域影像。

2)DOM 与 DEM 生产制作

DEM 是用一组有序数值阵列形式表达地面起伏形态的数据集合,实现了对地形的数字化表达。DEM 描述的是地面高程信息,应用在测绘、水文、地质、通信等众多领域。数字正射影像(DOM)是通过对航空/航天影像进行逐像元的投影差改正和镶嵌,再根据相应的图幅范围进行裁剪处理而生成的数字正射影像集。

①空三加密。

利用正射航空影像与像控点,在全数字摄影测量工作站上进行数字空中三角测量,经过相对定向、绝对定向和区域网平差,获得加密点及检查点的三维坐标和像片的外方位元素。

a. 相对定向应按下列要求执行:

相对定向精度应满足,上下视差中误差小于像元大小的 1/3,上下视差最大残差小于像元大小的 2/3;

每个像对连接点应分布均匀,每个标准点位区应有连接点。自动相对定向时,每个像对连接点数目一般不应少于 30 个；

标准点位的加密点(或连接点)选择目标应符合影像清晰、明显、易于转点,有利于准确量测;

航向连接点宜 3°重叠,旁向连接点宜 6°重叠;

自由图边在图廓线以外应有加密点(或连接点)。

b.绝对定向与区域网平差。

Ⅰ.像控点和加密点测量应按下列要求执行:

对外业提交的像控点和外业检查点进行辨认和量测,根据刺孔、点位略图与说明,进行综合判点后,准确确定其点位;

采用替换、反复平差计算的方法,确定可靠的外业像控点,确定可靠的外业像控点,剔除粗差点;

从符合标准加密点位分布要求的连接点中挑选出精度最高的点作为加密点,按规则自动编排或人工编排加密点的点号。

Ⅱ.绝对定向与区域网平差计算应按下列要求执行:

区域网平差计算结束后,基本定向点残差限值为加密点中误差限值的 75%,检查点误差限值为加密点中误差限值的 1 倍,区域网间公共点较差限值为加密点中误差限值的 0 倍;

对于框幅式航摄影像采用光束法区域网平差进行空中三角测量平差;

对于 GNSS、IMU/GNSS 辅助空中三角测量,应导入摄站坐标、像片外方位元素进行联合平差。

②DEM 制作。

采用全数字摄影测量工作站,导入空中三角测量加密成果,编辑生成数字高程模型。

相关技术指标要求如下:

数字高程模型的格网坐标原则上平行于平面投影坐标系,以水平方向为行,顺序从上至下排列;以垂直方向为列,顺序从左至右排列。

物方 DEM 格网点高程应贴近影像立体模型地表,最大不超过 2 倍高程中误差,相邻单模型 DEM 之间接边,至少要有 2 个格网的重叠带,DEM 同名格网点的高程较差不大于 2 倍 DEM 高程中误差。

相邻数字高程模型应做接边处理,接边后不应出现裂缝现象,重叠部分的高程值应一致,相邻存储单元的 DEM 数据应平滑衔接。

静止水域范围内的 DEM 高程值应一致,其高程值应取常水位高程;流动水域内的 DEM 高程应自上而下平缓过渡,并且与周围地形高程之间的关系正确、合理。

DEM 采集和编辑可采用像方、物方的采集和编辑方式,对立体匹配生成 DEM 进行观测、检查和修改,在编辑过程中应根据需要加测特征点线,使物方 DEM 更好贴近地面,等高程的范围所有网格点应设置为统一高程,有地物覆盖的区域应减去一个高差。

对于高程空白区域,格网高程值赋予-9999。

③DOM制作。

主要利用航空影像通过模型恢复后进行微分纠正,再对生成的影像进行匀光、镶嵌、裁切,得到影像地图成果。

a. 数字微分纠正。

利用生成的 DEM 数据经数字微分纠正制作数字正射影像,输出符合要求的数字正射影像图。纠正范围选取像片的中心部分,同时保证像片之间有足够的重叠区域进行镶嵌。依次完成图幅范围内所有像片的正射纠正。

对纠正后的单模型影像进行检查。检查纠正过的影像是否失真、变形;房屋、道路,是否有房角拉长、房屋重影道路扭曲变形;茂密植被的影像是否拉花、变形、扭曲等;特殊地貌如悬崖、高架立交桥是否变形、扭曲;单模型影像内是否有漏洞等情况。若有此情况,则要重新采集生成 DEM,重新纠正,确保影像无误。

b. 匀光匀色。

对影像进行色彩、亮度和对比度的调整处理。缩小影像间的色调差异,使影像色调均匀、反差适中、层次分明,保持地物色彩不失真。处理后的影像上无明显匀色处理的痕迹。对影像中的脏点、划痕等问题及现象,查找和分析原因后进行相应的影像处理。

匀光前选取本测区中具有代表性的多张影像清晰、颜色饱和、色调均匀的影像,以此张影像为样片,使用匀光软件对其他影像进行匀光处理。使用匀光软件对数字正射影像进行匀光和匀色处理后,保证匀光后影像目视效果基本一致。

c. 影像镶嵌。

对相邻的像片应检查镶嵌的接边精度是否符合规定,误差超限时应返工处理。镶嵌的接边差符合要求后,选择镶嵌线进行镶嵌处理。即采用影像拼接软件,将所有单模型的正射影像拼接在一起。

拼接根据需要采用自动或人工选择拼接线办法,将拼接线主要选在道路边线、阴影等无纹理的区域,避开建筑物。尽量不要横穿面状和线状地物,要从颜色反差较大的地方走,绕过影像拼接处模糊、不清晰、变形、拉花等不符合精度的影像。尽量不压盖房屋、道路等线状地物,注意高层建筑物、高架桥的变形。实在无法绕开的区域,选择投影差较小的部位垂直穿过房屋。对于桥梁、高层建筑等易变形的特殊地物逐个进行二次检查和修改。对于影像接边处色彩反差大的区域进行平滑处理。模糊错位的地方应进行修改。水域等纹理应该一致的区域利用匹配处理,色彩基本保持一致。由于拼接的影像之间具有重叠带,软件将对重叠带内的影像进行平滑处理,但不应以损失影像清晰度为代价。

DOM 接边重叠带不允许出现明显的模糊,接边误差不大于 2 个像元。经过镶嵌的数字正射影像拼接处不允许出现影像裂痕或模糊的现象,尤其是建筑物、道路等线性地物,不应出现色彩反差大、地物纹理错位的情况,其镶嵌边处不应有明显的色调改变。相邻正射影像应是无缝接边,即地物影像、纹理和色调均接边。

（2）倾斜实景模型

倾斜摄影是指在无人机上搭载相机，在一定的飞行高度对地面物体进行多角度航拍影像采集。它是在传统摄影测量的基础上发展起来的大场景影像获取技术。通过对影像采集系统的合理配置可以很好地从不同角度同时获取地面信息，其中最常见的是五镜头影像采集系统，可以同时对正摄、前、后、左、右五个方向进行影像获取（图2.4-3）。结合相应的倾斜摄影数据处理软件，可以快速实现大范围的地面三维场景模型再现。此外，倾斜摄影测量技术融合POS系统，对于多角度获取的影像具有位置信息和姿态角度信息，能够在影像上对地物进行测量。

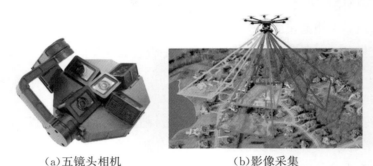

（a）五镜头相机 （b）影像采集

图2.4-3 多角度影像采集

对于大场景的倾斜航空影像采集，本书选取飞马D200无人机搭载D—OP300倾斜模块（5镜头）进行作业（图2.4-4）。地面控制点可使用前文所述控制点。

图2.4-4 倾斜摄影航线设计

基于航空倾斜影像与地面控制点，经过多视角影像的几何校正、区域网联合平差、倾斜影像匹配等处理流程，运算生成基于影像的超高密度点云，点云构成TIN模型，并以此生成基于影像纹理的高分辨率倾斜影像三维实景模型。倾斜摄影三维建模技术路线见图2.4-5。

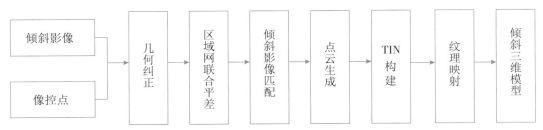

图 2.4-5 倾斜摄影三维建模技术路线

1）几何校正

若影像存在几何畸变，在进行空三解算之前还需进行影像几何校正。

①构建模拟几何畸变的数学模型，以建立原始畸变图像空间与标准图像空间的某种对应关系，实现不同图像空间中像元位置的变换，包括全局坐标系、相机坐标系、图像坐标系、像素坐标系的转换。

②利用对应关系把原始畸变图像空间中全部像素变换到标准图像空间中的对应位置上，完成标准图像空间中每一像元亮度值的计算。

2）区域网联合平差

通过对 POS 系统观测数据进行严格的联合数据后处理直接测定航摄仪的空间位置和姿态，并将其与像点坐标观测值进行联合平差，以整体确定地面目标点的三维空间坐标和 6 个影像外方位元素，实现少量或无地面控制点的摄影测量区域网平差。

3）倾斜影像匹配

利用初始 POS 数据进行影像重叠度估算，并逐级建立影像金字塔，在金字塔的顶层使用特征匹配，并对匹配结果进行近似核线约束的粗差剔除得到稀疏匹配点，并通过相对定向对初始的 POS 进行精化；在底层金字塔进行精化特征提取得到足够的特征点，利用初始匹配中得到的精确 POS 数据，对底层金字塔进行局部畸变改正，并进行灰度相关与最小二乘匹配。利用光束法前方交会，得到特征点的前方交会精度，将高于 3 倍前方交会中误差的点作为误匹配点，并将其进行剔除。

4）点云生成

倾斜影像匹配完成后，利用匹配结果生成基于影像的超高密度点云，并进行点云去噪、点云平滑、点云简化等处理。

5）TIN 构建

倾斜影像三维建模的主要工作是三角网的构建，通过点云建立不规则三角网构建模型，构建三角网的方法有分治算法、逐点插入法和三角网生长法。

6）纹理映射

由于同一三角网在不同视角下存在多幅影像，因此要为每个面从多视倾斜影像中选出质量最好的影像作为纹理数据源，将纹理分割成三角面片粘贴至模型表面，最终通过纹理映射生成三维实景模型。

2.4.1.2　建筑物 3D max 模型

建筑物三维建模按照白模创建与修正、纹理贴图、模型过程检查、模型命名与分组及配置记录与导出的步骤来建模(图 2.4-6)。

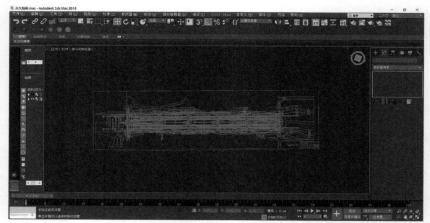

图 2.4-6　竣工图纸数据导入 3D max 工具

(1)创建建筑白模并修正

勾取竣工图纸的结构基线,按照模型高度进行拉升,创建白模(图 2.4-7)。

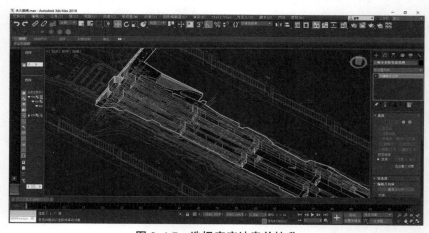

图 2.4-7　选择底座地表并拉升

白模创建完成后,需对白模进行修正工作(表 2.4-1、图 2.4-8)。

表 2.4-1　　　　　　　　　　　　　　　　白模修正

破(顶)面	建筑模型的顶面较复杂时,可能顶点交错而引起破面。破面在 3ds Max 中需渲染才能看到,需进行修正,防止破面出现
不可见面	建筑间挨靠在一起的墙面,在地面以上视角不可见,需删除或只保留可见部分。否则在软件运行过程中不可见面会引发闪烁,影响模型效果

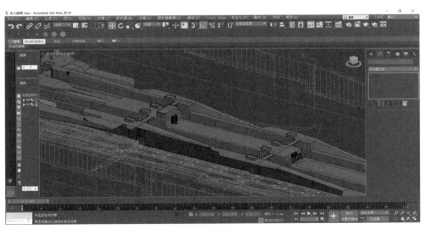

图 2.4-8　白模修正后效果

（2）纹理贴图

三维模型的建模过程仅仅是完成了模型的三维空间框架,还需要对进行纹理贴图操作。一般建筑纹理贴图主要是将处理完成的纹理数据,按照对应的位置贴到三维模型上（表 2.4-2、图 2.4-9、图 2.4-10）。

表 2.4-2　　　　　　　　　　　　　　　　　贴图规则

纹理选取	贴图纹理只能从当前模型目录下获取,使用当前模型对应的纹理贴图
贴图方式	应使用 UVWMap 修改器贴图,应保证建筑所有立面与现状完全相符,不出现背离常识的接边错误;模型遮挡妨碍贴图时,尽量用隐藏模型的方法处理,模型移出后应尽快移回原位
贴图要求	建筑不同立面、立面与女儿墙之间的纹理应协调,避免反差太大;所有模型必须贴纹理,不允许用颜色代替纹理;栅栏、镂空字或模型必须透明处理;应尽量使用软件工具辅助贴图,材质球库中不应出现未使用的纹理,模型与纹理迁移到其他电脑时,打开模型不应出现缺少纹理的提示;禁止模型纹理造成重面
贴面检查	贴图完成后应完整检查一遍,注意两个方面问题:模型本身的问题;与采集数据照片相对照的不一致性问题

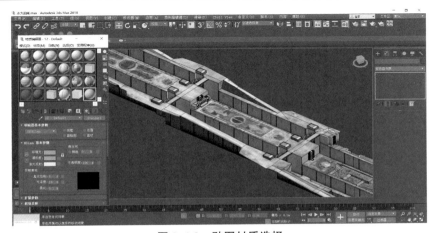

图 2.4-9　贴图材质选择

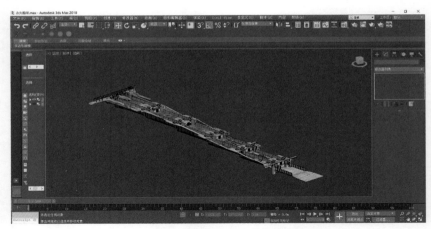

图 2.4-10　贴图完成后的模型效果

（3）模型过程检查

三维建筑模型完成贴图后，经过建模人员自检和互检后，将提交给专门的质检人员进行第一级检查（也称过程检查），质检人员将严格按照建模标准对每个提交的数据进行详细的全数检查，见表 2.4-3。

表 2.4-3　　　　　　　　　　　　　　　　模型检查

模型基本要求	1. 是否可以在 3dsMax 下打开模型文件。 2. 打开模型文件时是否提示缺少外部纹理文件。 3. 模型文件坐标单位是否为 m。 4. 模型命名是否规范，纹理命名是否规范，归类是否正确
纹理检查	1. 纹理文件名是否规范，长宽规格是否为 2 的 n 次幂；纹理文件是否超过规定的大小。 2. 是否有模型未贴图。 3. 是否材质库中有未使用的纹理。 4. 是否使用多维子材质，即 Multi/Sub-Object。 5. 纹理是否有杂物，纹理是否有白边或黑边，玻璃是否失真。 6. 建筑纹理是否不合常识常规。 7. 纹理色彩是否太鲜艳、太卡通。 8. 纹理是否变形，纹理是否模糊。 9. 镂空模型、字牌等是否进行必要的透明处理，是否进行双面处理
模型细节检查	1. 地表与建筑、地表与地表是否冲突。 2. 模型与照片相比是否有细节遗漏，立面接地是否正确，上下颜色结合是否合理，立面朝向是否正确，建筑体量、高度、构件位置样式是否与照片一致，位置是否正确。 3. 顶部是否有漏空，即侧面三角有无面片填充，底部是否漏面，楼梯连接处是否漏面。 4. 模型是否存在不可见面，是否有重面，是否有破面

（4）模型分组与命名

模型完成后，根据要求需对模型进行分组并命名，模型的分组及命名主要按照表 2.4-4

的要求。

表 2.4-4　　　　　　　　　　　　　　　　　　模型命名

命名规则	将属于同一地块的模型选中 Group 操作，以分区编号进行命名
操作流程	1. 选择建筑的面片时，需要按照规范来选择，或在顶视图下用框选工具选择，尽量不用多边形选择工具。 2. 建筑模型成组命名后应立即隐藏，检查该建筑是否还有面片被遗漏；应特别注意那些用底视图才能看到的面片。 3. 建筑全部成组隐藏后，检查是否有面片遗漏，可见面片应补入相应组中，不可见的空图形应删除。 4. 模型分组完毕保存文件前，应切换到轮廓视图，并在顶视图下全视野居中显示

（5）配置记录与导出

模型完成后，需要根据需求将数据转换成系统支持的格式，并记录对应的中心点坐标到配置文件记录里面，具体步骤：把建筑模型位置、方向转至与地形图底图一致；把模型坐标归到模型中心；把模型坐标 X、Y 轴归 0（Z 值不变）；将模型中心点坐标记录到配置文件；导出 .dae 格式数据。

（6）数据文件格式

为了便于后期的数据集成和管理，项目采用统一的数据格式进行存储和管理，以便数据格式的升级能保持一致和向下兼容，并能满足三维平台的嵌套和融合要求。

2.4.1.3　BIM 模型创建

为满足大坝安全智能监测的应用需求，应使用专业 BIM 建模软件创建工程 BIM 模型，不仅从构件组成、结构形式上以实体模型的方式在数字空间中重塑工程，还附加有物理属性等特征，为内部结构查看、在线计算分析等安全智能监测应用提供数据基础。此处以 3D Experience 平台（以下简称"3DE 平台"）为例，介绍 BIM 模型创建方法。

（1）3DE 平台简介

3DE 平台是法国达索（DASSAULT SYSTEMES）公司推出的一个功能先进的集项目管理、在线协同、三维设计、仿真应用于一体的软件平台，提供了三维建模、分析优化、渲染仿真、项目协同管理等多个模块应用。基于协同设计平台，不同专业用户可以基于同一种数据格式，选用不同的模块进行三维设计工作，避免了不同软件之间格式的切换和数据的导入、导出。

在三维建模方面，3DE 平台以 CATIA 软件为核心，采用胖客户端/Web 客户端加服务器的结构形式，启动客户端后通过网络连接服务器获取数据，所有数据以库/数据库形式保存在服务器中，并有相应的权限/版本信息，便于不同用户之间的数据共享与查看。

3DE 平台为不同角色的使用者提供了协同的环境，在设计过程中，不同专业基于同一设计站点进行同步设计,可实时了解、查看、引用相关专业的设计成果,将设计模式由串行设计模式变为并行设计模式,解决了以往企业不同平台间相互协作的问题。

(2)建模规定

1)建模基本原则

①各专业模型统一在 3DE 平台进行创建,保证各专业模型协调;

②严格按照地质、设施设备及工程现状进行建模,保证模型的真实还原,模型集合深度满足应用要求;

③建模按照先总体后局部的顺序,先主体模型后附属模型进行建模;

④建模时确定统一的独立坐标系和高程系统,工程中所有模型使用统一的单位与度量制进行创建;

⑤构件之间按照结构逻辑进行关联,在建模过程中即体现构件的相关性;

⑥非几何信息的组织和关联与几何模型的建立过程保持同步,确保信息的完整有序;

⑦建模过程采用动态的几何精细度和信息深度,以确保合理利用系统资源,满足各种不同的工程需求。

2)层级划分原则

3DE 平台中使用结构树进行模型的层级管理,模型结构树是记录三维设计过程和装配文件装配过程的树状节点。位于结构树最顶端的节点为根节点,向下展开依次为一级节点、二级节点、…、N 级节点。根节点应为站点文件,子节点应为装配文件或零件文件。

对 BIM 模型进行层级划分,划分原则见表 2.4-5。

表 2.4-5   BIM 模型层级划分原则

层级	BIM 模型
项目级	总装模型
功能级	按专业与系统划分模型(如勘测、水工、机电模型等)
	按功能分建筑物/建筑区域
构件级	从属于功能级模型,是功能级模型的进一步细分(如柱、梁等)
零件级	从属于构件级模型,是构件级模型的进一步细分(如金结构件等)

BIM 模型可分为项目级 BIM 模型、功能级 BIM 模型、构件级 BIM 模型与零件级 BIM模型四个层级,各层级之间的关系主要满足以下要求:

①项目级 BIM 模型是工程的总装模型,由各功能级 BIM 模型组成。

②功能级 BIM 模型主要按照不同专业、不同功能建筑物或不同建筑区域进行划分,由构件级模型组成。

③构件级 BIM 模型是功能级 BIM 模型的最小功能单元,是功能级 BIM 模型的细分,可体现功能级 BIM 模型的结构、组织和包含关系。

④零件级 BIM 模型是构件级 BIM 模型的组成单元,零件级 BIM 模型的划分根据应用需要和模型精度要求确定,如金属结构中组成拦污栅栅体结构的框架和栅叶等属于零件级 BIM 模型。而变压器、桥机等采购的成品构件及设备不属于零件级 BIM 模型。

BIM 模型层级的表达应根据应用需求逐步加深。

3)命名原则

结构树各级节点命名的总体规则为不出现空节点名或者相同节点名;名称应便于搜索、识别和使用;同时名称应简洁易识别,可使模型使用人员从中读取到模型的关键归属信息。各层级模型节点命名规定如下:

①项目级节点命名。

项目级节点命名形式为"工程代码—阶段代码",项目代码采用拼音大写首字母方式定义,阶段代码用以区分不同阶段的模型,代码后可添加中文描述。

②功能级节点命名。

功能级节点命名形式为"项目代码—阶段代码—功能代码",并在代码后添加中文描述。其中功能代码采用模型名称的拼音大写首字母来定义,可以是按照专业划分的模型代码,也可以是按照建筑物功能、建筑空间划分的模型代码。

③构件级、零件级节点命名。

构件级、零件级节点命名形式为"项目代码—阶段代码—功能代码—构件代码—零件代码",并在代码后添加中文描述。构件代码、零件代码采用模型名称的拼音大写首字母来定义。

④为了便于计算机识别,模型节点命名去除中文描述后,形成模型命名标识。

4)模型几何精度划分

考虑到大坝安全智能监测应用需求和展示流畅度等要求,BIM 模型将重点表达地质岩层及主要缺陷、水工主体结构、监测部位等内容。而模型单元的视觉呈现水平,则由几何表达精度衡量,体现模型单元与物理实体的真实逼近程度。例如,一台设备,既可以表达为一个简单的几何图形,甚至一个符号,也可以表达得非常真实,描述出细微的形状变化。参考《建筑信息模型设计交付标准》(GB/T 51301—2018)和《水利水电工程设计信息模型交付标准》(T/CWHIDA 0006—2019)的有关规定,BIM 模型在建模过程中采用动态的几何表达精度,以满足不同应用场景下的模型表达要求,不同几何表达精度的具体含义见表 2.4-6,不同模型精细程度划分见表 2.4-7。

表 2.4-6　　　　　　　　　　几何表达精度等级划分及其含义

等级	代号	含义
1 级几何表达精度	G1	满足二维化或者符号化识别需求的几何表达精度

等级	代号	含义
2 级几何表达精度	G2	满足空间占位、主要颜色等粗略识别需求的几何表达精度
3 级几何表达精度	G3	满足建造安装流程、采购等精度识别需求的几何表达精度
4 级几何表达精度	G4	满足高精度渲染展示、产品管理、制造加工准备等高精度识别需求的几何表达精度

表 2.4-7　　　　　　　　　　　　　　不同模型精细程度划分

序号	项目	几何表达精度等级	具体描述
1	地质	G2/G3	比例尺 1∶100,对于特别关心的各岩层、主要构造及缺陷等部位,模型采用 G3 精度;对于周边的地质体,模型采用 G2 精度
2	水工	G3/G4	对建筑物整体轮廓,模型能够表达主要建筑物整体形状以及建筑物的主要外观结构,这部分模型采用 G3 精度;对于主要孔口、洞、室以及廊道、通道、空腔等主要内部结构,采用 G4 精度;对于主要的基础处理措施,采用 G4 精度;对于水工建筑物中重点关心的部位,采用 G4 精度
3	监测	G2/G3	对于体积相对于建筑物而言过小或数量庞大、对几何精度要求较低的监测仪器,模型采用 G2 精度;对于特别关心的监测仪器,模型采用 G3 精度
4	机械	G2/G3	对于重点关注的部位,以及影响模型定位、工况展示的重要机械结构及部件,采用 G3 精细度;对于其他用于占位的机械部件,采用 G2 精细度
5	金结	G3	模型能够示意表达拦污栅、启闭设备及压力钢管等金属结构,总体采用 G3 精细度
6	机电	G2	建立水轮发电机组的占位模型,模型采用 G2 精度
7	项目展示	G1/G2/G3/G4	项目展示原则上应与建模过程中的模型精细度相同,但考虑到展示流畅度等问题,可以对部分模型的几何表达精度进行调整,以满足具体需求

　　在满足应用需求的前提下,BIM 建模应采取较低的几何表达精细度,对于具体的几何描述,应以信息或属性的方式进行表达,以避免过度建模的情况发生。这也有利于控制 BIM 模型文件的大小,提高系统整体的运行效率。

5）模型信息深度划分

为支持在线计算分析等 BIM 应用,在建模过程中除了对工程的几何形态做准确描述外,还将根据需要对模型构件添加不同深度的信息,以便完整地表达工程的实际情况。工程模型信息主要包括工程概况、空间信息、物理特性、运算规则等静态信息,以及环境、调度、运行、监测、监控、巡检等动态信息。对于模型本身而言,由于其用途、关注度及重要性的不同,其所携带的信息深度必定会有所区别,而模型单元所承载的信息,依靠属性来体现。属性定义了模型单元的性质,即所表达的工程对象的全部事实。然而考虑到不同的应用需求,所需要的属性健全程度也是不同的,并且其属性值会随着工程发展而迭代。为了更好地表达模型构件的信息,减少模型信息的冗余和浪费,参考《建筑信息模型设计交付标准》(GB/T 51301—2018)和《水利水电工程设计信息模型交付标准》(T/CWHIDA 0006—2019)的有关规定,拟采用不同的信息深度等级来描述模型构件的信息表达能力,见表 2.4-8。

表 2.4-8　　信息深度等级的划分

等级	英文名	代号	等级要求
1 级信息深度	Level 1 of information detail	N1	包含模型单元的身份描述、项目信息、组织角色、工程概况、用途简述等信息,也包括模型定位、占位尺寸等概述信息
2 级信息深度	Level 2 of information detail	N2	包含和补充 N1 等级信息,增加实体组成及材质、性能或属性等信息,增加模型与系统之间的关联关系信息
3 级信息深度	Level 3 of information detail	N3	包含和补充 N2 等级信息,增加生产信息、安装信息、构件质量、建设细节等信息,增加模型详细尺寸描述、关键技术细节等信息的描述
4 级信息深度	Level 4 of information detail	N4	包含和补充 N3 等级信息,增加资产信息、维护信息、监测数据等信息

根据用途、工程实际以及应用要求,BIM 模型采用动态的信息深度表达方法,不同专业模型所采用的模型信息深度见表 2.4-9。

表 2.4-9　　不同模型信息深度划分

序号	项目	信息深度等级	具体描述
1	地质	N2/N3	对于地质体的描述主要以几何信息描述为主,对于重点关注的部位可以根据情况提高信息深度
2	水工	N2/N3/N4	水工建筑物结构复杂,构件形式多样,对于一般的建筑结构,如柱梁板墙等,要达到 N2 信息深度;对于重点关注的部位,如流道等,可采用 N3 信息深度;对于部分有重大意义的结构构件,可酌情采用 N4 信息深度

续表

序号	项目	信息深度等级	具体描述
3	机械	N1/N2/N3	对于重点关注的部位,以及影响模型定位、工况展示的重要机械结构及部件,采用 N3 信息深度;对于其他用于占位的机械部件,采用 N1 或 N2 信息深度
4	金结	N1/N2/N3	模型能够示意表达拦污栅、启闭设备及压力钢管等金属结构,可酌情采用 N1/N2/N3 信息深度
5	监测	N4	监测 BIM 模型是本项目重点关注的模型部分,模型除了其本身的属性外,还包括了大量的监测数据、计算规则等信息,因此与监测有关的模型项目统一采用 N4 信息深度

6)模型识别方法

除了结构树中的模型命名外,3DE 平台还会根据创建模型单元的类型和属性对其自动赋予唯一识别名称,以确保模型单元在计算机空间中的唯一性和可识别性,其格式见图 2.4-11。

图 2.4-11　3DE 中的模型单元自动命名规则

其中,类型代码是 3DE 平台对其内部模型所属分类的一种简化命名法,其部分名称和所代表的含义见表 2.4-10。

表 2.4-10　　　　　　　　　3DE 中的部分模型类型及其类型代码

序号	模型类型	英文名称	类型代码
1	3D 图形	3DShape	3sh
2	物理产品	Physical Product	prd
3	工程图	Drawing	drw
4	场地	Site	sit
5	建筑物	Building	bld

通过类型代码,3DE 就可以对平台上的所有模型单元进行统一组织和管理,还可以实现模型的快速查询与定位。

此外,名称中的"序列号 1"代表了模型所处的服务器信息,"序列号 2"代表了模型在服务器中的唯一识别编号,依靠这三条信息,3DE 平台就可以精确识别平台中的每个模型单元,确保每个模型单元的唯一性。这种命名过程是由计算机自动完成的,不需要人为干预。以某构件为例,其名称见图 2.4-12。

图 2.4-12　3DE 中的识别名称

然而,这种识别方法只能够保证该模型单元在单一服务器上的唯一性,不能够保证其在其他 3DE 环境中也保持唯一。因此,还需要另外的方法对模型进行识别,使其能够做到在世界范围内保持唯一性。可以使用 GUID(全局唯一标识符)实现这一要求。

GUID 是一种由特殊算法生成的唯一数字标识符,其二进制长度为 128 位,用于指示产品的唯一性,GUID 的格式为"xxxxxxxx－xxxx－xxxx－xxxxxxxxxxxxxxxx",其中每个 x 是 0~9 或 a~f 范围内的一个 32 位十六进制数。例如:"6F9619FF－8B86－D011－B42D－00C04FC964FF"即为有效的 GUID 值。

GUID 主要用于在拥有多个节点、多台计算机的网络或系统中,分配必须具有唯一性的标识符。GUID 在空间上和时间上具有唯一性,可以保证同一时间不同地方产生的数字不同,世界上的任何两台计算机都不会生成重复的 GUID 值,在需要 GUID 的时候,可以完全由算法自动生成。此外,GUID 的长度固定,较短小,非常适合排序、标识和存储。

3DE 平台支持生成和导出带有 GUID 的模型数据,可以在根本上实现模型的唯一性识别,从而为模型信息的数字化应用提供了有力支持。

(3)三维模型创建

1)模型创建整体流程

根据模型建立的原则及模型精细度的具体要求,BIM 模型三维部分创建的整体流程见图 2.4-13。

采取"骨架＋参数化＋模板化"的建模思路建立三维模型。骨架建模思想是先搭建总体规划骨架,后细化加工,采用自顶向下的建模方法,整个工程先进行总体枢纽布置搭建,后建立结构细部模型。总体布置需要定义整个工程的关键定位、布置基准,各水工建筑物相对位置关系和重要尺寸,在总体骨架控制驱动下,各专业完成本专业子骨架设计,继续向下驱动,关联直到作业人员完成具体的零件建模。参数化建模是指将设计模型的物理与几何特性与参数进行关联的建模方法。参数化设计是从功能分析到创建参数化模型的整个过程,在进行参数化建模之前,首先对模型进行形体分析,利用基本特征(长方体、圆柱体、圆锥体和球体等)进行参数化建模,其他特征与其产生依附或参考关系,特征之间存在约束方式,通过对约束方式或约束值的修改,可以改变设计参数,从而改变对象特征,实现参数化建模。模板的特点是可复用,对于一些造型结构相同的设施设备,可以通过直接调用模型库或建立模板模型,来实现模板化建模。

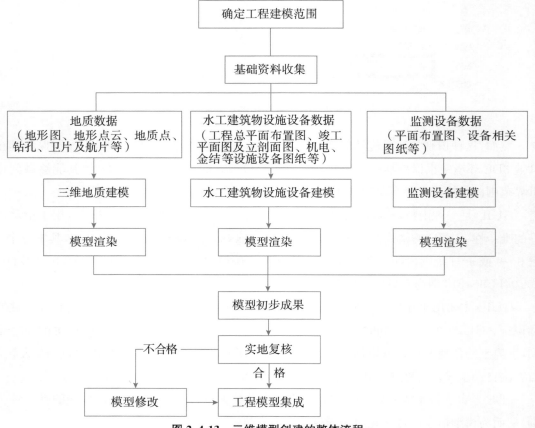

图 2.4-13 三维模型创建的整体流程

2)地形地质模型创建

地形地质模型的创建流程为：①首先根据地形采集数据及建模范围建立工程区地表曲面，再由曲面建立工程区地形实体模型；②将野外采集的地质点、钻孔、地质平剖面等地质数据导入三维平台；③根据地质数据建立地层分界面；④由地层分界面与地形实体模型进行切割，建立工程区地质三维实体模型（图 2.4-14）。

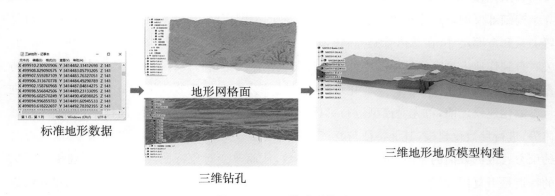

图 2.4-14 三维地质模型

3)水工建筑物模型创建

水工建筑物结构建模总体思路为采用骨架建模,各专业遵循骨架整体坐标系,在3DE平台协同建模(图2.4-15)。

布置骨架主要由控制点坐标、控制轴系、轴线、参考面等组成。布置骨架定义整个工程的关键定位、布置基准,各水工建筑物相对位置关系和重要尺寸,在总体骨架控制驱动下,各专业完成本专业子骨架设计。建模前首先按照建筑物图纸进行建筑物结构细分,根据各参数图纸进行所有建筑物零部件建模,对于部分常用结构,可做成标准零件入库,并按功能、尺寸分级分类,若模型库中已存在工程建筑物相同结构零件,也可在装配时直接调用零件避免重复建设。在各专业完成相关建模工作后,做必要的布尔运算,确保模型结构的合理性和整体的美观性。

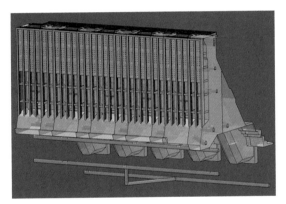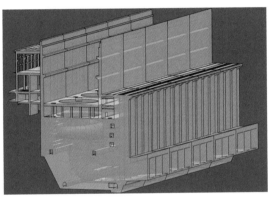

图2.4-15 水工建筑物模型

4)金属结构模型创建

金属结构模型创建流程(图2.4-16)如下:①金属结构模板库构建。为统一管理金属结构专业的模板及标准件,基于3DE平台可创建模板库,直接将各构件模板加载在目录中,方便新建模型过程中各构件及标准件的调用。②创建设备总体结构模型。从零件模板库提取合适的零件装配到总体结构上,创建总体设备结构模型。③金属结构专业完成设备模型设计后,需基于3DE平台进行协同设计,将各类金属结构设备匹配到对应建筑物中。金属结构设备模型的定位安装是将土建结构上发布出安装定位基准(点、线、面、轴系等)与金属结构设备参数化模型定位基准进行约束,实现闸门及启闭机设备在相应建筑物上的准确装配。

5)安全监测仪器设备模型创建

对于独立式监测仪器,只需要单一的零件即可表达。对于组合式监测仪器,则需要通过装配,将多个零件组合在一起进行表达。

由于监测仪器自身体积较小,BIM建模时只需对外部轮廓结构进行建模,对于部分细部零件(如螺丝钉)建模时可忽略,确保仪器设备模型的轮廓完整性和美观性。

安全监测模型的创建流程为:①建立工程需要用到的内外观监测仪器的实体三维模型,

形成标准且规范的模板库；②基于总体布置骨架信息，调用安全监测仪器模板库，分别布置变形、渗流渗压、应力应变等不同类型的监测仪器 BIM 模型（图 2.4-17）。

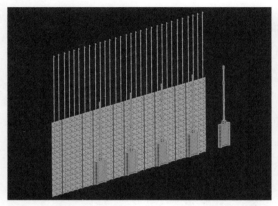
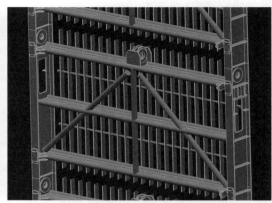

图 2.4-16　金属结构模型

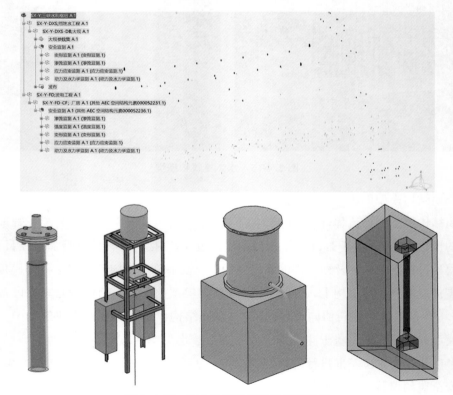

图 2.4-17　安全监测仪器设备模型示例

6）模型集成

采用基于骨架的 BIM 建模方式后，模型不需要单独集成，而将在 3DE 平台上自动形成工程整体模型（图 2.4-18）。

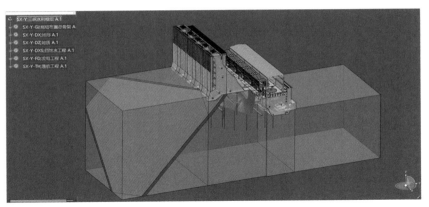

图 2.4-18　整体 BIM 模型示例

（4）模型属性创建

模型的信息分为静态信息和动态信息两种类型。结合 3DE 平台结构树的特点和工程实际情况，本项目在建模过程中将会把模型的静态信息以固有属性的形式添加到结构树节点中，作为模型数据的一部分，其中空间信息可以通过 3DE 中的地理信息功能进行自动解算；而动态信息其数据本身并不存储于模型文件当中，而是存放于外部介质中（数据库等），通过在 BIM 模型中提前设置好的数据接口进行关联，其信息与 BIM 模型通过全局唯一标识码（GUID）进行唯一组合，确保数据指向的准确性，具体流程见图 2.4-19。

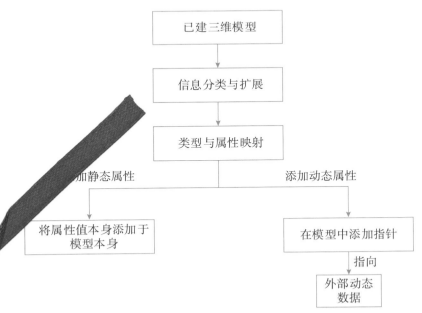

图 2.4-19　BIM 属性创建流程

（5）BIM 模型成果

BIM 模型建模的最终成果是一个能够反映工程地形、地质、水工、机械、金属结构、监测、机电等部分的,包含几何信息和非几何信息的综合性的建筑信息模型。其中,几何信息以三维模型的形式创建,满足不同应用条件下的精细度要求,通过 3DE 平台以"特征"为基础的建模方法,使 BIM 模型不仅可以达到建模精度的要求,还可以最大限度地保留建模过程信息,实现参数化建模的需求;非几何信息则以 IFC 标准为基础,使用类型扩展和属性映射的方法,实现模型信息的表达和延伸,通过 3DE 平台调用 Speicialize Data Model,可以方便实现信息的添加。

作为建筑工程的数字化镜像,BIM 模型可以以 3DE 平台专有格式(3Dxml、CATPart、CATProduct 等)进行交付,也可以转换为 IFC 标准中性文件,同时可以根据需要,交付中间格式文件(STEP 文件等)和工程图。由于 BIM 模型结构、有序的数据形式,其信息也可以无缝转换到数据库中,成为纯数据化的信息模型。综上所述,BIM 模型可以作为建筑物信息化应用和表达的数据基础,未来的所有信息化应用均可在此基础上进行操作,见图 2.4-20。

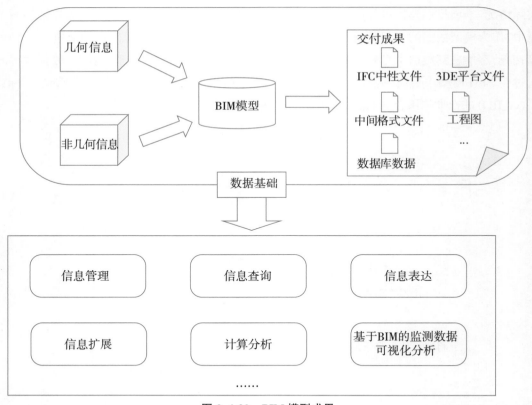

图 2.4-20 BIM 模型成果

2.4.1.4 模型可视化

(1)地形地貌可视化

在使用 Cesium 对测区地形进行三维可视化时,需要将生成的 DEM 数据进行切片,通过切片处理为 Cesium 能够处理的 .terrain 瓦片数据,并通过 Terrain Provider 接口加载至场景。正射影像数据则通过 Geo Server 发布为 WMS(Web Map Service,网络地图服务),并通过 Cesium 的 Image Provider 接口加载至三维场景中。Cesium 加载 3D 的模型文件需要经过建模、贴片、格式转换等,然后通过 Entities 在场景中创建模型,并加载至三维场景中。

Cesium 定义了 Tile 数据类型:①Quadtree Tile 类:表示四叉树结构节点,通过 x、y、level 属性关联一张具体的瓦片。boundingVolume 属性代表该节点瓦片所占据的空间范围,parentTile 属性指向其父节点,children 数组属性包含其四个子节点。②Tile Imagery:对应一张具体的影像瓦片。③Tile Terrain:对应一张具体的地形瓦片。

图 2.4-21 是 Cesium 的地形和影像可视化流程。Cesium 三维场景中需要利用四叉树调度,进行地形和影像数据的读取,分为区块可见性判断、区块瓦片级别判断、发起瓦片数据请求三个步骤,具体实现如下:

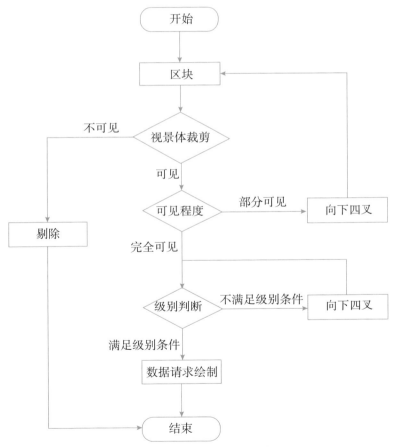

图 2.4-21　地形地貌可视化流程

1)区块可见性判断

Cesium 进行地形影像数据的渲染第一步是判断区块的可见性,判断过程是基于四叉树结构的裁剪过程。采用四叉树结构进行裁剪是因为全球的区块有很多,而可视化渲染是逐帧进行的,帧率需要在 40～60 帧/s,如果每一帧都对所有区块逐个进行裁剪操作判断可见性会消耗大量的时间和资源,也会造成降帧的情况发生。如前所述,每一个区块由地形瓦片和影像瓦片两部分组成,地形瓦片和影像瓦片都是按照四叉树结构的组织方式。根据前文所述我们能够建立起四叉树结构中的任意节点与其祖先节点和子孙节点的拓扑结构。每一个瓦片与其四个子孙结点占据相同的区域范围,四叉树结构的任意节点通过 Quadtree Tile 类的对象进行表示。对任意瓦片节点来说:

①如果瓦片节点对应的 Quadtree Tile 对象完全在视景体中,则其子孙结点也一定在视景体中。

②如果瓦片节点对应的 Quadtree Tile 对象完全在视景体外,则其子孙结点也在视景体外。

③如果瓦片节点对应的 Quadtree Tile 对象经过视景体裁剪判断是相交的话,则瓦片所在的区块是部分可见的,这时候我们就需要对瓦片的子孙结点进行判断,剔除不可见的子孙结点。

2)区块瓦片级别判断

经过 1)中的裁剪判断,对于完全可见或者部分可见的 QuadtreeTile 类的对象,要判断瓦片的级别是否满足当前视点下的细节需求,前文所述,在 Camera 视点远离时,对场景要素的精细程度要求较低,即所需数据的 LOD 级别较低。在 Camera 视点拉近时,对场景要素的精细程度要求较高,所需数据的 LOD 级别较高。那么如何判断当前瓦片的细节层次是否满足视点需求,Cesium 使用像素误差来决定瓦片的细节层次,如果瓦片的细节层次满足要求,就请求瓦片数据对区块进行绘制,否则就对当前瓦片四分,将其孩子结点压入队列,重新进行 1)中的裁剪测试。

3)发起请求

对于通过裁剪测试和满足当前视点下的细节层次要求的影像瓦片 Tilelmagery 和地形瓦片 TileTerrain,通过 url 去请求瓦片数据对区块进行渲染。

(2)倾斜实景模型可视化

专业三维实景建模软件生成的模型格式一般为 *.osgb 格式,若用于三维模型可视化,需首先将其格式转换为 3DTiles 瓦片数据。

三维模型的多细节层次,可以树的形式进行组织。对于每个三维模型父瓦片来说,可以确定一个唯一的完全包含其全部内容的边界框外包围体。每个边界框外包围体又可以根据需要切分成多个小三维模型的边界框外包围体,从而确定多个三维模型子瓦片。子瓦片的边界框外包围体完全在父瓦片的边界框外包围体内。

3DTiles 瓦片数据集包含一个 json 配置文件,配置文件中包含了 3DTiles 瓦片数据集的所有节点信息,所有节点构成一个多叉树。在 3DTiles 的 JSON 文件中用 bounding Volume

属性表示边界框外包围体,用 children 属性指向表示子瓦片。3DTiles 瓦片数据组织为一种特殊的多叉树结构。

如图 2.4-22 所示,在三维可视化过程中对三维实景模型数据进行调度时:

①首先要获取三维模型数据的配置文件,通过传入的配置文件路径信去请求配置文件,然后通过广度优先的方式遍历配置文件内容得到的三维模型数据瓦片的树状结构。其中,树结构中每一个节点关联了一个具体的 3DTles 瓦片数据,并包含了如下信息:

a. parentTile 属性。

parentTile 属性指向当前节点的父节点。

b. children 属性。

children 属性是数组属性,包含了当前节点的所有子节点。

c. bounding Volume 属性。

boundingVolume 属性是当前节点所包含的 3DTiles 模型数据的外接球体信息。boundingVolume 属性是对节点所包含的模型数据所占据的空间范围的近似,便于在三维可视化时对数据进行裁剪。

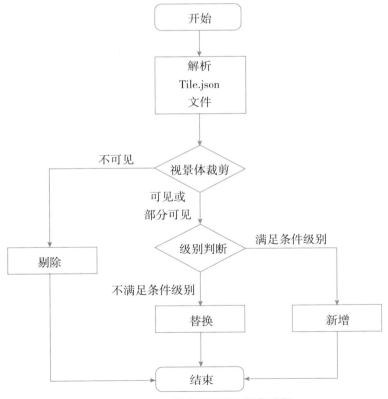

图 2.4-22　三维实景模型可视化流程

d. geometryError 属性。

geometryError 属性表示节点所包含的模型数据的分辨率信息,即模型数据的 LOD 级别,便于在三维可视化时进行判断。

e. contentUpload 属性。

自定义属性,初始为 true,表示节点的瓦片数据并没有真正获取,避免数据的重复获取。通过以上属性,就可以索引到树结构的任意节点瓦片。

②按需请求 3DTiles 瓦片数据,请求得到具体的 3DTiles 瓦片数据包含了如下信息:

a. type 属性。

type 属性代表瓦片数据的具体类型。

b. content 属性。

content 属性是瓦片数据的数据内容。

根据 type 属性就可以判断瓦片数据的具体格式,进而去调用相应的解析算法解析 content 属性的内容,最终生成场景中的模型要素。

③三维模型可视化过程中 3DTiles 的具体调度流程:

a. 瓦片选择。

前文解析 3DTiles 的配置文件生成了 3DTiles 瓦片节点信息的树状结构。

在每一帧渲染前,首先根据 Camera 的视点和视景体对树结构的根节点瓦片进行裁剪测试,裁剪测试对视景体与节点对象的 boundingVolume 属性所表示的外包围体进行。如果节点对象可见或者部分可见的话,对节点对象通过其 geometryError 属性判断其多细节层次是否满足当前视点下的要求,如果满足要求则进入流程 b,否则将其子节点压入队列里依次进行流程 a。如果当前的节点对象不可见则直接剔除。

b. 对通过裁剪测试且满足多细节层次的节点对象请求 3DTiles 瓦片数据,如果数据请求成功则将节点对象的 contentUnloaded 的属性为 false,避免重复请求。

c. 瓦片更新:更新操作新增和替换两种方式。其中,新增操作比较简单,就是把请求完成的节点对象解析渲染加入当前场景中。替换操作比较复杂,我们知道瓦片的父节点和子孙节点占据相同的空间范围,替换就是当前的节点对象的多细节层次不能满足要求,如当前的节点对象多细节层次较低,则用其满足要求的子孙节点瓦片进行替换,替换可能是全部也可能只替换当前节点对象的一部分。除此之外,更新还包括处理场景中 3DTiles 模型有透明的情况,这时候需要按当前视线的方向对场景的节点对象进行由近到远的排序,WebGL 按照排序后节点对象进行渲染工作。

d. 瓦片数目检测:3DTiles 瓦片数据量较大,渲染后占用资源较多,同一时间需要设置可渲染的节点数目的阈值,在每一帧更新时检测当前场景中的已经渲染的 3DTiles 节点对象数目,对超过阈值的部分进行剔除,剔除包括清除 WebGL 渲染时开辟的缓冲区以及删除纹理资源。

通过以上流程,在三维模型可视化过程中就能平滑高效地对 3DTiles 模型数据进行渲染。

（3）建筑物 3D max 模型可视化

1）三维建筑物综合处理

建筑物作为三维地图场景当中的核心组成单元，当地图由大比例尺缩编为小比例尺时，如果建筑物数据的间距、宽度均仅以同等比例缩小，相邻的建筑物会堆集在一起，从而造成视觉效果混乱。同时，在 Web 端小比例尺下全量加载三维建筑物，网络数据传输及客户端渲染都会面临着巨大压力。因此，为保证地图内容的易读性、一览性，并满足三维空间要素多尺度表达、减轻数据存储与网络传输负载的需求，需要在地图比例尺缩编过程中进行制图综合。

制图综合是以概括、抽象的形式反映出制图对象带有规律性的类型特征，保留本质主要的地理要素，舍去次要的、非本质的地理要素，从而减少冗余的地图空间数据，它是空间数据尺度变换、集成与融合、分析与挖掘等的基本手段之一。

基于空间邻近、形状细节特征对多层次二维数据进行构建，利用 Delaunay 三角网探测建筑物间的邻近关系，保证综合前后建筑物群的总体分布态势以及城市的基本结构特征。综合考虑建筑物的面积大小、几何形状以及排列方向间的关系，结合建筑物的语义信息以及三维视点位置对建筑物构建最小生成树。通过设置不同的剪枝阈值，对建筑物进行聚类分组，可以得到不同级别下的聚类结果，即所设定的 L2、L3 级别的综合力度通过剪枝阈值进行设定。将所有大于剪枝阈值的边剪断，保留下来的最小生成树（Minimum Spanning Tree，MST）边作为连接建筑物的聚类结果，有 MST 边连接的建筑是一类建筑物，实现建筑物的聚类，最后针对各个建筑物聚类簇进行合并，并对建筑物几何形状进行综合并更新建筑物的高度。

2）三维建筑物可视化

基于 Cesium 的三维城市化模型可视化实现主要包括数据格式转换、坐标系统以及三维建筑贴地调整。

3DTiles 是 Cesium 团队定义的用于海量三维空间数据流式传输及快速渲染的三维数据格式。该格式是在 gitf 格式的基础上，结合了 LOD 结构后得到的产品，其在形式上与二维瓦片地图的组织形式有所类似。本书采用 Cesium-Lab 工具对经过综合操作的建筑物数据集进行格式转换，在转换过程当中，将三维建筑物数据集的坐标系一为 Cesium 框架支持的 WGS84 坐标系。而通过 Cesium 的应用程序接口（Applica－tion Programming Interface，API）接口加载 3Dtiles 数据集，由于数据获取途径不一致，部分的三维数据模型原数据中会有由地形起伏造成的模型底部位置高程不一致，导致没有紧贴三维地图地面。该情况下需要利用创建平移矩阵法对模型进行贴地调整。同时对于坐标位置信息缺失的建筑模型，也可通过该方法，结合地图底图的纹理，将模型调整至地图合适的地理位置。

（4）BIM 可视化

基于 Cesium 的 BIM 可视化使用户能够在三维环境中直观地查看和分析建筑物信息，

通常包括以下步骤：

1)数据预处理

将 BIM 数据转换为 Cesium 支持的格式，使 BIM 数据与 Cesium 兼容。一种常用的方法是使用 gITF 2.0 格式将 BIM 数据导出为 3D 模型。gITF 是一种开放标准的 3D 文件格式，由 Khronos Group 管理。gITF 被广泛支持，可以在 Cesium 以及其他三维引擎、AR/VR 开发中使用。也可使用其他专门的插件或脚本进行自动化处理。

2）基于 Cesium 开发 BIM 应用程序

将 BIM 数据加载到 Cesium 场景中。为了构建 BIM 可视化应用程序，需要基于 Cesium 和 gITF 加载 BIM 数据。Cesium 提供了加载和渲染 gITF 模型的内置支持。还可以使用 Cesium 的 Entity API 创建图形实体，使开发人员能够在地球上放置模型并添加标记和标识符等。在 BIM 应用程序中，可以实现对模型的交互，如选择模型来查看模型属性、创建、更新、删除模型数据等。

3)构建 BIM 应用程序的用户界面

为了使用户能够轻松地在应用程序中浏览和操作 BIM 数据，需要为应用程序构建用户界面。可以使用 Cesium 的 Scene API 和 Widget API 创建自定义控件、添加 3D 视图、图层选择器、属性编辑器等。

基于 Cesium 的 BIM 可视化具有许多优点。首先，它可以提供逼真的三维体验，使用户可以真实地感受建筑物的规模、形状和外观。其次，它可以帮助用户更好地理解 BIM 数据，从而更好地协调建筑项目的各个阶段。最后，它可以提高沟通效率，因为用户可以直接在三维场景中共享信息并交流想法。

2.4.2 在线结构计算与仿真

2.4.2.1 数值仿真技术

数值仿真分析的方法有很多，如基于连续介质力学的数值模拟方法——有限单元法、边界元法、有限差分法等，基于非连续介质力学的数值模拟方法——离散元法、不连续变形分析法、数值流形法等。在实际工程应用中，有限元法理论较为成熟，应用也最为普遍。

有限单元法(Finite Element Method)又称有限元法，是应用广泛的一种结构计算分析方法，本质上属于连续介质力学体系。有限单元法的思想形成于 20 世纪 40 年代，在 1956 年航空工程飞行结构的应力分析中被完整提出。有限单元法这一名称则于 1960 年由 Clough 在其有关结构计算分析的论文中首先提出。中国对有限单元法的研究始于 20 世纪 60 年代初。在分析刘家峡大坝的应力场时，冯康教授等结合传统的差分法和能量原理，提出了一种以变分原理为基础的三角形剖分近似法，为偏微分方程求得了数值解，估计了误差，并且在严密的数学基础上证明了其收敛性和稳定性。

有限单元法分析一般包括以下三部分主要过程：①前处理：建立实体模型、离散计算区域;②有限单元分析:推导单元插值函数、单元分析、单元组装形成方程并求解;③后处理:结果输出。

(1)有限单元法基本原理

有限单元法是在连续体上直接近似计算的一种数值方法。这种方法首先将连续的求解区域离散成为有限个单元的组合体,而且这些单元之间仅在有限个节点上按不同的方式相连接,单元本身也可以有不同的形状,根据变分原理(或加权余量法)把微分方程变换成变分方程。它是通过物理上的近似,把求解微分方程问题变换成求解关于节点未知量的代数方程组的问题,通过插值函数计算出各个单元内场函数的近似值,从而得到整个求解区域上的近似解。这种近似处理方法在单元划分得足够小时,就能保证其求解精度。

由于单元很小,在一个微小的单元内,未知场函数 u 可以采用简单的代数多项式近似地表达。通常取如下的形式:

$$u = \sum_{i=1}^{m} N_i u_i \tag{2.4-1}$$

式中:$[N]$——形函数;

  $\{u_i\}$——节点处的函数值;

  m——单元的节点数目。

有限元法以所有节点处的 u 值作为基本未知量,根据求解问题的微分方程,利用变分原理,可得如下形式的有限元控制方程:

$$[K]\{U\} = \{P\} \tag{2.4-2}$$

式中:$[K]$——由各单元的特性矩阵组装的总体特性矩阵;

  $\{U\}$——所有节点的未知量组成的矢量;

  $\{P\}$——右端矢量,如荷载等。

解线性方程式(2.4-2)即可求得场函数 u 在各单元节点处的值。

有限单元法分析的过程概括起来可分为 7 个步骤:①结构的离散化;②选择位移模式;③单元分析;④计算等效结点力;⑤集成总体平衡方程;⑥引入边界条件,修正总体平衡方程;⑦解方程得未知量。

有限单元法简单直观,物理概念清晰,对结构或系统的适应性强,计算效率较好且数值精度也较高。有限单元法可以分析形状十分复杂、非均质和各种实际的工程结构,在计算中可以模拟各种复杂的材料本构关系、荷载和条件,而且可以准确地计算出结构中各点的应力和变形分布。由于具有这些优点,因此该法较为适合处理地质构造非常复杂的水工结构与岩土工程中的实际工程问题。

(2)应力应变场分析

有限单元法把连续介质转化为离散介质(单元)的组合,各单元通过结点联系,单元内位移由结点位移用形函数插值获得,通过变分或虚功原理建立求解结点位移的联立方程,然后再用结点位移计算单元内应变,最后计算单元内应力。采用时步增量型格式,第 n 时步 t(小时,天等)的结点位移增量 $\{\Delta\delta\}_t^e$ 与单元内部位移增量 $\{\Delta u\}_t$ 为:

$$\{\Delta\delta\}_t^e = \begin{bmatrix} \Delta u_1 & \Delta v_1 & \Delta w_1 & \Delta u_2 & \Delta v_2 & \Delta w_2 \cdots \end{bmatrix}^T \tag{2.4-3}$$

$$\{\Delta u\}_t = \begin{bmatrix} \Delta u & \Delta v & \Delta w \end{bmatrix}^T \tag{2.4-4}$$

单元内部的位移增量可以由结点位移增量通过形函数插值而来:

$$\{\Delta u\}_t = [N]\{\Delta\delta\}_t^e \tag{2.4-5}$$

式中,$[N]$——单元形函数矩阵。

按小变形假定,单元内部的应变增量为:

$$\{\Delta\varepsilon\}_t = [B]\{\Delta\delta\}_t^e \tag{2.4-6}$$

按弹性理论:

$$\{\Delta\sigma\}_t = [D]\{\Delta\varepsilon\}_t = [S]\{\Delta\delta\}_t^e \tag{2.4-7}$$

式中,$[B]$——应变矩阵;

$[S]$——应力矩阵,$[S]=[D][B]$。

面力、体力等外荷按静力等效的原理分配到相关结点上:

$$\{\Delta F\}_t^e = \begin{bmatrix} \Delta F_{1X} & \Delta F_{1Y} & \Delta F_{1Z} & \Delta F_{2X} & \Delta F_{2Y} & \Delta F_{2Z} \cdots \end{bmatrix}^T$$

$$= \iiint_{\Omega_e} [N]^T\{\Delta V\}\,d\Omega + \iint_{\Gamma_e} [N]^T\{\Delta p\}\,d\Gamma + [N]^T\{\Delta q\} \tag{2.4-8}$$

式中,$[N]$——单元形函数矩阵;

$\{\Delta V\}$,$\{\Delta p\}$ 和 $\{\Delta q\}$——体力、面力和集中力增量向量。

根据虚功原理可推出平衡方程:

$$\iiint_{\Omega_e} [B]^T\{\Delta\sigma\}_t\,d\Omega = \{\Delta F\}_t \tag{2.4-9}$$

把式(2.4-7)代入单元平衡方程(2.4-9),得到单元结点力与结点位移之间的关系:

$$[k]^e\{\Delta\delta\}_t^e = \{\Delta F\}_t^e \tag{2.4-10}$$

式(2.4-10)中,单元刚度矩阵的表达式是:

$$[k]^e = \iiint_{\Omega_e} [B]^T[D][B]\,d\Omega \tag{2.4-11}$$

利用式(2.4-10)通过绕结点组合,即可给出全体结点位移增量与全体结点荷载增量的关系:

$$[K]\{\Delta\delta\}_t = \{\Delta F\}_t \tag{2.4-12}$$

式中,$[K]$——整体刚度矩阵;

$\{\Delta\delta\}_t$——整体位移向量;

$\{\Delta F\}_t$——整体荷载向量。

由式(2.4-12)解出位移增量,然后由式(2.4-6)计算各单元内部的应变增量,再由式(2.4-7)计算各单元内部应力增量。以上各量分别叠加后,即可得出在某一时步下结构的结点位移、单元应变和应力总量 $\{\delta\}_t$、$\{\varepsilon\}_t$、$\{\sigma\}_t$。

(3)渗流场分析

对渗流问题,经常求解渗流场中水头函数 h 的方程,其形式一般为 $[K]\{h\}=\{f\}$,式中,$[K]$ 为渗透矩阵;$\{h\}$ 为未知水头列向量;$\{f\}$ 为自由项列向量。这样,就以代数方程组的求解代替了原来偏微分方程的求解。这种划分单元求得的代数方程或计算公式可称为解题的离散数学模型,而原始的偏微分方程可称为基本数学模型。因此,有限单元法可概括为一种划分单元来模拟实物或场域去进行物理量分析上的近似,以计算机为工具在矩阵分析和近似计算的基础上去进行所需精度计算的数值计算方法。

有限元渗流场分析的实施步骤如下:

①将概化的偏微分方程的定解问题化为相应的变分问题。

②离散化:将求解域划分为具有一定几何形状的单元 $e_1, e_2, \cdots, e_n$,进行单元编号并确定插值函数,对结点进行总体编号和单元上的局部编号并给出结点局部标号与总体编号的对应关系。

③单元分析:单元划分后,分别按单元分片插值,以单元结点水头函数值的插值函数来逼近变分泛函方程中的水头函数,得出单元上以结点水头值为未知量的代数方程组(单元有限元方程),从而导出单元渗透矩阵。

④总体渗透矩阵合成:由单元渗透矩阵合成总体渗透矩阵,并以定解条件代入,从而得出整个求解区域上的总体有限元方程。该合成过程由结点局部编号与总体编号的关系来确定。

⑤求解线性代数方程组,求解各结点的未知水头值。

⑥结果分析及其他相应所需物理量的计算。

根据达西渗透定律,x、y、z 方向的渗透流速可分别表示为:

$$\left.\begin{aligned} v_x &= -k_x \frac{\partial H}{\partial x} \\ v_y &= -k_y \frac{\partial H}{\partial y} \\ v_z &= -k_z \frac{\partial H}{\partial z} \end{aligned}\right\} \tag{2.4-13}$$

将式(2.4-13)代入式 $\dfrac{\partial v_x}{\partial x}+\dfrac{\partial v_y}{\partial y}+\dfrac{\partial v_z}{\partial z}=0$ 中有:

$$\frac{\partial}{\partial x}\left(k_x \frac{\partial H}{\partial x}\right)+\frac{\partial}{\partial y}\left(k_y \frac{\partial H}{\partial y}\right)+\frac{\partial}{\partial z}\left(k_z \frac{\partial H}{\partial z}\right)=0 \tag{2.4-14}$$

式(2.4-14)即为描述无源汇和各向异性稳定渗流场的基本微分方程。

对于各向同性渗流场,即当 $k_x = k_y = k_z = k$ 时,式(2.4-14)变为:

$$\frac{\partial^2 H}{\partial x^2} + \frac{\partial^2 H}{\partial y^2} + \frac{\partial^2 H}{\partial z^2} = 0 \qquad (2.4-15)$$

式(2.4-15)即为拉普拉斯方程。

由式(2.4-14)可得稳定渗流有限元计算公式为:

$$[K]\{h\} = \{F\} \qquad (2.4-16)$$

对于稳定渗流,基本微分方程的定解条件仅为边界条件。常见如下几类:

a. 第一类边界条件或狄克雷(Dirichlet)条件。

$$H(x,y,z) = \varphi(x,y,z) \quad_{(x,y,z) \in \Gamma_1} \qquad (2.4-17)$$

式中,Γ_1——渗流区边界;

$\varphi(x,y,z)$——已知函数;

x,y,z——边界 Γ_1 上。

b. 第二类边界条件或诺伊曼(Neumann)条件。

$$\vec{k} \cdot \frac{\partial H}{\partial \vec{n}}\bigg|_{\Gamma_2} = q(x,y,z) \quad_{(x,y,z) \in \Gamma_2} \qquad (2.4-18)$$

式中,Γ_2——具有给定流入流量的边界段;

n——Γ_2 的外法线方向。

c. 自由面和溢出面边界条件。

在自由面(Γ_3)上有:

$$\vec{k} \cdot \frac{\partial H}{\partial \vec{n}} _{\Gamma_3} = 0, H(x,y,z) _{\Gamma_3} = z(x,y) \qquad (2.4-19)$$

在溢出面(Γ_4)上有:

$$\vec{k} \cdot \frac{\partial H}{\partial \vec{n}} _{\Gamma_4} \neq 0, H(x,y,z) _{\Gamma_4} = z(x,y) \qquad (2.4-20)$$

(4)渗流—应力耦合分析

目前,对渗流—应力耦合的研究很多,然而其相互影响的定量描述上,至今尚无定论。模拟的理论方法主要有直接耦合、间接耦合。

直接耦合是建立渗流场和应力场为未知量的数学模型,通过求解达到完全耦合的目的。间接耦合则将渗流场和应力场分开计算,然后通过两场的交叉迭代达到耦合的目的。

实际工程应用中,渗流—应力耦合的计算大多采用间接耦合方法,即先进行渗流场的计算,得到渗透体积力,然后进行应力场的计算,同时读入结点的渗透体积力。计算中假定坝体不透水,上游坝面、厂房下游尾水迎水面施加水荷载,地基施加渗透荷载。

2.4.2.2 反馈分析技术

自 20 世纪 60 年代以来,计算机技术和数值计算方法的发展,为使用复杂的岩土类介质

(岩体、土体、混凝土)本构模型创造了条件。岩土类介质本构关系的研究获得了迅速发展，特别是岩土类介质弹塑性理论已成为固体力学中最活跃的领域之一，但在岩土类介质本构关系的研究中面临两大困难：一是岩土类介质本身固有的复杂性；二是工程应用中要求模型的简单性，两者相悖并制约着岩土类介质本构关系研究的进展。输入参数和材料本构模型不准确已成为岩土类介质力学理论分析和数值模拟的"瓶颈"，寻找恰当地解决这一矛盾的途径成为岩土类介质本构关系研究中的关键问题之一。

由于岩土类介质的复杂性、不确定性，而传统的反分析方法存在一些本质上的问题，譬如在结果依赖于初值的选取、难于进行多参数优化及优化结果易于陷入局部极值的缺点；同时，由于水利水电工程的复杂性，所涉及的工程地质条件及岩体特性参数是不完全定量的，难以用确定的数学模型加以描述。为了解决这些问题，使反分析研究更具活力及实用性，基于人工神经网络、遗传算法等优化方法的岩土类介质力学智能反分析的研究也就应运而生。

(1)位移反分析技术

反馈分析中很重要的一步就是反演分析，反演分析方法有逆反分析法和正反分析法两种。逆反分析法程序编制烦琐，普遍适用性不强，通常仅适合于线性问题的反演计算。正反分析法采用给定参数试探值的方法，通过多次迭代运算，用误差函数的优化技术求得参数的最佳值。正反分析法具有较广泛的适用性，可用于线性、非线性反分析及比较复杂的模型结构，但计算量较大。

现场实测到的位移带有丰富的信息，它反映了岩土类介质的力学性质及各种因素的综合作用，可表示如下：

$$\{u\} = \{f(x)\} \tag{2.4-21}$$

式中，x ——未知量，如 $\sigma,\tau,\mu,E,c,\varphi,\eta,t$ 等参数，σ、τ 为地应力分量，E、μ 为岩体的泊松比、弹性模量，c、φ 为岩体的内聚力、内摩擦角，η、t 为岩体的黏滞系数、时间；

$\{u\}$ ——位移监测值；

从式(2.4-21)可知，位移是力学性质参数的函数，根据现场的实测位移，运用理论分析的方法来确定力学参数、应力以及边界条件等，为理论分析在工程中的应用提供符合实际的基本参数，即位移反分析方法。

反分析的目标是要寻找式(2.4-21)的解。为此，可建立监测值与模拟值间的误差目标函数：

$$\varphi(x) = (u_i - f_i(x))(u_i - f_i(x)) \qquad (i=1,2,\cdots,n) \tag{2.4-22}$$

求最优解 x^*，即为目标函数(2.4-22)的最小值。根据函数极值条件，若 x^* 是所求最小值，则必须满足：

$$\frac{\partial \varphi(x)}{\partial x_j} = -2(u_i - f_i(x))\frac{\partial f_i(x)}{\partial x_j} \tag{2.4-23}$$

对于整个研究对象，该问题的目标函数为：

$$\varphi(x) = \sum_{i=1}^{n} \left[u_i - g_i(x) \right]^2 \qquad (2.4\text{-}24)$$

式中，n——测点个数；

u_i——第 i 测点的位移监测值；

$g_i(x)$——第 i 测点的位移数值模拟值。

但是，对于材料非线性或几何非线性问题，由于不能直接给出 $f(x)$ 的解析表达式，欲求式(2.4-23)的解析解是不可能的，而需要采用数值计算方法根据式(2.4-24)进行迭代计算直到给定误差限值为止，即正反分析法。

因此，参数反演问题就变成了优化的问题。研究表明，神经网络方法和遗传算法是非常有效的工具。

（2）人工神经网络方法

求解式(2.4-24)的最小值这样的优化问题，目前常采用的最优化方法有最小二乘法、单纯形法、罚函数法、Powell 法及复合形法。这些方法都可用于线性及非线性问题的反分析，适用范围较为广泛。其主要缺点表现在：通常需要给出待定参数的试探值或分布区间；计算工作量大；解的稳定性差，易陷入局部极小值，特别是待定参数的数目较多时，收敛速度缓慢，不能保证搜索到全局最优解。随着人工神经网络理论的发展，其在岩土工程和水利水电工程中的应用越来越受到人们的关注。由于人工神经网络（Artificial Neural Network，ANN)具有特有的自组织、自适应、自学习、联想记忆、高度容错、并行处理能力、高度非线性映射能力等，因此基于人工神经网络的反分析优化方法可以较好地解决多参数的反分析问题。它采用类似于"黑箱"的方法，通过学习和记忆，建立输入变量与输出变量之间的非线性关系。

将结合均匀设计及人工神经网络方法建立力学参数的联合位移反分析模型。运用人工神经网络模型对岩体力学参数进行反分析，可以使"反问题"的求解大大简化，非常方便、有效。

在当今众多的神经网络学习算法中，由 Rumelhant 和 McCulland 等组成的 PDP 小组(Parallel Distributed Processing)于 1986 年提出的反向误差传播算法（Back-Propagation)，即 BP 算法已成为目前应用最为广泛的一种算法。BP 不仅是一种新的有力的算法，而且它打破了 Minskey 在 *Perception* 一书中对多层监控式学习算法提出的悲观论调，有力地推动了神经网络理论的发展及其在模式识别问题、非线性映射问题（如函数逼近、预测问题）等方面的应用，使神经网络的研究进入一个新的阶段。

1)BP 网络结构

神经网络是由大量的神经元互连而成的网络。BP 网络是指在由非线性传递函数神经元构成的神经网络中采用误差反传算法作为其学习算法的一种前馈网络。BP 网络是一种较特殊的非线性映射方法。它是通过一元函数的多次复合来逼近多元函数的非线性映射方法。该方法具有良好的数学基础。

BP 网络是一种多层前馈网络,通常由输入层、若干隐含层和输出层构成,层与层之间的神经单元采用全互联的连接方式,每层内的神经元之间没有连接。其基本结构见图 2.4-23。

在图 2.4-23 中,x_k 表示输入层的输入;V_j 表示隐含层的输出;y_i 表示输出层的输出;w_{jk} 表示从输入层单元到隐含层单元的连接权;w_{ij} 表示从隐含层单元到输出层单元的连接权;N、L、M 分别表示输入层单元、隐含层单元和输出层节点的数量。

图 2.4-23 给出的是一个具有一个输入层、一个隐含层和一个输出层的前向式三层网络结构。各层有多个单元(神经元),各相邻两层之间单方向互连。一般而言,隐含层可以是单层,也可以是多层。隐含层较多,则只需较少次数的权值调整,网络就能学到样本的知识,并以权值分布的形式贮存起来。但隐含层多时,需要调整的权值个数就大幅度增加,对于现在使用的串行处理计算机来说,网络的学习会占用更多的机时,由于人们已从理论上证明,只要一个隐含层有足够多的节点,就可达到所需的识别精度。

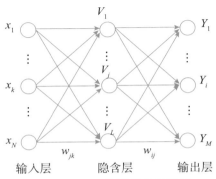

图 2.4-23　BP 网络结构示意图

2)BP 网络学习算法

神经元的传递函数一般为 Sigmoid 函数,表达式如下:

$$f(x) = \frac{1}{1 + e^{-x}} \tag{2.4-25}$$

S 函数具有可微分性,接近生物神经元的信号输出形式。其微分为:

$$f'(x) = f(x)[1 - f(x)] \tag{2.4-26}$$

BP 算法的学习过程由正向传播和反向传播组成。在正向传播中,输入信息从输入层经过隐含层作用函数的作用传向输出层,每一层的神经元的状态只影响到下一个神经元的状态。如果输出信号与期望输出信号有差别,则误差信号沿着原来的线路返回,通过修改神经网络连接权重,使得输出误差信号最小,即网络输出值与期望输出值之间误差最小。隐含单元与外界没有直接联系,但隐含单元的结构和状态影响输入输出之间的关系。

设有 P 个学习样本:

$$S = \{s_1, s_2, \cdots, s_u, \cdots, s_p\} \tag{2.4-27}$$

$$s = (x_1, x_2, \cdots, x_k, \cdots, x_N; y_1, y_2, \cdots, y_k, \cdots, y_m) \tag{2.4-28}$$

对给定的某个样本点,输入层单元的输入、输出分别为 $h_k = x_k$、$o_k = h_k$;隐含层单元的输入、输出分别为 $h_j = \sum\limits_{k=1}^{N} W_{jk} \cdot o_k - \theta_j$、$o_j = f(h_j)$;输出层单元的输入、输出分别为 $h_i = \sum\limits_{j=1}^{L} W_{ij} \cdot o_j - \theta_i$、$o_i = f(h_i)$。其中,$\theta_j$,$\theta_i$ 分别为输入单元 j 及输出单元 i 的阈值;f 为节点的激励函数。

通常,把阈值也写入连接权中,$W_{j0} = \theta_j$,x_0,$W_{i0} = \theta_i$,$V_0 = -1$,则

隐含层单元的输入为:

$$h_j = \sum_{k=1}^{N} W_{jk} \cdot o_k \tag{2.4-29}$$

输出层单元的输入为:

$$h_i = \sum_{j=1}^{L} W_{ij} \cdot o_j \tag{2.4-30}$$

误差函数(能量函数)的平方和写为:

$$E = \frac{1}{2} \sum_{i=1}^{M} (y_i - o_i)^2 \tag{2.4-31}$$

网络学习的目的,就是不断调整网络中的权值与阈值,使误差函数 E 趋于最小。E 相当于定义在权重 W_{jk} 构成高维空间上的一个函数,求 E 的最小值的过程也就是求一个无约束优化问题,可以用非线性规划中的最速下降法,使权重向量 W_{jk} 沿着误差函数 E 负梯度方向改变。

$$W_{jk}(n+1) = W_{jk}(n) + \eta\left(-\frac{\partial E}{\partial W_{jk}(n)}\right) \tag{2.4-32}$$

式中,η——学习率。

由于最速下降的特性只在 $W_{jk}(n)$ 的局部,因此 η 原则上来说应取得尽量小。但如果 η 太小,对 W_{jk} 的调整量就会很小,导致学习时间的增加。为使 η 的选取较容易一些,同时加快反传算法的收敛速度,可增加一惯性项,用 n 步之前的修正量对第 n 步的修正进行综合。修正量表示为:

$$\Delta W_{jk}(n+1) = \eta\left(-\frac{\partial E}{\partial W_{jk}(n)}\right) + \alpha \Delta W_{jk}(n-1) \tag{2.4-33}$$

式中;η、α——学习率和动量因子,一般取值范围均在$(0,1)$上。η 大,收敛快,但不稳定,可能出现振荡;η 小,收敛缓慢,需花费较长的学习时间。α 的作用与 η 正好相反。

由式(2.4-33),则式(2.4-32)可改写为:

$$W_{jk}(n+1) = W_{jk}(n) + \eta\left(-\frac{\partial E}{\partial W_{jk}(n)} + \alpha \Delta W_{jk}(n-1)\right) \tag{2.4-34}$$

而

$$-\frac{\partial E}{\partial W_{jk}} = -\frac{\partial E}{\partial h_j}\frac{\partial h_j}{\partial W_{jk}} = -\frac{\partial E}{\partial h_j}o_k = \left(-\frac{\partial E}{\partial o_j}\frac{\partial o_j}{\partial h_j}\right)o_k = \left(-\frac{\partial E}{\partial o_j}\right)f'(h_j)o_k \tag{2.4-35}$$

$$-\frac{\partial E}{\partial o_j} = -\sum_{i=0}^{M}\frac{\partial E}{\partial h_i}\frac{\partial h_i}{\partial o_j} = \sum_{i=0}^{M}\left(-\frac{\partial E}{\partial h_i}\right)\frac{\partial}{\partial o_j}\sum_{j=0}^{L}W_{ij}o_j = \sum_{i=0}^{M}\left(-\frac{\partial E}{\partial h_i}\right)W_{ij} = \sum_{i=0}^{M}\delta_i W_{ij}$$

(2.4-36)

$$\delta_i = -\frac{\partial E}{\partial h_i} \qquad (2.4-37)$$

由式(2.4-35)至式(2.4-37)可得:

$$\delta_j = f'(h_j)\sum_{i=0}^{M}\delta_i W_{ij} \qquad (2.4-38)$$

又

$$\delta_i = -\frac{\partial E}{\partial h_i} = -\frac{\partial E}{\partial o_i}\frac{\partial o_i}{\partial h_i} \qquad (2.4-39)$$

其中

$$\frac{\partial E}{\partial o_i} = -(y_i - o_i) \qquad (2.4-40)$$

$$\frac{\partial o_i}{\partial h_i} = f'(h_i) \qquad (2.4-41)$$

因此,

$$\delta_i = (y_i - o_i)f'(h_i) \qquad (2.4-42)$$

由

$$f(h_i) = \frac{1}{1+\mathrm{e}^{-h_i}} = o_i \qquad (2.4-43)$$

易得

$$f'(h_i) = f(h_i)(1-f(h_i)) = o_i(1-o_i) \qquad (2.4-44)$$

于是有

$$\delta_i = (y_i - o_i)o_i(1-o_i) \qquad (2.4-45)$$

对输出层可直接得

$$W_{ij}(n+1) = W_{ij}(n) + \eta(y_i - o_i)o_i(1-o_i) + \alpha\Delta W_{ij}(n-1) \qquad (2.4-46)$$

以上构成了 BP 网络完整的回传学习算法。

3)BP 网络的训练过程

从输入到输出的实现,需对网络进行训练,其训练过程如下:

①输入、输出样本的基化,即将样本的输入输出参数转化至[0,1];

②用计算机产生[-1,1]之间的随机数给权值赋初值;

③将样本中的自变量赋予输入层相应的节点,依权值和激励函数的作用在输出节点算得网络的输出值;

④计算网络输出值与期望值之间的均方差,即 BP 网络能量函数值;

⑤从输出层开始,将误差反向传播至第一层,按梯度法修正权值,转到第③步重新计算。

重复上述步骤,直至能量函数满足给定误差 ε 为止,即

$$E = \frac{1}{2}\sum_{i=1}^{M}(y_i - o_i)^2 \leqslant \varepsilon \tag{2.4-47}$$

此时的权值即为网络经过学习得到的值。

从上面的学习过程可以知道,误差反传算法学习分为两个阶段。第一阶段,对于给定的网络输入,在现有网络结构和网络权重的情况下将其正向传播;第二阶段,通过求解期望输出和实际输出之间的误差,将误差沿网络反方向传播,来调整网络连接权向量。网络一旦训练完,便可采用训练好的网络进行预测。

(3)遗传算法

遗传算法是模拟生物在自然环境中的遗传和进化过程而形成的一种自适应全局优化概率搜索算法。它最早由美国密执安大学的 Holland 教授提出,起源于 20 世纪 60 年代对自然和人工自适应系统的研究。70 年代,De Jong 基于遗传算法的思想在计算机上进行了大量的纯数值函数优化计算实验。在一系列研究工作的基础上,80 年代由 Goldberg 进行归纳总结,形成了遗传算法的基本框架。

1)遗传算法的总思路及运算过程

遗传算法的出现,为求解目标函数式(2.4-24)最小值的最优解或近似最优解提供了一个有效的新途径和通用框架,开创了一种新的全局优化搜索算法。

遗传算法中,将 n 维决策向量 $X = [x_1, x_2, \cdots, x_n]^T$ 用 n 个记号 $X_i (i=1,2,\cdots,n)$ 所组成的符号串来表示,即 $X = X_1 X_2 \cdots X_n \Rightarrow X = [x_1, x_2, \cdots, x_n]^T$。

如把每一个 X_i 看作一个遗传基因,它的所有可能取值称为等位基因,则 X 就可看作是由 n 个遗传基因所组成的一个染色体。一般情况下,染色体的长度 n 是固定的,但对一些问题 n 也可以是变化的。最简单的等位基因是由 0 和 1 这两个整数组成的,相应的染色体就可表示为一个二进制符号串。这种编码所形成的排列形式 X 是个体的基因型,与它对应的 X 值是个体的表现型。通常个体的表现型和其基因型是一一对应的关系。染色体 X 也称为个体 X,对于每一个个体 X,要按照一定的规则确定出其适应度。个体的适应度与其对应的个体表现型 X 的目标函数值相关联,X 越接近于目标函数的最优点,其适应度越大;反之,其适应度越小。

遗传算法中,决策变量 X 组成了问题的解空间。对问题最优解的搜索是通过对染色体 X 的搜索过程来进行的,从而由所有的染色体 X 就组成了问题的搜索空间。

生物的进化是以集团为主体的,遗传算法的运算对象是由 M 个个体所组成的群体。与生物一代一代的自然进化过程相类似,遗传算法的运算过程也是一个反复迭代的过程,第 t 代群体记做 $P(t)$,经过一代遗传和进化后,得到第 $t+1$ 代群体记做 $P(t+1)$。这个群体不断地经过遗传和进化操作,并且每次都按照优胜劣汰的规则将适应度较高的个体更多地遗传到下一代,这样最终在群体中将会得到一个优良的个体 X,它所对应的表现型 X 将达到

或接近于问题的最优解 X^*。

生物的进化过程主要是通过染色体之间的交叉和染色体的变异来完成的。与此相对应,遗传算法中最优解的搜索过程也模仿生物的这个进化过程,使用所谓的遗传算子作用于群体 $P(t)$ 中,进行遗传操作,从而得到新一代群体 $P(t+1)$。

无论采取什么样的编码方法和遗传算子的遗传算法,其运算过程都存在一个共同特点"通过对生物遗传和进化过程中的选择、交叉、变异的模仿,来完成对问题最优解的自适应搜索"。基于这个共同特点,Goldberg 总结出了一种统一的最基本的遗传算法。基本遗传算法只使用选择算子、交叉算子和变异算子这三种基本遗传算子。基本遗传算法的运算过程见图 2.4-24。

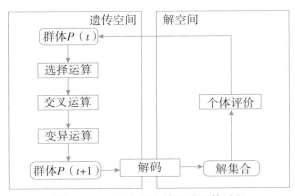

图 2.4-24　基本遗传算法的运算过程

由图 2.4-24 可以看出,基本遗传算法的主要运算过程可归纳为:

①初始化,设置进化代数计数器 $t \leftarrow 0$、最大进化代数 T,随机生成 M 个个体作为初始群体 $P(0)$;

②个体评价,计算群体 $P(t)$ 中各个个体的适应度;

③选择运算,将选择算子作用于群体;

④交叉运算,将交叉算子作用于群体;

⑤变异运算,将变异算子作用于群体,群体 $P(t)$ 经过选择、交叉、变异运算之后得到下一代群体 $P(t+1)$;

⑥终止条件判断,若 $t \leqslant T$,则 $t \leftarrow t+1$,转到②,若 $t > T$,则以进化过程中所得到的具有最大适应度的个体作为最优解输出,终止计算。

2)编码

在遗传算法中,它仅对表示可行解的个体编码进行选择、交叉、变异等遗传操作而达到优化的目的。由于二进制编码方法具有编码、解码操作简单易行,交叉、变异等遗传操作便于实现,符合最小字符集编码原则等优点,因此在遗传算法的应用中,大多采用二进制编码。反演时,可先根据工程经验确定荷载或岩体力学参数的可能取值范围,再采用二进制编码方法进行编码,于是每个荷载或力学参数都可以用一个二进制串来表示。将同组中的荷载或力学参数二进制串联起来,便得到一个完整的子串,即可构成遗传算法空间中的染色体 X。

譬如,x 表示一个反演变量,其取值范围为 $\{a,b\}$,设二进制编码与实际变量的最大误差为 e,则 x 子串长度 n 的取值由下式并根据需要确定。

$$n > \log_2(b-a) \tag{2.4-48}$$

当子串全为 0 时对应 a;当子串全为 1 时对应 b;其他情况下子串 $a_1,a_2,\cdots,a_n$ 将对应 $\{a,b\}$ 范围的一个数,可表示为:

$$X = a + a_1\frac{b-a}{2} + a_2\frac{b-a}{2^2} + \cdots + a_n\frac{b-a}{2^n} \tag{2.4-49}$$

3)适应度函数

由遗传算法基本理论可知,适应度是用来度量群体中各个个体在优化计算中有可能达到或接近于或有助于找到最优解的优良程度。适应度较高的个体遗传到下一代的概率就较大;而适应度较低的个体遗传到下一代的概率就相对较小。度量适应度的函数就称为适应度函数。

对于式(2.4-24),φ 值越小,越接近最优解,个体适应度将越高。将 φ 乘以 -1 后再作为个体的适应度,则适应度函数可定义为:

$$f = -\varphi(x) \tag{2.4-50}$$

4)遗传算子

完成遗传操作功能的遗传算子是遗传算法的核心。它包括选择、交叉和变异三个基本算子。

①选择算子。

遗传算法根据适应度使用选择算子对群体中的个体进行优胜劣汰操作。完成选择操作的算子主要有比例选择算子和最优保存策略。最优保护策略保证了所得到的最优个体不被遗传操作破坏,是遗传算法收敛性的重要保证。最优保存策略的基本思想是:当前群体中适应度最高的个体不参与交叉运算和变异运算,而是用它来替换本代群体中经过交叉、变异等遗传操作后所产生的适应度最低的个体。在每一代的进化过程中保留多个最优个体不参加交叉、变异等遗传运算,而直接将它们复制到下一代中,这种选择方法也称为稳态复制。

但最优保存策略容易使得某个局部最优个体不易被淘汰反而快速扩散,从而使得算法的全局搜索能力不强。为了克服这个缺点,可在应用最优保护策略的同时配合使用具有随机性的选择算子。因此,本书采用最优保护策略配合以随机联赛选择作为选择算子。

随机联赛选择是一种基于个体适应度之间大小关系的选择方法。其基本思想是:每次随机选取几个个体之中适应度最高的一个个体遗传到下一代中,在联赛选择中,只有个体适应度之间的大小比较运算。每次进行适应度大小比较的个体数目 N 称为联赛规模。一般情况下,N 取值为 2。其具体操作过程:从群体中随机选取 N 个个体进行适应度大小比较,将高的个体遗传到下一代。将上述过程重复 M 次,就可得到下一代群体中的 M 个个体。

②交叉算子。

交配重组是生物遗传和进化过程中的一个重要环节,在遗传算法中使用交叉算子来产生新的个体。在交叉运算之前还必须先对群体中的个体进行配对,将群体中的 M 个个体以随机的方式组成配对个体组,交叉操作在这些配对个体组中的两个个体之间进行。

交叉算子的设计和实现一般与所求解的具体问题有关,要求它既不要太多地破坏个体编码串中表示优良性状的优良模式,又要能够有效地产生出一些较好的新个体模式。实践证明,均匀交叉是一种比较合适的交叉算子。

均匀交叉是指两个配对个体的每一个基因座上的基因都以相同的交叉概率 P_c 进行交换,从而形成两个新的个体。其具体操作过程如下:

a. 随机产生一个与个体编码串长度等长的屏蔽字 $W = w_1, w_2, \cdots, w_i, \cdots, w_n$,其中 n 为个体编码串长度。

b. 由下述规则从 A、B 两个父代个体中产生出两个新的子代个体 A'、B':

若 $w_i = 0$,则 A' 在第 i 个基因座上的基因值继承 A 的对应基因值,B' 在第 i 个基因座上的基因值继承 B 的对应基因值;若 $w_i = 1$,则 A' 在第 i 个基因座上的基因值继承 B 的对应基因值,B' 在第 i 个基因座上的基因值继承 A 的对应基因值。均匀交叉操作的示例见图 2.4-25。

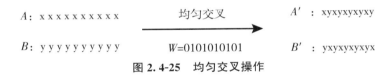

图 2.4-25　均匀交叉操作

③变异算子。

虽然变异发生的概率很小,但它仍是产生新物种的一个不可忽视的原因。常采用的变异算子主要有基本位变异和非均匀变异两种。

a. 基本位变异。

以变异概率 P_b 随机指定个体编码串中某一位或几位基因座,对其基因值作变异操作,见图 2.4-26。

图 2.4-26　基本位变异

b. 非均匀变异。

以概率 P_u 随机指定个体,对其原有基因值作一随机扰动,以扰动后的结果作为变异后的新基因值,相当于整个解向量在解空间作了一个轻微的变动。

2.4.2.3　在线分析技术

（1）开发思路和语言

在线结构计算分析的主要功能是在 Web 端实现向服务器数据传递、调用服务器计算资源、向前端传递计算结果以及结果前端可视化展示。与传统基于 Client/Server 模式的大型商用有限元软件相比，有着极大区别。商用有限元软件通过单机版的人机交互功能，能实现有限元前处理、计算分析、后处理等全套计算流程，但因软件封装等技术壁垒，除计算分析功能可通过批处理调用以外，其余前处理、后处理展示功能均无法提供相应的网页端服务，不能建立全套计算流程与 Web 浏览器的数据互访。

综合考虑大型商用有限元软件成熟度较高、前后处理不开放接口等因素，在线分析技术最终确定采用前后处理自主研发、计算分析后台调用的技术路线。基于第 5 代 HTML 标准的 WebGL 技术，确定在线分析技术各功能模块开发思路和语言如下：

1）有限元模型交互操作

该模块的目的是将后台服务器上存储的有限元网格模型，调用至 Web 端进行可视化的交互展示。模块前端页面、功能分别采用 Vue.js、Three.js 进行编写，通过 UI 设计确定界面风格，前端通过调用后台发布的 HTTP 服务接口，向后台服务请求获取对应的资源数据，后台按照收到请求参数查询数据库，并按照业务逻辑进行处理，将结果以 JSON 格式返回给前端，前端在接收到接口数据后，使用 Three.js 进行数据可视化渲染展示。

2）静动力渗流/应力/稳定分析

该模块的目的是建立服务器与浏览器之间 HTTP 通信协议，向服务器传递计算指令并自动启动当前登录用户名下的相关计算工作。在后台服务器安装大型商业有限元计算软件后，采用 Node.js 将后台服务器有限元计算打包成服务，Web 端以 HTTP 服务接口的形式驱动 DOS 批处理脚本，启动安装的大型商业有限元软件，按照用户自定义的有限元二次开发语言完成指定计算工况分析工作。计算过程中，通过 Node.js 代码不断监听后台计算进程，并完成后台计算关键进程日志在 Web 端实时显示。

3）结果展示与监测反馈对比

该模块的目的是将后台服务器上存储的有限元计算结果，或已下载至本地的计算结果，加载至 Web 端进行可视化的交互展示。模块前端页面、功能分别采用 Vue.js、Three.js 进行编写，通过 UI 设计确定界面风格，读取计算结果后全方位交互展示 2D/3D 云图、矢量以及测点监测反馈对比情况，实现自动填表和绘制相关曲线。

（2）计算机信息技术

1）HTML5

HTML5 是 Hyper Text Markup Language 5 的缩写，HTML5 技术结合了 HTML4.01 的相关标准并革新，符合现代网络发展要求，在 2008 年正式发布。HTML5 由不同的技术构成，其在互联网中得到了非常广泛的应用，提供更多增强网络应用的标准机。与传统的技术相比,HTML5 的语法特征更加明显,并且结合了 SVG 的内容。这些内容在网页中使用可以更加便捷地处理多媒体内容,而且 HTML5 中还结合了其他元素,对原有的功能进行调整和修改,进行标准化工作。HTML5 在 2012 年已形成了稳定的版本。2014 年 10 月 28 日,W3C 发布了 HTML5 的最终版。

HTML5 是构建 Web 内容的一种语言描述方式。HTML5 是互联网的下一代标准,是构建以及呈现互联网内容的一种语言方式,被认为是互联网的核心技术之一。HTML 产生于 1990 年,1997 年 HTML4 成为互联网标准,并广泛应用于互联网的开发。

HTML5 是 Web 中核心语言 HTML 的规范,用户使用任何手段进行网页浏览时看到的内容原本都是 HTML 格式,在浏览器中通过一些技术处理将其转换成为可识别的信息。HTML5 在从前 HTML4.01 的基础上进行了一定的改进,虽然技术人员在开发过程中可能不会将这些新技术投入应用,但是对于该种技术的新特性,网站开发技术人员是必须要有所了解的。

2)WebGL

WebGL(Web Graphics Library)是一种 3D 绘图协议,这种绘图技术标准允许把 JavaScript 和 OpenGL ES 2.0 结合在一起,通过增加 OpenGL ES 2.0 的一个 JavaScript 绑定,WebGL 可以为 HTML5 Canvas 提供硬件 3D 加速渲染,这样 Web 开发人员就可以借助系统显卡在浏览器里更流畅地展示 3D 场景和模型,还能创建复杂的导航和数据视觉化。显然,WebGL 技术标准免去了开发网页专用渲染插件的麻烦,可被用于创建具有复杂 3D 结构的网站页面,甚至可以用来设计 3D 网页游戏等。

WebGL1.0 基于 OpenGL ES 2.0,并提供了 3D 图形的 API。它使用 HTML5 Canvas 并允许利用文档对象模型接口。WebGL 2.0 基于 OpenGL ES 3.0,确保了提供许多选择性的 WebGL 1.0 扩展,并引入新的 API。可利用部分 Javascript 实现自动存储器管理。

WebGL 起源于 Mozilla 员工弗拉基米尔·弗基西维奇的一项称为 Canvas 3D 实验项目。2006 年,弗基西维奇首次展示了 Canvas 3D 的原型。2007 年底在 Firefox 和 Opera 被实现。在 2009 年初,非营利技术联盟 Khronos Group 启动了 WebGL 的工作组,最初的工作成员包括 Apple、Google、Mozilla、Opera 等。2011 年 3 月发布 WebGL 1.0 规范。截至 2012 年 3 月,工作组的主席由肯·罗素(Ken Russell,全名"Kenneth Bradley Russell")担任。WebGL 的早期应用包括 Zygote Body。WebGL 2 规范的发展始于 2013 年,并于 2017 年 1 月完成。该规范基于 OpenGL ES 3.0。首度实现在 Firefox 51、Chrome 56 和 Opera 43 中。

WebGL 和 3D 图形规范 OpenGL、通用计算规范 OpenCL 一样来自 Khronos Group,而且免费开放,并于 2010 年上半年完成并公开发布。Adobe Flash Player 11、微软 Silverlight 3.0 也都已经支持 GPU 加速,但它们都是私有的、不透明的。WebGL 标准工作组的成员包括 AMD、爱立信、谷歌、Mozilla、Nvidia 以及 Opera 等。这些成员会与 Khronos 公司通力合作,创建一种多平台环境可用的 WebGL 标准,WebGL 标准在 2011 年上半年首度公开发布,该标准完全免费对外提供。

WebGL 完美地解决了现有的 Web 交互式三维动画的两个问题:第一,它通过 HTML

脚本本身实现 Web 交互式三维动画的制作,无须任何浏览器插件支持;第二,它利用底层的图形硬件加速功能进行的图形渲染,是通过统一的、标准的、跨平台的 OpenGL 接口实现的。

目前,支持 WebGL 的浏览器有:Firefox 4+,Google Chrome 9+,Opera 12+,Safari 5.1+,Internet Explorer 11+和 Microsoft Edge build 10240+;然而,WebGL 一些特性也需要用户的硬件设备支持。WebGL 2 API 引入了对大部分的 OpenGL ES 3.0 功能集的支持。它是通过 WebGL2RenderingContext 界面提供的。

3)Vue.js

Vue.js 是一款用于构建用户界面的 JavaScript 框架。它基于标准 HTML、CSS 和 JavaScript 构建,并提供了一套声明式的、组件化的编程模型,帮助开发者高效地开发用户界面。

Vue.js 是一套构建用户界面的渐进式框架。与其他重量级框架不同的是,Vue 采用自底向上增量开发的设计。Vue 的核心库只关注视图层,并且非常容易学习,非常容易与其他库或已有项目整合。另外,Vue 完全有能力驱动采用单文件组件和 Vue 生态系统支持的库开发的复杂单页应用。

Vue.js 的目标是通过尽可能简单的 API 实现响应的数据绑定和组合的视图组件。Vue.js 自身不是一个全能框架——它只聚焦于视图层。因此它非常容易学习,非常容易与其他库或已有项目整合。另外,在与相关工具和支持库一起使用时,Vue.js 也能驱动复杂的单页应用。

4)Three.js

Three.js 是一个对 WebGL 进行封装的 3D JavaScript 库,提供了丰富的可供调用的接口,用户可以利用简单的代码实现复杂的三维图形展示,并可以使用场景(Scene)、渲染器(Render)、相机(Camera)、物体(Object)、光源(Light)等对象开发网页版端的三维场景和效果。

5)Node.js

Node.js 是一个基于 Chrome V8 引擎的 JavaScript 运行环境,随着基于 B/S 架构前后端分离的项目开发模式流行,Node.js 也成为各技术栈的核心,可方便地建立前端网页与后端服务器的通信。

2.5 智能监测系统

2.5.1 数据标准

2.5.1.1 数据类别

按照数据类别区分,智能监测系统涉及的数据可以分为关系型数据和非关系型数据两大类,结构化数据即常说的属性表格数据(安全监测数据、水文水情监测数据、地质灾害监测数据等),非结构化数据主要是空间数据(矢量、栅格、三维地形模型)、建筑物模型、照片、视频,和以 Word、pdf、Excel 形式保存的设计文档、以 AutoCAD(.dwg/.dxf)等形式保存的各类设计图纸。

按照数据的存储方式不同,分为关系型数据库与文件型数据库,即智能监控系统的数据存储在逻辑上可分为两类:结构化数据(库)、分布式文件系统。

(1)关系型数据(结构化数据)

1)基本信息

包括工程基本信息、基础地质信息、安全监测基本信息、环境量及专项监测基础信息、大坝安全管理基本信息等。

2)监测监控信息

包括安全监测测点信息、环境量及专项监测信息、其他监测监控结构化信息等。

3)管理信息

包括安全监测管理业务信息、大坝安全管理结构化信息等。

4)其他结构化数据

包括报送数据、系统管理信息等。

(2)非关系型数据(地理数据和三维模型数据)

1)空间地理数据库

空间地理数据采用关系型数据与空间数据引擎结合的方式进行存储与管理,根据空间数据类型及比例尺的不同建立不同的数据集,地形及影像数据采用水平分区的方式进行组织,基础地理要素及专题地理要素采用水平分区垂直分层的方式进行组织管理。

2)三维模型

对于大规模的三维地形地质模型,建立"横向分块、纵向分级"的 LOD 模型,并对每一层中的各数据块进行编号,通过层号和数据块号可以确定唯一的分块数据,实现对地形地质模型数据结构化和分区索引。

建筑物 BIM 模型。在逻辑结构上,按照建筑物类别组织成一个树状结构,在关系数据库存储模型的元数据信息,如模型编号、名称、类型、存储路径、缩放比例等信息。

设施设备 BIM 模型。设施设备 BIM 模型的组织方式与建筑物 BIM 模型相同。

(3)非关系型数据(文档数据)

文档资料数据为非结构化数据,采用分布式文件系统进行存储管理并在关系型数据库中存储文件基本信息。

2.5.1.2　数据标准化要求

(1)数据库表设计标准及规范

1)指标项的描述方法

指标体系由一系列指标项构成。每一项指标通过以下几个属性来描述:

①指标名称:为指标项赋予的一个语言指称。

②字段名:指标在应用系统中所使用的名称。

③数据类型及格式:指标的允许取值遵循的数据类型和应用格式。

④代码标识符:对于有代码的指标项,指标所使用的代码的索引号。

⑤数据元标识符:指标所对应和遵循的数据元的索引号。

2)指标项名称命名规则

指标名称是指标项的一个关键属性,在对每一个指标命名时采用相同的规则,来保证指标名称的一致性和合理性。

3)字段名命名规则

字段名遵循国家级行业相关标准和规范。

(2)典型样表表结构设计

以工程地质数据库中的工程设置类表结构为例,列举典型样表表结构设计(图2.5-1):

工程地质设置类数据库包括工程基本信息、工程区基本信息、地层信息、岩性信息及其他基本信息等。

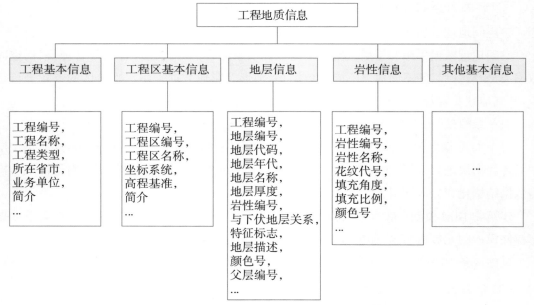

图 2.5-1　典型样表表结构设计(工程地质信息结构化)

2.5.2　系统架构

智能监测系统作为安全监测业务的一体化平台,应综合考虑大坝安全监测管理多业务、多应用、多用户、多终端的情况,从信息集成、统一入口访问、个性化应用、业务协作处理、信息共享、高效部署业务、系统安全等方面统一考虑系统的构架,以便使系统具有更强的适应能力,能方便、快捷地构建专业应用,总体架构见图2.5-2。

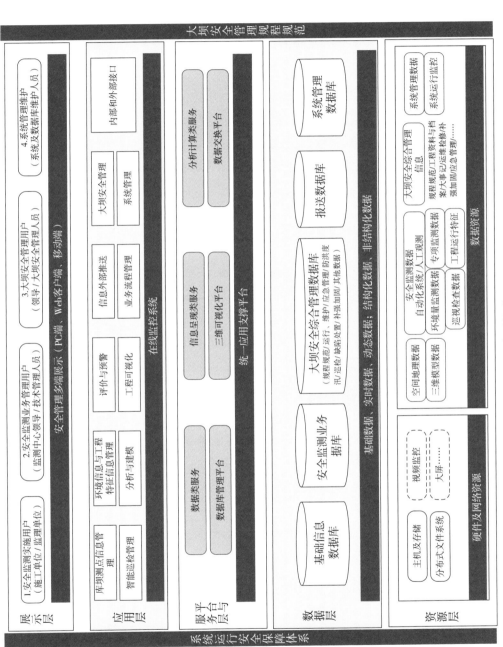

图2.5-2　系统总体架构

2.5.2.1 资源层

（1）硬件及网络资源

包括硬件设施（服务器、分布式文件系统集群、存储系统等）、网络设备、安全设施、视频监控等。利用大屏等显示设备增强系统的二、三维展示效果。

（2）数据资源

包括空间地理数据、三维模型数据，和起定位作用的工程图件等；安全监测数据、环境量监测数据、专项监测数据、巡视检查数据、视频监控数据等；大坝安全综合管理数据，包括规程规范，技术资料与档案，运维、检修信息，缺陷处理、补强加固信息，应急管理信息，定检、注册信息等；其他数据包括系统管理数据和系统运行监控数据等。

2.5.2.2 数据层

数据层主要包括 5 个数据子库。

（1）基础信息数据库

包括工程概况及工程特性基本信息、工程地质概况、气象基本信息、水文泥沙基本信息、地震基本信息、地质灾害基本信息等。空间地理数据库，即基础地理数据、专题地理数据、三维模型数据等。

安全监测图库包括工程平面布置、建筑物剖面图、地质剖面图等。

（2）安全监测业务数据库

日常监测数据包括安全监测数据、环境量监测数据、专项监测数据、安全监测巡视检查数据等。安全监测数据包括外部变形、内部变形、渗流渗压、应力应变等。

环境量监测数据包括大坝上下游水位、气温、降水量、出入库流量等。

专项监测数据包括强地震、地质灾害。

工程运行特征参数：闸门启闭及操作等，船闸充泄水、升船机运行信息；巡检数据包括安全监测巡检数据等。

安全监测管理数据包括：监测设施检查、运行、维护记录，重要监测项目（点）安全监控值，监测数据缺测、异常记录及说明，监测点封存、停测、报废状态信息。

安全监测模型方法库：包括用于安全监测数据分析评价的常规模型等。

（3）大坝安全综合管理数据库

管理信息包括规程规范管理、技术资料与档案、组织机构及人员管理、工程大事记管理、设施设备及水工结构管理、工程缺陷与隐患管理、巡检信息管理、检修维护信息管理、补强加固信息管理、防洪度汛信息管理、应急管理信息管理、定检、注册信息管理等。

（4）报送数据库

为了满足向国家能源局大坝中心、信息中心等机构报送资料和监测信息设置的共享资源库。例如,向大坝中心报送的大坝运行安全信息分为日常信息、年度报告、专题报告三类;向信息中心报送的水能利用信息包括大坝状态监测数据、流域地质灾害监测数据、其他水能利用信息等。

(5)系统管理数据库

包括系统管理数据(用户权限、系统日志等)和系统运行监控数据。

2.5.2.3　平台与服务层

基础平台包括数据库管理平台(DBMS)、三维可视化平台(3D GIS)、数据交换平台,和其他应用支撑平台。

数据类服务包括通用文档预览及检索,监测数据服务、综合管理数据服务等;信息呈现类服务包括二、三维可视化服务,监测设施布置图、断面图,监测数据过程线图、分布图、相关图等,图表服务、报表服务等;分析计算类服务包括安全监测专业分析及评价模型服务等。

2.5.2.4　应用层

应用层的子系统包括测点信息管理、智能巡检管理、环境信息与工程特征信息管理、分析与建模、评价与预警、工程可视化、信息外部推送、业务流程管理、综合信息管理、系统管理、三峡集团内部和外部接口等。

2.5.2.5　展示层

实现安全监测监控信息的多端访问,及 PC 端、Web 客户端、移动客户端,实现直观的二、三维可视化展示。

系统的用户包括安全监测实施用户(监测实施单位、监理单位)、安全监测业务管理用户、大坝安全管理用户、系统管理维护用户 4 类。

2.5.3　主要功能

建立智能监测系统或平台,为大坝安全监测实施单位、监理单位、大坝运行安全管理单位,和大坝安全监督管理单位等多方提供协作的工作平台,提高大坝安全管理工作的整体水平和工作效率。智能监测系统主要功能模块见图 2.5-3。

(1)信息采集、上报

通过空天地一体化监测手段,借助相关监测物联感知设备,实现监测数据的快速、及时的采集。

(2)信息校核、入库

基于采集的监测数据,结合监测数据上报、审核等流程,存储为结构化、非结构化、空间数据库,形成测值库、成果库及整编库。

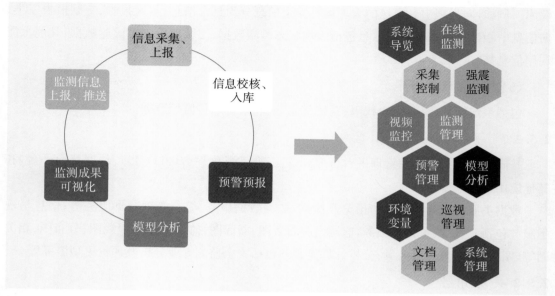

图 2.5-3　智能监测系统主要功能模块

（3）预警预报

基于历史、实时监测数据,构建预报模型,开展短中期监测预报;建立预警指标,构建预警模型,开展数据成果的预警。

（4）模型分析

实现监测数据的专项计算、数据整理、分析模型等功能,提供丰富的数据治理和模型,提升监测数据分析的效率、大坝安全性态的实时认知能力及准确性。

（5）监测成果可视化

建立工程周边环境及内外部三维模型,融合 GIS 和 BIM 成果,构建一体化的立体三维场景。结合安全监测业务,提供状态可视、预警可视、预报可视、巡检可视、监测方案可视等可视化功能。

（6）监测信息上报、推送

按照监测信息上报要求,融合信息流转的业务流程,提供信息上报、审核等功能,实现监测信息成果的自动化上报。

2.5.4　系统安全

智能监测系统的建设不仅关系到信息系统本身的稳定运行,还关系其他部门业务系统的稳定运行,因此它的网络、主机、存储备份设备、系统软件、应用软件等部分应该具有极高的可靠性;同时为保障用户数据信息,维护用户合法权益,系统应建立良好的安全策略、安全手段、安全环境及安全管理措施。

根据《关于信息安全等级保护工作的实施意见》(公通字〔2004〕66 号)、《信息安全等级保护管理办法》(公通字〔2007〕43 号)、《信息安全等级保护评估指南》等国家信息系统安全等级保护相关要求,构建信息安全防护体系。

2.5.4.1　等级保护原则

(1)明确责任,共同保护

通过等级保护,组织和动员国家、法人和其他组织、公民共同参与信息安全保护工作;各方主体按照规范和标准分别承担相应的、明确具体的信息安全保护责任。

(2)依照标准,自行保护

国家运用强制性的规范及标准,要求信息和信息系统按照相应的建设和管理要求,自行定级、自行保护。

(3)同步建设,动态调整

信息系统在新建、改建、扩建时应当同步建设信息安全设施,保障信息安全与信息化建设相适应。因信息和信息系统的应用类型、范围等条件的变化及其他原因,安全保护等级需要变更的,应当根据等级保护的管理规范和技术标准的要求,重新确定信息系统的安全保护等级。

(4)指导监督,重点保护

国家指定信息安全监管职能部门通过备案、指导、检查、督促整改等方式,对重要信息和信息系统的信息安全保护工作进行指导监督。

2.5.4.2　基本内容

根据《关于信息安全等级保护工作的实施意见》,信息和信息系统的安全保护等级共分五级:

(1)第一级为自主保护级

适用于一般的信息和信息系统,其受到破坏后,会对公民、法人和其他组织的权益有一定影响,但不危害国家安全、社会秩序、经济建设和公共利益。

(2)第二级为指导保护级

适用于一定程度上涉及国家安全、社会秩序、经济建设和公共利益的一般信息和信息系统,其受到破坏后,会对国家安全、社会秩序、经济建设和公共利益造成一定损害。

(3)第三级为监督保护级

适用于涉及国家安全、社会秩序、经济建设和公共利益的信息和信息系统,其受到破坏后,会对国家安全、社会秩序、经济建设和公共利益造成较大损害。

（4）第四级为强制保护级

适用于涉及国家安全、社会秩序、经济建设和公共利益的重要信息和信息系统，其受到破坏后，会对国家安全、社会秩序、经济建设和公共利益造成严重损害。

（5）第五级为专控保护级

适用于涉及国家安全、社会秩序、经济建设和公共利益的重要信息和信息系统的核心子系统，其受到破坏后，会对国家安全、社会秩序、经济建设和公共利益造成特别严重损害。

2.5.4.3　实施策略

（1）等级保护的实施流程

等级保护的实施主要分为五个环节，即定级、备案、安全建设整改、等级测评和监督检查。其中，定级和备案是信息安全等级保护的首要环节，可以梳理各信息系统类型、重要程度和数量等，确定信息安全保护的重点。安全建设整改是信息安全等级保护工作落实的关键，目的是使不同等级的信息系统达到相应等级的基本保护能力，从而提高重要信息系统整体防护能力。等级测评工作的主体是第三方测评机构，目的是检验和评价信息系统的安全建设整改工作成效，判断安全保护能力是否达到相关要求。监督检查工作的主体是信息安全职能管理部门，通过定期的监督、检查和指导，保障重要信息安全保护能力的不断提高。

一般来讲，信息系统定级工作应该按照"用户初步定级、专家评审、主管部门审批、公安机关审核"的原则进行。

1）信息系统的定级、备案

在等级保护工作实施过程中，存在着一些关键的工作环节。首先是业务系统的定级工作，如果对业务系统的安全级别定不准，会使系统备案、建设整改、等级测评工作都失去针对性。因此准确定级，是开展后续整改和测评工作的基础。实施定级工作应重点参考《信息安全技术　信息系统安全等级保护定级指南》（GB/T 22240—2008）的相关要求进行，目前三峡集团相关信息系统所定级别一般为二级和三级。按照等级保护实行属地管理的原则，对于第二级以上的信息系统，应按照《信息安全等级保护备案实施细则》（公信安〔2007〕1360号）到当地公安部门办理备案手续，只有先定级备案，方可开展安全建设整改。

2）安全建设整改内容

按照公安部关于等级保护整改工作的总体部署和要求，对已备案的第二级（含）以上信息系统和新建系统应及时开展安全建设整改工作。

开展安全建设整改工作中应坚持管理和技术并重的原则，落实信息安全责任制，建立并落实各类安全管理制度，开展人员安全管理、系统建设管理和系统运维管理等工作，落实物理安全、网络安全、主机安全、应用安全和数据安全等安全保护技术措施。

（2）等级保护的要求

一般来讲，满足了基本要求只是达到了基本安全状态，是一种相对安全的状态。对于系

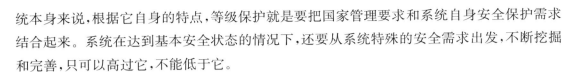

统本身来说,根据它自身的特点,等级保护就是要把国家管理要求和系统自身安全保护需求结合起来。系统在达到基本安全状态的情况下,还要从系统特殊的安全需求出发,不断挖掘和完善,只可以高过它,不能低于它。

(3)等级保护实施策略

智能监测系统的等级保护定级工作及等级保护建设,应与其他相关联系统同步开展等级保护建设整改和测评工作,并落实等级保护制度的各项要求。原则上智能监测系统的安全保护等级不应低于其相关联系统的等级。

第 3 章　大坝安全智能评价与预警

3.1　概述

我国是一个坝工大国,目前已建成水库大坝近 10 万座。受当时技术条件的限制和人为因素的影响,加之许多大坝运行年龄已达一年,导致部分大坝处于带"病"运行状态,存在严重的安全隐患。据统计,我国总溃坝率约,其中,中小型大坝的溃坝率约,溃坝率高居世界前列,大坝安全形势不容乐观。

然而,大坝失事是有预兆的,大坝安全是可控制的,只要建立合理的预警机制并制定有效的应急预案,大坝失事带来的灾害是有可能避免的,至少是可以减轻失事损失的。20 世纪 90 年代,国外开始对大坝预警和救援进行研究,取得了一些原则性的成果。意大利是较早开展大坝安全监控的国家,所研制的 DAMSAFE 系统是一个基于结构分析和安全监测的、具有初步大坝安全评价和大坝安全预警功能的大坝安全管理决策支持系统,也是目前世界上最先进的大坝安全监控系统之一。法国在进行大坝安全预警研究的同时,特别强调应急预案的研究,要求高于的大坝或库容超过 1500 万 m^3 的水库必须设置报警系统,并提交关于溃坝后库水的淹没范围、冲击波到达时间和淹没持续时间的研究报告,制定相应的居民疏散撤离计划;《葡萄牙大坝安全条例》要求大坝业主必须提交有关溃坝所引起的洪水波传播的研究报告,编制预警系统及应急处理计划;美国大坝安全联合委员会于 1979 年制定了《联邦大坝安全导则》,1998 年对该导则进行了第 2 次更新,特别加强了"大坝业主应急行动计划"内容,包括"准备紧急行动计划的基本要素""推荐紧急行动计划格式"及"术语"等原则性意见;加拿大是较早开展大坝安全风险分析的国家,加拿大大坝协会发布的《大坝安全导则》也特别强调了大坝管理部门采取险情预测、报警系统、撤离计划等应急措施的重要性;一些第三世界国家的大坝,如尼泊尔的 TshoRolpa 大坝等,也开展了大坝预警系统的研制和应急计划的制定工作。

我国对大坝安全问题一向十分重视,针对不同类型大坝的特点,研制了一系列高精度的安全监测仪器,开发了不同的大坝安全自动化监测系统,实现了监测数据的自动采集和远程传输在大坝安全监测资料的定性分析方面,制定了比较完善的监测资料整理、整编方法,实现了对监测资料常规分析的正常化和规范化在大坝安全监测资料的定量分析方面,建立了比较成熟的单测点监测统计模型、确定性模型和混合模型,研究了采用模糊数学、灰色系统、人工神经网络、混沌理论等现代数学理论建立监测模型的方法,探讨了建立大坝安全监测多测点分布模型、多项目综合评价模型的方法。在大坝安全监控方面,建立了大坝安全监控模型和监控指标,开发了大坝安全监测信息管理系统,研究了大坝安全监控专家系统和辅助决策支持系统,尝试了利用人工智能等现代技术进行大坝安全监控的方法。这些研究成果为大坝安全预警系统的研究积累了丰富的资料。

3.2　监控指标拟定技术

《混凝土坝安全监测技术规范》(DL/T 5178—2016)对安全监测"监控指标(montoring indices)"的定义是:"运行阶段根据大坝监测资料、结构和地质模型等综合分析成果确定的大坝各种工作条件下的监测效应的量值及其变化速率的允许值。"

《混凝土坝安全监测技术标准》(GB/T 51416—2020)对安全监测"监控指标(montoring indices)"的定义是:"基于结构设计计算分析或监测资料综合分析成果确定的监测物理量及其变化速率的限值。"

《土石坝安全监测技术规范》(DL/T 5259—2010)对安全监测"监控指标(montorind-ex)"的定义是:"对已建坝的荷载或效应量规定的界限值。当有足够的监测资料时,经分析求得的允许值(或允许范围)。"

根据以上规范定义,监控指标主要表征结构正常运行状态的限值,也就是大坝正常状态和异常状态之间的界限值,主要基于监测资料的统计分析和结构计算分析方法研究提出。

参照《水电站大坝运行安全在线监控系统技术规范》(DL/T 2096—2020)第5.3.3条,监控指标可以采用数学模型或结构分析计算确定,也可参考原设计指标、同类工程对比分析或按工程经验确定。考虑大坝工程监测资料的多样性,同时参照有关文献及其他工程,取值应结合各类监测效应量及建筑物工作状态,采用不同的监控指标拟定方法研究提出,拟采用统计模型法(置信区间法)、典型小概率法、结构计算法、历史极值法、历史极值法、设计限值法以及分级预警等。

3.2.1　统计模型法(置信区间法)

3.2.1.1　统计模型确定监控指标的理论及方法

大坝安全监控指标的统计模型法也叫置信区间法,基本原理是大坝发生故障是小概率事件,因此可用统计学理论处理小概率事件的方法进行处理。

该方法首先需建立监控量的数学模型,用以拟合实测值。当拟合精度达到一定指标时,可用该数学模型建立监控量 X 的监控方程(或预测预报方程),如下式所示。

$$X = \hat{X} \pm \Delta$$

式中,$\hat{X}$——监控量 X 的数学模型值;

Δ ——置信区间半带宽度，其值为：

$$\Delta = ns$$

式中，S ——数学模型的剩余标准差；

n ——自然数，其值随选定的显著性水平 α 而定。

根据统计学理论，小概率事件是不可能发生的事件。如果建立了监控量的数学模型，当拟合精度达到一定程度时，可在数学模型附近设立一个置信区间，当发生了实测值未落入置信区间内时，并且有趋势性变化，则认为大坝可能存在异常。从而，把确定大坝安全监控指标的问题转化为确定大坝监控量的监控方程问题；把利用监控指标评价大坝安全性态的问题变成了利用预测值评价大坝安全性态的问题。监控指标此时可采用一个区间去表示，即有成对的上下界数值而不是仅一个数值，这主要是由数学模型存在随机误差导致的。

从回归分析理论可知，为了保证监控指标正确有效，要求监测数据具有足够的精度和监测次数，监测精度不高或测次太少，将造成剩余标准差偏大，影响预报精度；并且选择正确的影响因子，建立质量良好的数学模型，如果因子选择不恰当，将使影响监控量的因素对监控量的贡献未能充分提取，而这些没有被提取的部分可能都会归入残差里，导致残差过大，且不能满足正态分布、独立的假定。因此回归分析过程中，对残差序列的检验就显得尤为重要，当残差序列的均值接近于 0，其分布为正态随机分布，且不再存在某种规律变化时，才可认为用来估计随机变量 Y 的数学期望是恰当的。

置信区间法另一个关键问题是如何选取合适的置信区间。置信区间过小，容易导致误报，置信区间过大，易导致漏报。由上式可知，n 与所取显著性水平 α 有关，α 表示将本来不是异常值作为异常值这种错误的概率；$1-\alpha$ 表示将发生预报值的概率称显著性水平为 α 的置信度，通常称为保证率。根据数理统计理论，当 $n=3$ 时，$1-\alpha=99.7\%$。

置信区间法确定的监控指标是一个区间。建立一个监控模型，当监控量的实测值落在该量的监控区间内，测值即为正常；当越限时，测值发生异常，这时，可能是仪器误报，也可能监测对象（大坝、边坡等）发生了异常，应立即进行分析，以确定真实的原因。

在使用置信区间法时，另一个需重视的问题是有无趋势性变化。置信区间法适用于正常稳定运行情况。当趋势性变化较大且尚未稳定时，不宜采用数学模型建立监控模型。因此，只有当时效分量趋于稳定时，按置信区间法建立的监控模型才能用于大坝的安全监控，否则，需结合大坝的实际情况，具体分析，反复进行反馈检验认证，并根据出现的问题及时修正模型，才可用于大坝安全监控。

3.2.1.2　统计模型表达式

大坝实测位移等观测效应量包含了水位、温度及时效等因素的影响，根据大坝工程的特点，确定的大坝位移等观测效应量的统计模型表达式为：

$$\delta = \delta_H + \delta_T + \delta_e + C$$

式中：δ ——位移（拟合值，也可以是其他监测物理量的拟合值）；

δ_H ——水位分量；

δ_T ——温度分量；

δ_e ——为时效分量；

C ——常数项。

（1）水位分量

水位分量通常包括上游水位及下游水位两个因子，因大坝下游水位变化较小，因此不考虑坝后水位的影响，而主要考虑上游水位变化的影响。水位分量表达式为：

$$\delta_H = a_1 H + a_2 H^2 + a_3 H^3$$

式中，H ——上游水位变化量，即大坝上游水位与水位 100m 的差值；

$a_1 \sim a_3$ ——水位分量的待定系数。

（2）温度分量

温度分量因子主要考虑不同时长气温均值和年周期三角函数变化量，以适应不同的监测物理量拟合要求，并达到较高的拟合精度。温度分量表达式为：

$$\delta_T = \sum_{i=0}^{6} b_i T_i + b_7 \sin S + b_8 \cos S + b_9 \sin S \cos S + b_{10} \mathrm{SIGN}(\sin S) \sin^2 S +$$

$$b_{11} \mathrm{SIGN}(\cos S) \cos^2 S + b_{12} \sin^2 S \cos S + b_{13} \cos^2 S \sin S + b_{14} \sin^3 S + b_{15} \cos^3 S$$

式中，$T_0 \sim T_6$ ——观测日当日、前 7 天、前 15 天、前 30 天、前 60 天、前 90 天和前 120 天内的平均气温；

$S = 2\pi \dfrac{t}{365}$，其中 t 为从蓄水前起算的天数。

$b_0 \sim b_{15}$ ——温度分量的待定系数。

（3）时效分量

时效分量采用随时间变化并具有不同收敛性的时间函数进行组合，以适应不同时效过程。时效分量表达式为：

$$\delta_e = e_1 t + e_2 \ln(1+t) + e_3 \frac{t}{t+300} + e_4 \frac{t}{t+600} + e_5 \frac{t}{t+1000} + e_6 \frac{t}{t+50}$$

$$+ e_7 \frac{t}{t+100} + e_8 \frac{t}{t+200} + e_9 \frac{t}{t+1500}$$

式中：t ——从蓄水前起算的天数。

$e_1 \sim e_9$ ——时效分量的待定系数。

3.2.2　典型小概率法

当大坝安全监测量有较长序列时，监控指标拟定可采用典型小概率法，可达到较好的效果。

在大坝等建筑物已有的实测资料中,选择不利荷载组合时的监测效应量(X_{mi})或它们的数学模型中的各个荷载分量(即典型监测效应量),选取每年监测效应量的一个极值作为子样,由此得到一个子样数为 n 的样本空间:

$$X = \{X_{m1}, X_{m2}, \cdots, X_{mn}\}$$

因为样本数量有限,通常 X 为小子样本空间,用下式估计其统计特征值:

$$\overline{X} = \frac{1}{n} \sum_{i=1}^{n} X_{mi}$$

$$\sigma_x = \sqrt{\frac{1}{n-1} \sum_{i=1}^{n} (X_{mi} - \overline{X})^2}$$

然后运行统计验算方法(如 A-D 法、K-S 法)对其进行分布验算,确定其概率密度函数 $f(X)$ 的分布函数 $F(E)$。常见的分布有正态分布、对数正态分布和极值 I 型分布等。正态分布和对数正态分布是最常见的变量分布形式,极值 I 型分布主要适用于极端风速、极端降雨等极端情况进行估算和分析。因此这里可假设样本空间 X 服从均值为 $\overline{X}$、标准差为 σ_x 的正态分布,即 $X \sim N(\overline{X}, \sigma_x)$。

令 X_m 为监测效应量的安全监控指标,大坝将要发生险情或出现异常时,即可表示为 $X > X_m$,其概率为:

$$P(X > X_m) = \alpha = \int_{X_m}^{+\infty} f(X) \, dX$$

求出 X_m 的分布后,估计 X_m 的主要问题是确定失事概率 P_α(简称 α),其值根据大坝的重要性而定。根据大坝的重要性,确定失事概率 α 后,由 X_m 的分布函数直接求出 $X_m = F^{-1}(\overline{X}, \sigma_x, \alpha)$,进而得出当前监测量的监控指标值。

使用 K-S 法,对监测量极值分布进行检验,一般服从正态分布,即 $X \sim N(\overline{X}, \sigma_x)$。因此当监测量 X 大于其极值 X_m 时,其概率为:

$$f(X > X_m) = d = \int_{X_m}^{+\infty} \frac{1}{\sqrt{2\pi}\sigma_x} e^{-\frac{1}{2}\left(\frac{X-\overline{X}}{\sigma_x}\right)^2} dX$$

由统计理论可知,当 α 足够小时,可认定其为小概率事件,此事件如发生则属于异常。根据大坝的重要性可确定失事概率 α 的对应监测量监控指标 X_m。

确定 X_m 值时,可将上式转化为下式进行计算:

$$f(X \leqslant X_m) = 1 - \alpha = \int_{-\infty}^{X_m} \frac{1}{\sqrt{2\pi}\sigma_x} e^{-\frac{1}{2}\left(\frac{X-\overline{X}}{\sigma_x}\right)^2} dX$$

令 $t = \dfrac{X - \overline{X}}{\sigma_x}$,则有 $X = \sigma_x t + \overline{X}$,$dX = \sigma_x dt$,将上式转化为下式:

$$f(t \leqslant t_m) = 1 - \alpha = \int_{-\infty}^{t_m} \frac{1}{\sqrt{2\pi}} e^{-\frac{1}{2}t^2} dt$$

可知，t 分布为标准正态分布，即 $t \sim N(0,1)$。

通常取失事概率 $\alpha = 1\%$ 为小概率事件，$1 - \alpha = 0.99$。查标准正态分布表可知：$f(2.32) = 0.9898$，$f(2.33) = 0.9901$。

插值得：$f(2.3267) = 0.99$，$t_m = 2.3267$。

将 t_m 代入计算，便可求得监测量的监控指标 $X_m = \overline{X} + 2.3267\sigma_x$。

3.2.3　结构计算法

对于没有明确设计限制的监测效应量，可采用基于结构计算法的确定性模型或混合模型计算不同荷载组合工况的效应量计算值，如大坝变形、边坡变形。大坝建筑物及基础变形可分解为水压分量 δ_H、温度分量 δ_T 和时效分量 δ_θ，分别代表这三种效应对建筑物变形的影响。

$$\delta = \delta_H + \delta_T \delta + \delta_\theta$$

确定性模型是用有限元法计算水压、温度等荷载作用下大坝和地基效应场，再通过与实测值的拟合，从而建立起完整的模型，但其工作量较大。

混合模型结合了统计模型和确定性模型的优点，采用有限元法计算水压作用效应，温度分量和时效分量仍用统计方法计算。混合模型联系了大坝失事的原因和机理，物理概念明确，在某种程度上更接近工程实际，相比统计模型可以模拟一些从没有遭遇过的荷载工况，提高外延预报范围和精度，相比确定性模型可以提高计算效率。

3.2.4　历史极值法

历史极值法即统计各物理量的有关特征值，特征值包括各物理量历年的最大值和最小值（包括出现时间）、变幅、周期、年平均值及年变化趋势等。通过特征值的统计分析，可以看出监测物理量之间在数量变化方面是否具有一致性和合理性。

将大坝主要监测部位坝顶和基础水平位移点、垂直位移、基础重点测压管水位在高库水位低气温、低库水位高气温、水库蓄水前、蓄水后等典型工况条件下的测值作为特征值，并建立典型工况条件下序列的观测特征值表。以便比较不同年份相同运行条件下特征值的变化及水库蓄水过程观测值增量的变化情况，并作为监控指标值和评价大坝安全的重要依据。

3.2.5　设计限值法

挡水重力坝帷幕后测压管水位反映坝基扬压力的重要监测效应量，可采用设计采用的扬压力折减系数确定监控指标。

3.2.6　分级预警

监控指标主要表征结构正常运行状态的限值，也就是大坝正常状态和异常状态之间的界限值。

①一级监控对应结构的正常工作状态,拟采用表征监测值正常状态的指标作为一级监控指标。一级预警时,虽然部分监测效应量可能超过正常值,但结构安全不受影响,应对预警原因进行分析,后期重点关注。

②二级预警时结构安全性态可能出现变化,大坝及坝基发生小变形,局部出现压剪屈服、压碎破坏,此时应对预警原因、结构安全状态进行分析评价。对于有明确设计指标的监测效应量,可以采用其设计限值作为二级监控指标;也可将建筑物结构或基础上可能出现的结构参数劣化情况所对应的变形等监测效应量作为二级监控指标。

3.3　大坝安全评价技术

3.3.1　概述

大坝分析评价体系不同于一般系统工程评价体系,其特点是层次高、涵盖广、系统复杂。影响大坝安全的因素多而复杂,因此对大坝监测数据、结构分析评价以及确定评价指标则是定量分析大坝安全状况的基础。而在以往的大坝安全分析评价工作中,往往主要根据评价者的专业知识和实践经验,对相关评价技术指标的筛选缺乏科学有效的原则和方法,存在一定的主观性,使得所拟定的评价等级或评价方法可能具有一定的不准确性,评价指标彼此间信息重叠或代表性不强等,从而影响分析评价的准确性。为此,一个合理、完善的分析评价体系,是对大坝进行安全性分析评价的先决条件。科学建立大坝安全评价体系,应充分结合安全监测成果、设计成果、各种计算和分析成果、巡视检查成果、各类规程规范要求,综合建立评价等级和评价方法,实现对监测数据和建筑物结构进行分析评价。

3.3.2　基于监测数据的分析评价

依据各水工建筑物监测项目的监测资料和结构的正反分析成果、监测和设计规范、专家经验等知识,构成时空分布、力学规律、监控模型、监控指标和巡视检查等评价准则,对监测资料进行评价,对疑点测值识别是正常还是异常。

资料评价总体上概括为时空分布、力学规律、监控模型、监控指标和巡视检查五大评价准则。

3.3.2.1　时空分布分析评价

(1)评价方法

对测值在时间、空间上的分布进行检查和评价。主要包括本次测值与基本相同环境量的前一次测值、超过一年以上的测值及历史极值以及同一时间周围同类或相关监测量进行比较,以识别粗差值、趋势值和异常值。从而,及时发现测值在时间和空间分布上的疑点或异常值。

本准则适用于各监测项目的任何监测量,但应有一定长度的监测资料序列。

（2）评价准则

1）粗差值识别

当本次测值与基本相同环境量的前一次测值的差值大于 $\sqrt{2}\varepsilon_{中}$,并重复观测 2～3 次,若仍大于 $\sqrt{2}\varepsilon_{中}$,则为突变值。其中,$\varepsilon_{中}$ 为观测中误差,$\varepsilon_{中}=\pm\sqrt{\dfrac{[\Delta]}{n}}$,$\Delta$ 为每次观测值与真值的差数,为独立真误差。中误差为各个独立真误差平方和的平均数的平方根。

2）趋势性识别

当本次测值与超过一年以上且环境量基本相同的测值的差值大于 $\sqrt{2}\varepsilon_{中}$ 时,并重复观测 2～3 次;若仍大于 $\sqrt{2}\varepsilon_{中}$,则为趋势性变化。

3）异常值识别

当本次测值超过历史最大值或最小值,并重复观测 2～3 次,若仍大于 $\sqrt{2}\varepsilon_{中}$,则为异常值。

（3）分析对策

时空分布评价是依据以往的监测资料,从时间和空间分布上对测值进行评价,从而发现疑点或异常发生的时间和部位。因此,在有一定监测资料后,适用于对所有测点的测值进行评价。尤其要对坝顶和坝基准直法、关键部位的垂线、坝基幕前幕后和排水后的扬压力的时空分析评价。

3.3.2.2　力学规律评价

（1）评价方法

主要检查关键部位或重要部位(或坝段)的梁挠曲线和水平位移是否符合设计或长期运行的力学规律,检查坝基扬压力(或浸润线等)的分布是否符合设计或渗流规律,以识别变形和渗流的异常部位。

本准则主要适用于关键部位和重要部位(或坝段)的水平位移和扬压力(或浸润线等)。

（2）评价准则

1）变形力学规律

对形成整体的结构单元,设有正倒垂线或准直线,且测点数大于或等于 3 的关键或重要部位和坝段,进行力学规律的评价。

由确定性分析(用有限元法)计算得到各测点的位移(δ_{si})与实测值(δ_{0i})的差值,若满足下式:

若 $|\delta_{si}-\delta_{0i}|<s$ 时,则该测值为正常值。若 $s<|\delta_{si}-\delta_{0i}|\leqslant 2s$ 时,则跟踪观测 2～3 次,若仍超出 s,则分析原因;否则为基本正常测值。

若 $|\delta_{si}-\delta_{0i}|>2s$ 时，则为异常值。

式中，δ_{si}——确定性分析计算的位移值，首先用设计参数计算水压和温度等荷载作用下的 δ_{si}。待有一定实测资料后，进行参数反分析，校准计算参数，然后计算 δ_{si}；

δ_{0i}——实测值；

s——计算误差(s_{si})和观测中误差(s_{0i})的加权平均值，因计算 δ_{si} 和观测值 δ_{0i} 有误差，在两值相减时也有误差，根据误差加值定理，则 s 为两者的加权平均值。即

$$s=\sqrt{(n_1 s_{0i}^2 + n_2 s_{si}^2)/(n_1+n_2)}$$

式中，n_1——计算次数；

n_2——观测次数；

s_{si}——计算误差；

s_{0i}——观测中误差。

若计算误差难以计算时，可用梁挠曲线分布模型的标准差代替。

2)渗流力学规律

①混凝土建筑物。

对设有横向监测断面且测孔大于 3 个(至少有帷幕后和排水后孔)，进行渗压规律评价。即在接近设计水位时，坝基或抗滑稳定的滑动面上实测扬压力分布图和总扬压力应小于或等于设计扬压力分布图及总扬压力。

②土石坝。

接近设计水位时，坝体浸润线测孔的测值小于等于设计值时，为正常；否则为异常。

接近设计水位时，坝体和坝基渗漏量的测值小于等于设计值时，为正常；否则为异常。

3.3.2.3　监控模型评价

(1)评价方法

检查测值是否在监控模型的允许变化范围内，以识别测值的正常、异常或疑点。

(2)评价准则

采用测点统计模型、挠曲线统计模型以及变形测点和挠曲线(包括水平向)的确定性模型和混合模型，其中测点统计模型适用于任何监测量。

1)测点模型

适用于变形、扬压力和应力类等所有监测量。由实测资料，应用回归分析法建立测点监控模型。则模型的预报值($\hat{y}_i$)与实测值(y_{0i})之差值，若 $|\hat{y}_i-y_{0i}|\leqslant 2s$ 时，则测值正常。

若 $2s<|\hat{y}_i-y_{0i}|\leqslant 3s$ 时，则跟踪观测 2~3 次，若仍超出 $\pm 2s$ 范围，则分析原因；否则为基本正常值；若有趋势性变化，则为异常值。

若 $|\hat{y}_i-y_{0i}|>3s$ 时，则测值为异常值。

2）一维监测模型

一维监测模型包括挠曲线模型和水平向模型。

在枢纽工程中，对整体结构单元，用同一种监测方法（主要是垂线或准直线），且测点超过 3 个（含 3 个），则可建立一维模型。

统计模型为：

$$\delta = f_1(H,Z) + f_2(T,Z) + f_3(\theta,Z)$$
$$或\ f_1(H,X) + f_2(T,X) + f_3(\theta,X)$$

确定性模型为：

$$\delta = \beta f_1(H,Z) + J f_2(T,Z) + \eta f_3(\theta,Z)$$
$$或\ \beta f_1(H,X) + J f_2(T,X) + \eta f_3(\theta,X)$$

混合模型为：

$$\delta = \beta f_1(H,Z) + f_2(T,Z) + f_3(\theta,Z)$$
$$或\ \beta f_1(H,X) + f_2(T,X) + f_3(\theta,X)$$

式中：X、Y、Z——坐标系。

X 表示坝轴向，向左岸为正；Y 表示顺河向（或垂直坝轴线），向下游为正，反之为负；Z 表示铅直向，向下为正，反之为负，见图 3.3-1。

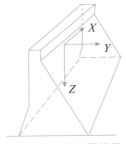

图 3.3-1   位移量符号

$f_1(H,Z)$，$f_1(H,X)$——水压分量（对确定性模型及混合模型用有限元计算的拟合表达式），其中 $f_1(H,Z)$ 为梁挠曲线的水压分量，$f_1(H,X)$ 为水平向的水压分量。

$f_2(T,Z)$，$f_2(T,X)$——温度分量（确定性模型用有限元计算的拟合表达式），其中 $f_2(T,Z)$ 为梁挠曲线的温度分量，$f_2(T,X)$ 为水平向的温度分量。

$f_3(\theta,Z)$，$f_3(\theta,X)$——时效分量（确定性模型可用黏弹性有限元计算的拟合表达式或统计模式），其中 $f_3(\theta,Z)$ 为梁挠曲线的时效分量，$f_3(\theta,X)$ 为水平向的时效分量。

β、J、η——水压分量、温度分量、时效分量的调整参数。

根据各条垂线和引张线测点的测值及坐标，应用上述表达式，建立整体结构单元的一维数值模型。

判别式：

当一维模型各测点的预报值（δ_i）与实测值（δ_{0i}）的差值满足下式：

当 $|\delta_i - \delta_{0i}| \leqslant 2s$ 时，则测值正常。

当一维模型的某些测点或全部测点的预报值（δ_i）与实测值（δ_{0i}）的差值满足下式：

当 $2s < |\delta_i - \delta_{0i}| < 3s$ 时，则跟踪观测 2～3 次，若仍超出 ±2s 范围，则分析原因；否则为基本正常值；若有趋势性变化，则为异常值。

当一维模型的某些测点或全部测点的预报值（δ_i）与实测值（δ_{0i}）的差值满足下式：

当 $|\delta_i - \delta_{0i}| > 3s$ 时，则为异常值。

3.3.2.4　监控指标评价

依据需求分析，对监控指标评价模块设计如下：

（1）评价方法

判别测值是否在所拟定的监控指标的控制范围内，以快速判断大坝的工作状态是正常、异常或险情。

（2）评价标准

1）变形监控指标

拟定的方法和步骤：

①首先用设计和试验参数，进行有限元模型反分析，校准有限元模型的边界条件和约束条件等；然后，用黏弹性有限元计算不利荷载组合工况时，对应垂线或准直线在坝顶和坝基（或闸顶、闸底）的水平位移，以拟定一级监控指标 δ_{1m}。

在积累一定监测资料（超过五年）后，用参数反分析程序，校准各类参数，然后用黏弹性有限元计算不利荷载组合工况时，对应垂线或准直线在坝顶和坝基（或闸顶、闸底）的水平位移，以修正 δ_{1m}。

②用设计和试验参数的下限值，或者反演参数的下限值，进行有限元模型反分析，校准有限元模型的边界条件、约束条件以及裂缝和断裂的模拟；然后用黏弹塑性有限元计算最不利荷载组合工况时，对应垂线或准直线在坝顶和坝基（或闸顶、闸底）的水平位移，以拟定二级监控指标 δ_{2m}。

2）判别准则

①当实测位移小于等于 δ_{1m} 时，则结构处于弹性或黏弹性阶段，属正常。

②当实测位移大于 δ_{1m} 而小于 δ_{2m} 时，则结构处于黏弹性阶段。应分析原因，若强度和稳定满足要求，则为基本正常；若强度或稳定不满足要求，则为异常，应提出运行控制水位。

③当实测位移趋近于 δ_{2m}，且位移有快速增大趋势时，则结构处于险情。

扬压力监控指标：

主要对帷幕后和排水后的渗压系数 α_1、α_2 和总扬压力 U 进行评价。设在库水位接近正常蓄水位、设计洪水位和校核洪水位时，帷幕后和排水后的实测渗压为系教 α_{1i}、α_{2i}，坝基总

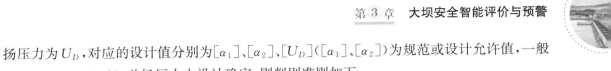

扬压力为 U_D,对应的设计值分别为 $[\alpha_1]$、$[\alpha_2]$、$[U_D]$($[\alpha_1]$、$[\alpha_2]$)为规范或设计允许值,一般 $\alpha_1=0.50$,$\alpha_2=0.25$,总扬压力由设计确定,则判别准则如下:

①若 $U_D\leqslant[U_D]$、$\alpha_{1i}\leqslant[\alpha_1]$、$\alpha_{2i}\leqslant[\alpha_2]$,则扬压力正常。

②若 $U_D>[U_D]$、$\alpha_{1i}>[\alpha_1]$、$\alpha_{2i}>[\alpha_2]$,则扬压力异常。

③若 $\alpha_{1i}\geqslant[\alpha_1]$,而 $\alpha_{2i}\leqslant[\alpha_2]$,$U_D\approx[U_D]$,则检查防渗帷幕。若帷幕受损,则为异常;否则为基本正常。

④若 $\alpha_{2i}>[\alpha_2]$,而 $\alpha_{1i}\leqslant[\alpha_1]$、$U_D\approx[U_D]$,则检查排水。若排水失效,则为异常;否则为基本正常。

3)应力监控指标

主要判别控制部位的应力是否在允许范围内。应力符号以压应力为正,拉应力为负。

①当控制部位(如坝踵和坝趾)在静荷载(如水位、温度等)作用时,实测最大主压应力小于或等于允许应力,实测最大拉应力大于或等于零,则应力满足安全要求。

②当控制部位在动荷载(如地震等)作用时,实测最大主压应力小于或等于1.3倍允许应力,实测最大拉应力小于或等于 0.5MPa(按《水工建筑物抗震设计规范(试行)》(SDJ 10—78)),则应力满足安全要求。

③当控制部位的实测极值应力(包括最大拉应力、压应力)大于规范或设计允许值,而小于或等于混凝土的极限强度时,则强度超过规范标准,处于弹塑性阶段。

④当控制部位的实测最大应力大于极限强度,或者应力计的测值突然变为零(即开裂,应力消失),或者幕前孔水位或压力突然升高,则该部位开裂破坏。

3.3.2.5 巡视检查评价

(1)评价方法

在异常征兆和迹象的部位可能无监测设备或监测设备尚未反应,通过本系统智能巡检可及时发现水工建筑物的损伤和高边坡的崩塌等异常情况。巡视检查是评价建筑物是否安全的重点依据之一。

(2)巡查内容

①挡水前缘建筑物

重点检查裂缝、渗漏和泄洪建筑物等,巡视检查如下:

①坝顶上下游坝面和廊道壁有无出现新裂缝或扩展;

②下游面廊道有无渗水;

③下游坝面和廊道在横缝处是否渗漏;

④渗漏量和水质有无显著变化;

⑤廊道壁的析出物(包括成分和数量)有无显著变化;

⑥排水孔的析出物(包括成分和数量)有无显著变化;

⑦相邻坝段间在坝顶和下游面有无明显错动;

⑧渗流坝段的闸墩(重点铰支处),溢流面有无裂缝或扩展和气蚀;

⑨闸门和启闭设备是否正常工作;

⑩左右侧导墙有无明显倾斜和裂缝或扩展;

⑪下游冲坑有无危及大坝和导墙安全;

⑫其他。

2)通航建筑物

重点检查裂缝、渗漏和高边坡等,巡视检查如下:

①闸墙有无出现新裂缝或扩展;

②闸块间分缝有无错位;

③闸墙有无明显倾斜;

④输水廊道有无裂缝;

⑤高边坡护坡是否出现新裂缝或扩展;

⑥高边坡是否出现活动滑块和局部滑移;

⑦排水洞壁是否出现新裂缝或扩展;

⑧排水洞的渗漏量有无增长;

⑨排水洞的水质是否出现明显变化;

⑩高边坡的地下水位有无明显升高;

⑪其他。

(3)检查分类和次数

分日常巡查和年度巡查。

1)日常巡查

①巡查程序:由一名经验丰富、熟悉本工程的水工专业工程师主持,并应有熟悉枢纽工程的金属结构、机械、监测、电气工程专业人员参加;巡查程序应包括检查项目、顺序,记录格式和编制报告等,要特别注意关键部位或重要部位的裂缝和渗流等。

②检查方法:用目视、手摸、耳听并辅以简单工具。

③记录和整理:做好详细现场记录,必要时照相、素描和绘草图。对现场记录及时整理,登记专项卡片,并与上一次或历次检查对比,分析有无异常迹象或疑点,必要时组织复查。将智能巡检结果以人机方式输入(以信息编码的方式将定性的资料进行定量化),进行巡查准则评价,发现异常进入成因分析。

④检查次数:施工期宜每周一次;水库水位分别达到 135m、156m 和 175m 的一年时间内,宜 1~2 天检查一次;在运行正常后每月检查 1~2 次;在特殊情况时,如坝区发生有感地震、遭受特大洪水和暴雨发生以及发生异常情况等,应立即检查或加密检查次数。

2)年度巡查

在每年汛前、汛后及高水位、低气温时,对大坝进行较全面的巡查。一般每年应巡查 2~3 次。

3.3.3　基于有限元的结构分析评价

　　大坝的运行状态评价是在线结构计算的重要任务和最终目的。在线结构计算的内容多，成果丰富，需结合工程实际特点和监测测点布置，研发展示运行管理人员关注的重点成果，为评价大坝的运行状态提供科学的依据。

　　水库大坝—地基系统一般布置有大量的安全监测测点，实时获取测点监测数值后，可初步了解大坝安全运行状态。比如：大坝实体坝段沿高程布置有正倒垂变形测点、各坝段间沿坝轴线布置有水平引张线变形测点、大坝和基础廊道在帷幕前后布置有测压管、大坝沿建基面布置有应力计等。在线结构计算后，加载服务器或本地计算结果文件后，可以实现上述渗压、变形、应力等监测部位计算结果自动填表功能，并绘制特征部位计算成果曲线。通过对比测点监测值和给定计算参数条件下测点计算值，可以直观清晰、全方位掌握大坝—地基系统的受力状态，为工程技术人员客观评价建筑物运行安全状况提供科学依据。

　　大坝运行状态的展示，主要有：计算仿真与监测反馈对比展示、坝体/坝基工作性态展示。其中，计算仿真与监测反馈对比展示可以直观地显示渗流、应力耦合计算的监测点计算值，通过其与监测值的吻合程度，判断在线结构计算成果的正确性与可信度。坝体/坝基工作性态展示则需对在线结构计算的渗流、变形、应力各分量进行整体的展示，以及关键部位的单独展示，以了解掌控坝体/坝基的渗流、变形、应力整体分布规律及数值。

　　在线结构计算的成果主要是结果的数据文件，对于运行状态的展示主要是将计算结果的数据文件进行计算转换，并将转换后的成果进行图形化的展示。

　　（1）计算仿真与监测反馈对比展示

　　在线结构计算中，通过监测点的计算值与监测值的吻合程度及基本的分布规律，进行在线结构计算成果的评价。

　　1）渗压计算监测对比展示

　　地基渗流场一般重点关注帷幕、排水洞、排水孔等结构。大坝渗压监测主要布置在大坝帷幕、地基排水洞、厂房下游帷幕等位置。以上监测点基本控制反映了地基的渗流场特性。通过该测点的计算监测对比吻合程度，判断渗流场在线计算成果。

　　2）变形计算监测对比展示

　　大坝变形监测主要布置有正倒垂、引张线等。这些监测点基本控制反映了大坝/地基的变形场规律。通过测点的计算监测对比吻合程度，判断在线计算的变形成果。

　　（2）坝体/坝基工作性态展示

　　在线计算成果与监测对比吻合程度高，可以判断计算结果合理可信。在线结构计算的坝体/坝基工作性态主要展示：渗流、变形、应力场的计算成果分量的三维整体展示，二维剖面展示，以及关键部位的图表展示。根据各分量的计算公式，计算各结点的数值，并将结果的数据文件进行相应的转换，最终转换为图形文件。采用 Vue.js、Three.js 以及 WebGL 技术在前端页面进行展示,直观形象地判断在线计算的规律和数值,从而判断坝体/坝基的运行状态。

1)渗流场展示

渗流场计算的成果主要有:总水头、压强水头、渗透坡降、流速以及渗透体积力等。总水头、压强水头反映各结点的水头及压力规律,渗透坡降反映结点的坡度方向,流速反映流动的规律,渗透体积力则主要反映渗透受力状况。渗流场成果需特别关注帷幕、排水等的隔水和汇水效果的模拟展示,同时需关注断层、结构面、坝基及帷幕等的渗透坡降,以此判断是否发生渗透破坏。渗流计算成果主要采用云图、等值线及矢量图进行展示。

2)变形/应力场展示

变形/应力场计算的成果主要有:变形场的 3 个分量,应力场的 6 个坐标分量,3 个主应力分量。主要展示计算成果的分量云图、等值线、矢量图、变形前后轮廓对比图,并进行结果的数据查询展示,直观形象地判断变形/应力场的规律和数值,从而判断坝体/坝基的运行工作状态。

另外,对于重点关注的关键部位的计算成果,整理研发关键部位的成果展示图表,以反映该部位的受力状态及分布规律。

3.4 大坝安全预警技术

3.4.1 概述

大坝安全预警技术是对监测数据进行汇总分析,根据监控指标和安全评价参数自动识别预警信息,及时做出预警,实现大坝安全有效监控、辅助决策等功能。根据大坝安全预警流程和监测数据的流向,预警系统结构可分为三层:一是信息管理层,具有大坝安全状态感知、数据处理等功能;二是预警分析层,利用数据融合技术对监测信息进行预处理与评判,然后利用预警模型进行警源分析、警兆辨识及警情分析,通过通信系统发布预警信息;三是辅助决策层,对预警信息进行专家会商后辅助决策(图 3.4-1)。

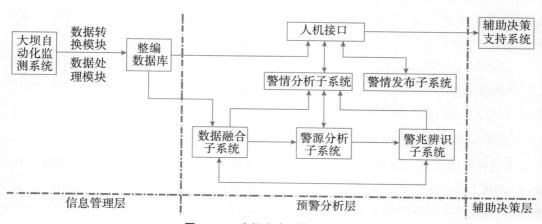

图 3.4-1 大坝安全预警系统架构

3.4.2　监测数据异常预警

监测数据异常预警是大坝安全预警最常用的技术,其主要内容包括预警指标管理、预警分级管理、预警业务流程、预警信息发布和预警响应。

3.4.2.1　预警指标管理

大坝的变形、应力、渗流等信息可以通过大坝自动化监测系统实时感知,应力、渗流等项目的警戒值较容易在设计阶段确定,而变形监测警戒值的确定较为复杂,在施工期和蓄水期常采用设计值作为技术警戒值,在积累足够的监测资料后,可通过监测资料分析进一步调整。预警指标拟定主要有三种方式:

①根据设计文件设定预警指标。

②结合历史观测资料,通过典型小概率法对各监测项目测点设定预警指标。由统计理论可知,当失效概率 α 足够小时,可认为是小概率事件,则当 $\delta > \delta_m$ 的概率 $\alpha = 1\%$ 时认为是小概率事件,该事件发生时为异常,所以 δ_m 可作为判断大坝安全与否的标准,可保证大坝的安全运行,实测值不应大于 δ_m,否则大坝运行状态出现异常,δ_m 即安全监控指标。

③根据监测成果,利用阈值法、包络线法或者拉依达准则(3σ 准则)等获取测点的预警指标。

3.4.2.2　预警分级管理

多层次、多参数综合预警是常用的预警模式。支持监测结果的动态分析及分级预报警功能,支持多参数预警项动态组合,支持预警规则(算法)与参数的自定义,支持蓝色、黄色、橙色和红色四个等级的预警级别划分。

报警依据为变形监测、渗流渗压、人工巡查和环境量等监测类型的数据。四个等级的报警规则存储到服务器中的业务数据库,在对监测数据进行人工入库、自动采集、数据转换、在线分析、离线分析时,其结果关联到业务数据库,使用正向推理得出是否需要报警及报警等级。如果推理结果为需要报警,那么马上通过屏幕显示、声音报警或者信息推送的方式把简要结果(包括监测成果、所触发的预警指标等信息)呈现给用户。

系统提供对服务器中的知识库中的 4 级预警监控指标进行下载、查询、修改等,预警分级指标如下:

(1)四级预警(蓝色)

当满足下列指标之一者,作为四级技术报警。

①变形监测值大于或者等于历史最大值。

②扬压力监测值大于或者等于历史最大值。

③控制部位的应力监测值大于或者等于历史最大值。

④日常巡查发现局部裂缝。

（2）三级预警（黄色）

当满足下列指标之一者，作为三级技术报警。

①变形监测值超过历史最大值，而接近或者等于一级监控指标；或者与模型计算值的差值绝对值大于 S 和小于 $2S$ 之间（S 为剩余标准差），并有趋势性增大。

②扬压力超过历史最大值，并有增大趋势，但幕后孔和排水孔的渗压系数和坝基面总扬压力分别小于或者等于规范和设计允许值。

③控制部位的应力监测值超过历史最大值，并有增大趋势，但小于设计允许值。

④日常巡查发现局部裂缝再生或者扩展，渗漏量加大，出现异常析出物。

⑤泄水建筑物出现局部损坏，或启闭设备不灵等。

（3）二级预警（橙色）

当满足下列指标之一者，作为二级技术报警。

①变形监测值在变形一级与二级监控指标的某一范围内，而接近或者等于一级监控指标且有显著趋势性增大；或者监测值与模型计算值的差值绝对值大于 $3S$，并有趋势性增大。

②幕后孔和排水孔的渗压系数大于规范或者设计允许值，但坝基面总扬压力接近设计允许值。

③控制部位的应力监测值超过或者等于设计允许值，并有增大趋势。

④日常巡查发现较大范围内裂缝有明显扩展，渗漏量明显加大，较大范围内出现与坝体或者基础材料成分相同的异常析出物。

（4）一级预警（红色）

当满足下列指标之一者，作为一级技术报警。

①变形监测值接近或者等于二级监控指标，并有加速增大趋势。

②幕后孔和排水孔的渗压系数和坝基面总扬压力大于设计允许值，且有加速增大趋势。

③沿滑面的稳定安全系统小于设计值。

④日常巡查发现大面积裂缝，且有加速扩展趋势；大面积渗漏量急剧加大或者析出物急剧增多。

⑤特大洪水或者库区滑坡引起的涌浪产生漫顶。

⑥特大地震或者其他破坏使大坝等建筑物受到严重损害。

3.4.2.3　预警业务流程

预警业务需要依托水文气象系统、安全监测自动化系统和在线监控系统等实现。主要系统作用如下：

（1）水文气象系统

收集流域内实时水雨情信息。

（2）三峡梯级水库调度自动化系统

根据流域实时水雨情信息，做出预见期内流域洪水趋势预报和水库优化调度方案；

（3）三峡坝体强震动观测系统

主要监测有感地震在不同近坝库区及大坝结构部位地震加速度峰值。

（4）安全监测自动化系统

采集水库大坝安全监测数据和性态信息。

（5）安全监测在线监控系统

①根据大坝安全监测信息、流域洪水预报、强震动观测等，触发安全监测自动化系统加密观测，并对大坝安全运行现状和未来趋势进行分析和评估。

②辅助会商：系统提供决策辅助大坝管理人员和专家进行会商。

③分析确定预警级别。

④预警信息发布。

⑤预警响应。

预警业务流程见图 3.4-2。

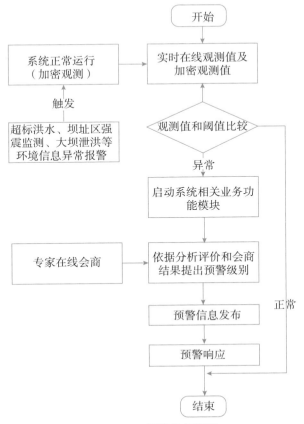

图 3.4-2　预警业务流程

3.4.2.4　预警信息发布

当产生预警信息时,系统自动根据不同预警等级向相关管理人员发送提醒短信。

预警信息发布包括预警判据和信息发布,信息发布按不同的服务对象分为信息发布、查询和处理。低等级(四级和三级)预警信息由人工选择发布、网络发布或短信发布,高等级(二级和一级)预警信息由系统通过短信自动发布给相关技术人员和领导层,并触发声音报警。发布内容包括引起报警的监测成果、报警等级、触发报警的指标、初步原因分析和一般处理措施。

(1)预警判据

在对监测数据进行人工入库、自动采集、数据转换、在线分析、离线分析时,其结果关联到业务库中的预警分级指标管理,使用正向推理得出是否需要报警及报警等级。如果推理结果为需要报警,那么马上触发预警信息发布功能,并对其传递相应的监测成果、预警指标、预警等级、初步分析、处理措施等内容。

(2)预警信息发布

系统在接收到相应的预警信息后,生成相应的文字和图表,根据预警等级,通过屏幕显示、声音报警或者信息推送的方式把简要结果呈现给用户。

3.4.2.5　预警响应

依据系统预警级别给出相应的应急预案响应等级与响应措施。参照工程险情处理预案、工程安全趋势分析进行决策,提供自动化测点复测、人工交互确认、控制闸门开度等方式来确认和处理防汛排洪等险情。

3.4.3　环境信息异常报警触发监测系统响应

环境信息异常包括超标洪水、超限降雨、库水位升降速率超限、坝址区强震监测、大坝泄洪、重要监控指标异常以及智能巡检异常等。当系统感受到环境信息异常时,应急启动对预设监测点的加密观测,事件结束后,通过系统功能自动生成分析和评价报告。以地震为例,在地震监测烈度达到预设警戒值后,预先设定的重要测点触发自动数据采集并返回信息系统数据库,系统按照评判准则自动评判,并按照预设模板编制报告,同时向相关技术人员发送短信通知复核报告,并将重点测点信息编制成短信发送相关管理人员。短信可预先编制短信模板,并与测点审核后的数据相关联。业务流程见图3.4-3。

(1)超标洪水预警

按照防洪设计标准及上、下游防洪要求,设置洪水警戒流量等级指标,当水情自动化监测系统监测流量值达到警戒值时,监测系统将自动触发相应流量等级下预设的大坝自动化加密监测项目,2h内自动生成主要监测指标短信速报,4h内生成自动＋人工审查加密监测分析报告快报,洪水过后生成综合分析评价报告。

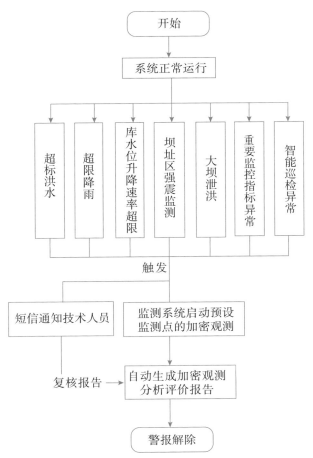

图 3.4-3　环境信息异常报警触发监测系统响应业务流程

（2）超限降雨预警

根据各气象站实时监测以及汇流情况，按照相应洪水标准将降雨量分设等级预警指标，当雨情自动化监测系统监测的降雨量值达到警戒值时，信息系统将自动触发相应雨量等级下预设的大坝自动化加密监测项目，2h 内自动生成主要监测指标短信速报，4h 内生成自动＋人工审查加密监测成果快报，暴雨过后生成综合分析评价报告。

（3）库水位升降速率超限预警

根据库水位运行要求设置库水位升降速率控制指标，当库水位升降速率超过控制指标时，信息系统将自动触发预设的大坝自动化加密监测项目，2h 内自动生成主要监测指标短信速报，4h 内生成自动＋人工审查加密监测成果快报，一周过后生成综合分析评价报告。

（4）坝址区强震监测

根据坝址基本地震烈度和大坝设防地震烈度，设置Ⅳ级地震烈度等级，大坝强震监测系统实时监测坝址地震烈度自动触发相应烈度下信息系统预设的大坝自动化加密监测项目，

1h内生成地震监测成果急报,2h内自动生成主要监测指标短信速报,4h内生成自动+人工审查加密监测成果快报,地震过后生成综合分析评价报告。

(5)大坝泄洪预警

大坝泄洪时自动触发该部位的自动化加密观测项目,短信报送泄洪建筑物运行状态。

(6)重要监控指标异常预警

大坝外部变形、渗流渗压、应力应变以及环境量等信息可实现自动化监测,按照大坝重要部位主要监测指标、监测设计值、历史特征值、异常值、模型分析值、力学特征值等分别设置预警响应流程,实现各种监控指标下异常信息的快速处置。

(7)智能巡检异常预警

利用智能巡检设置巡查路线,对重点巡查部位可能发生的异常情况(如发现裂缝或裂缝扩大等问题)进行预设,现场巡查人员发现异常时进行拍照并实时上传至信息系统,信息系统根据异常情况启动预设加密监测项目,根据重要程度,向监控人员报警,监控人员综合加密监测成果和异常情况及时向管理人员报送预警信息。

第4章　三峡枢纽运行安全智能监测

4.1　安全监测自动化

4.1.1　安全监测概况

三峡安全监测作为三峡工程8个单项技术设计之一,与三峡主体工程同时设计、同时施工、同时投入运行和使用。安全监测仪器遍布三峡枢纽所有永久建筑物(船闸、升船机、电源电站、拦河大坝、坝后电站厂房、地下电站和茅坪溪土石坝),安全监测项目包括变形、渗流、应力应变、强震、水动力学专项监测等,监测项目齐全,仪器种类丰富,布置合理,包括正倒垂线、引张线、竖直传高、静力水准、双金属标、伸缩仪、测压管、渗压计、量水堰、应力应变仪器、位移计、温度计、锚索测力计、锚杆应力计等。三峡水利枢纽于1994年12月14日正式开始动工修建,从修建之初就开始进行安全监测仪器的埋设,截至2020年6月,共埋设安装仪器1.4万余支。

4.1.2　自动化监测系统

长江三峡水利枢纽安全监测自动化系统工程于2014年7月正式开始施工建设,2018年12月完成施工,2019年1月14日系统完成预验收,2019年4月系统投入试运行。

目前,长江三峡水利枢纽安全监测自动化系统工程完成和在建的主要有4个:长江三峡水利枢纽安全监测自动化系统、三峡水利枢纽船闸安全监测自动化系统、茅坪溪土石坝外观安全监测自动化监测系统(在建)和升船机自动化监测系统。

截至2022年6月,长江三峡水利枢纽安全监测自动化系统工程实现接入自动化采集仪器5638支、传感器测点6172个(存在1支仪器多个测点情况);尚未实现自动化采集仪器2124支、传感器测点2711个。

大坝监测自动化采集系统现场布置见图4.1-1。

(1)长江三峡水利枢纽安全监测自动化系统

长江三峡水利枢纽安全监测自动化系统工程于2014年7月开始施工,采集设备采用南京南瑞自动化采集设备并配置IBM服务器和磁盘阵列等硬件,采集软件为南瑞大坝安全监

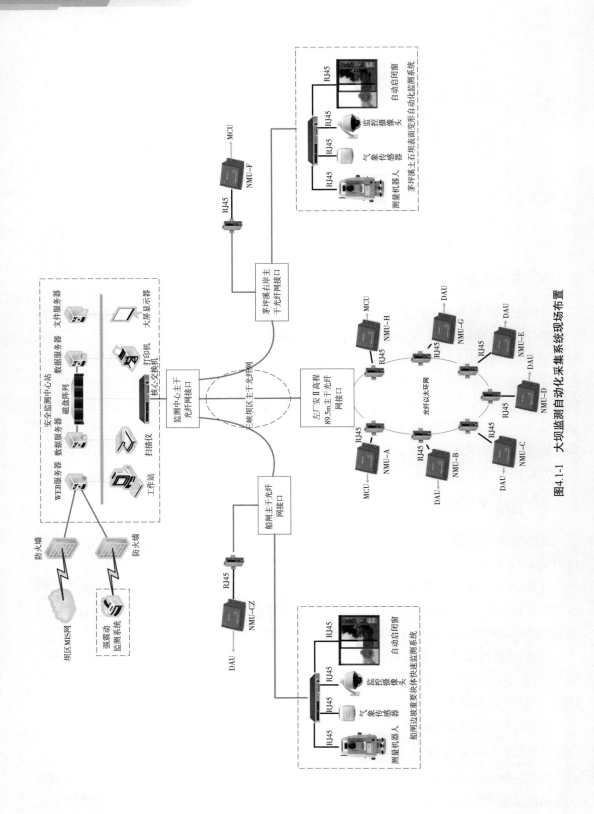

图4.1-1　大坝监测自动化采集系统现场布置

测数据采集系统 DSIMS4.0。目前,已将先期安装的长江三峡水利枢纽船闸安全监测自动化系统(2009 年 3 月施工)、三峡升船机调试在线安全监测系统整合集成到三峡枢纽工程安全监测在线监控系统中。

三峡水利枢纽安全监测自动化系统现在主要采用 RS485＋TCP/IP 的混合以太环网。网络分为 DAU 层、NMU 层、监测中心站 3 层结构,其中 DAU 层至 NMU 层采用由双绞线、光纤等介质组成 RS485 环网或总线网,NMU 层通过网络管理单元和光纤交换机将 RS485 协议转换为 TCP/IP 协议,并通过光纤接入监测中心站形成光纤以太环网。

监测中心站位于三峡安全监测中心大楼一楼,主要软硬件已安装,并建立了与现场采集前置机的光纤通信。

强震动监测子系统为独立联网的子系统,强震台网记录中心主机通过光纤与监测中心主计算机联网,监测中心站可以访问强震动监测子系统的观测数据,实现强震阈值触发自动监测。

该自动化子系统包含了安全监测信息管理软件,具备数据采集功能、数据管理和分析功能等,完成了自 20 世纪 90 年代以来的人工观测数据入库、监测仪器基本考证资料的整编入库工作。

长江三峡水利枢纽安全监测自动化集成信息管理系统功能见图 4.1-2。

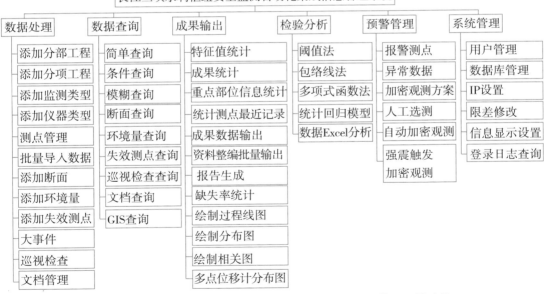

图 4.1-2　长江三峡水利枢纽安全监测自动化集成信息管理系统功能

(2)三峡水利枢纽船闸安全监测自动化系统

三峡船闸边坡重要块体快速监测系统采用测量机器人监测系统,包括 3 座自动化快速观测测站和 61 个自动化观测点。测量机器人监测系统包含测量机器人、自动启闭窗、视频监控等设备的采集控制功能,软件系统包含数据预处理、组网平差计算、成果展示、分析等功能,为三峡船闸边坡重要块体的安全监测工作提供信息化平台。船闸边坡重要块体快速监测系统采用光纤组成 TCP/IP 以太网,所有 RS485/323 协议设备均通过信号转换器转换为 TCP/IP 协议接入测站内交换机。

三峡船闸安全监测自动化系统中现场数据采集系统、供电、现场与监测中心的通信等设施均已完成安装,实现了 333 个测点的自动化监测。该自动化监测系统采用 DAMS4.0 管理软件,通过一台前置机(工控机)与监测中心站进行通信(图 4.1-3)。

三峡船闸安全监测自动化系统采用分布式结构,监测中心站至数据采集站之间采用通信光缆及光纤交换机实现网络连接,构成信息管理网,采用 TCP/IP 网络互连协议;数据采集站至 DAU 之间采用通信光缆实现星形与总线混合拓扑结构,组成数据采集网络,采用 RS485 总线网络。

(3)茅坪溪土石坝外观安全监测自动化系统

茅坪溪土石坝外观安全监测自动化系统作为三峡枢纽安全监测在线监控系统的一部分,并作为独立子系统接入现有三峡枢纽安全监测在线监控系统。自动化系统包括 5 座测量机器人测站、7 个 GNSS 测点和 31 个静力水准点。茅坪溪土石坝外观安全监测自动化系统采用由光纤组成 TCP/IP 以太网,所有 RS485/323 协议设备均通过信号转换器转换为 TCP/IP 协议接入测站内交换机。

(4)升船机自动化监测系统

升船机自动化监测系统由监控中心机房(196 中控室)、现场测控单元、监控总线网络构成(图 4.1-4)。

(5)三峡枢纽安全监测在线监控系统一期

为解决因三峡安全监测项目由多家单位实施与管理带来的数据格式不统一、数据存放不集中、技术标准不一致、整编分析不及时、分析方法不全面、外部共享不通畅等问题,三峡集团开展了三峡枢纽安全监测在线监控系统建设。主要工作内容是统一架构和标准,整合三峡枢纽安全监测各自动化系统,并兼顾将来其他外观自动化系统及内观监测自动化系统的集成,同时考虑相关分析软件和数据成果的整合和协调利用,在此基础上实现监测数据的自动整理、分析、可视化展示、预警、报送等功能,提升工程安全管理水平,确保大坝安全运行,并为驱动大坝安全管理从数字化、信息化迈向智能化、智慧化打好基础。

三峡枢纽安全监测在线监控系统建设内容及系统边界见图 4.1-5,三峡枢纽安全监测在线监控系统建设方案见图 4.1-6。

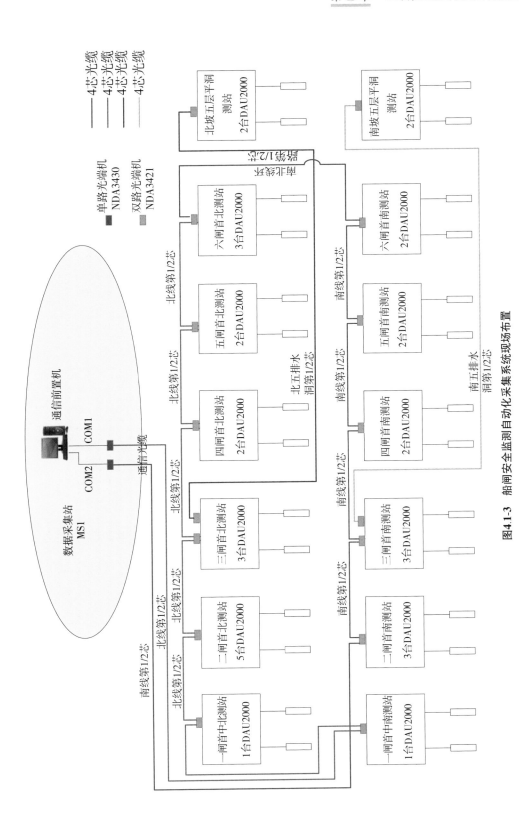

图4.1-3　船闸安全监测自动化采集系统现场布置

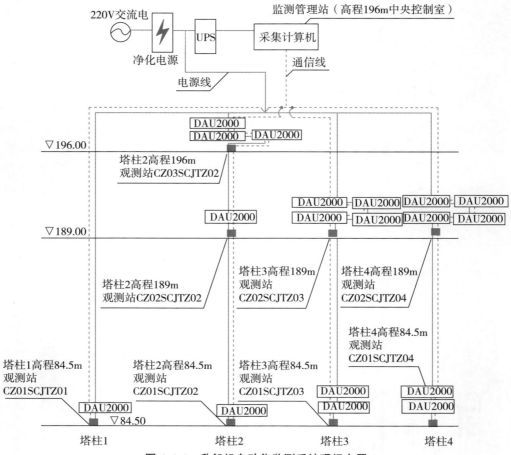

图 4.1-4　升船机自动化监测系统现场布置

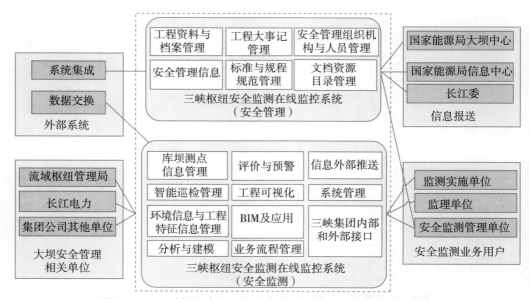

图 4.1-5　三峡枢纽安全监测在线监控系统建设内容及系统边界

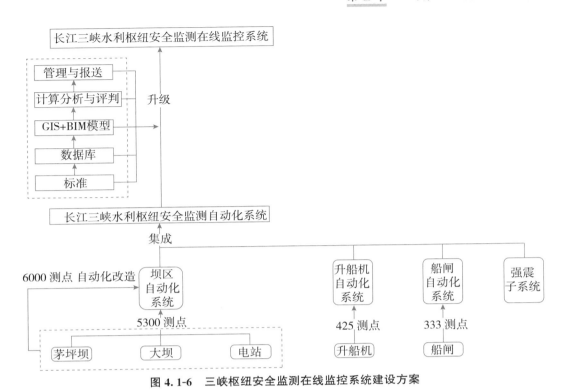

图 4.1-6　三峡枢纽安全监测在线监控系统建设方案

　　鉴于三峡工程安全监测在线监控系统建设的工作量大、复杂程度高,基于现有建设条件和项目实施的迫切性,拟分两期建设。一期建设基础平台、基础数据库、可视化模型和部分 BIM 信息模型,接入现有监测系统,实现监测数据分析、业务管理及报送等基础功能;二期全面建立标准体系,全面建设安全监测数据库、BIM 信息模型,完善快速计算功能,完善安全评判、预警及辅助决策功能等。

4.2　智能监测系统设计

4.2.1　总体逻辑布局设计

　　三峡枢纽安全监测在线监控系统是智慧流域枢纽运行管理工作平台的大坝安全管理专业平台,作为流域梯级枢纽监测和流域枢纽安全管理的工作平台及工具,实现从单一枢纽向梯级枢纽以及水库安全监测业务的拓展。

　　系统的总体布局定位为服务于流域枢纽管理局监测工作和三峡大坝安全管理,满足国家和三峡集团对大坝安全管理的要求,以及向国家能源局大坝安全监察中心(以下简称"大坝中心")和信息中心报送资料和监测信息要求。

　　系统作为一体化的业务平台,需要考虑流域大坝安全监测管理多业务、多应用、多用户、多终端的情况,从信息集成、统一入口访问、个性化应用、业务协作处理、信息共享、高效部署业务、系统安全等方面统一考虑系统的构架,以便使系统具有更强的适应能力、更快速的响应速度、更便捷的业务应用。

三峡集团长江流域已投入运行的水利枢纽有葛洲坝、三峡、向家坝、溪洛渡等工程,在建有乌东德、白鹤滩等工程。目前,三峡集团流域枢纽运行管理局监测中心主要负责三峡枢纽安全监测工作,考虑今后流域枢纽运行安全监测管理工作,其总体层次框架见图 4.2-1,系统总体布局见图 4.2-2。

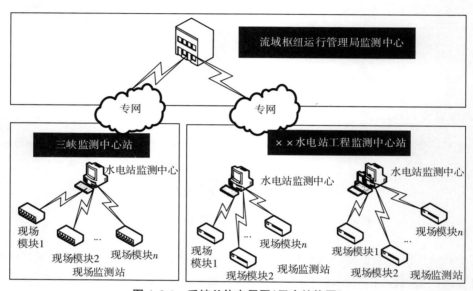

图 4.2-1　系统总体布局图(层次结构图)

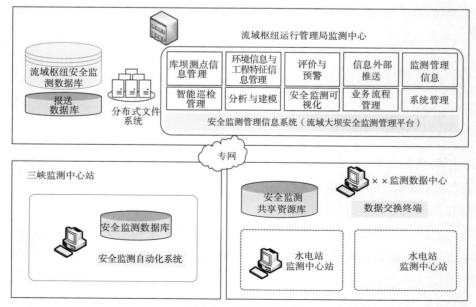

图 4.2-2　系统总体布局

4.2.2　系统总体架构设计

以服务于三峡集团长江流域梯级枢纽运行管理为宗旨,基于大数据、云平台、物联网、微服务、移动计算等新一代信息技术构建三峡枢纽安全监测在线监控系统。系统总体框架设计按照基础设施层(IaaS)、数据层(Daas)、平台层(PaaS)、应用层(SaaS)进行分层设计。以"开发标准化、系统模块化、操作工具化、运行容器化、应用服务化"为总体设计目标,平台总体架构见图4.2-3。

4.2.2.1　基础设施层(IaaS)

用于管理服务器计算资源、集中存储和分布式存储资源、网络资源、数据库资源和安全资源等,通过虚拟化方式实现软硬件资源的管理、扩容和监控等能力,通过横向扩展的方式不断补充硬件资源以支撑上层的 PaaS 平台及 SaaS 应用的性能需求。

(1)计算、存储、网络及显示资源

包括数据库服务器、应用服务器、防火墙、存储器、网络交换机、网闸、大屏等硬件设备。利用大屏等显示设备增强系统的二、三维展示效果。

(2)传感器

包括已建设的安全监测传感器以及从外部获取信息的传感器,大致可分为变形监测、渗流渗压、应力应变、专项监测、水文、流量、温度、地震、视频监控等。

4.2.2.2　数据层(Daas)

数据层由四部分组成:

(1)数据/信息采集

采用实时采集、离线采集、内/外网数据采集、第三方数据采集,及通过数据挖掘产生新的数据源。

(2)数据存储

包括结构化数据存储(SQLServer、Oracle 等)、非结构化数据存储(Hbase 等)、空间数据存储。

(3)业主子库

业主子库是本系统的数据源。包括空间地理数据、三维模型数据,和起定位作用的工程图件等;安全监测数据、环境量监测数据、专项监测、巡视检查数据、视频监控数据等;大坝安全综合管理数据,包括规程规范,技术资料与档案,运维、检修信息,缺陷处理、补强加固信息,应急管理信息,定检、注册信息等;其他数据包括系统管理数据和系统运行监控数据等。

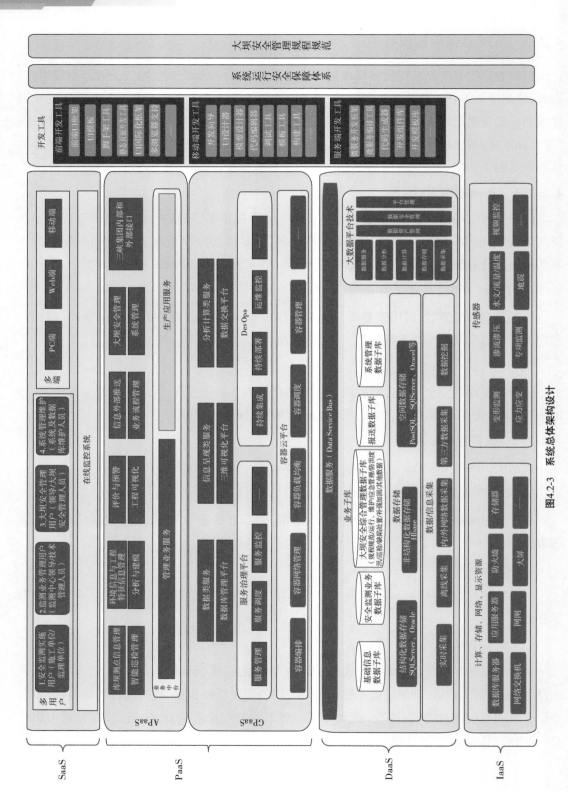

图4.2-3 系统总体架构设计

1）基础信息数据库

包括工程概况及工程特性基本信息、工程地质概况、气象基本信息、水文泥沙基本信息、地震基本信息、地质灾害基本信息等。空间地理数据库，即基础地理数据、专题地理数据、三维模型数据等。

安全监测图库包括工程平面布置、建筑物剖面图、地质剖面图等。

2）安全监测业务数据库

日常监测数据包括：安全监测数据、环境量监测数据、专项监测数据、安全监测巡视检查数据等。

安全监测数据包括外部变形、内部变形、渗流渗压、应力应变等。环境量监测数据包括大坝上下游水位、气温、降水量、出入库流量等。专项监测数据包括强地震、地质灾害。工程运行特征参数：闸门启闭及操作等，船闸充泄水、升船机运行信息。

巡视检查数据包括安全监测巡检数据等。安全监测管理数据包括：监测设施检查、运行、维护记录，重要监测项目（点）安全监控值，监测数据缺测、异常记录及说明，监测点封存、停测、报废状态信息。安全监测模型方法库：包括用于安全监测数据分析评价的常规模型等。

3）大坝安全综合管理数据库

管理信息包括规程规范管理、技术资料与档案、组织机构及人员管理、工程大事记管理、设施设备及水工结构管理、工程缺陷与隐患管理、巡检信息管理、检修维护信息管理、补强加固信息管理、防洪度汛信息管理、应急管理信息管理、定检、注册信息管理等。

4）报送数据库

为了满足向国家能源局大坝中心、信息中心报送资料和监测信息设置的共享资源库。向大坝中心报送的大坝运行安全信息分为日常信息、年度报告、专题报告三类；向信息中心报送的水能利用信息包括大坝状态监测数据、流域地质灾害监测数据、其他水能利用信息等。

5）系统管理数据库

系统管理数据库，包括系统管理数据（用户权限、系统日志等）、系统运行监控数据。

（4）大数据平台

与数据/信息采集、数据存储、业务子库并列，提供大数据支撑，从采集、存储、计算、服务、管理、挖掘、数据资产等方面提供技术支撑。

4.2.2.3　平台层（PaaS）

基于全新的互联网架构和技术体系的平台层（Platform as a Service，PaaS），是支撑企业中基于新一代技术架构开发的应用系统稳定运行最重要的部分。以分布式、微服务、大数据、容器为基本技术组成，在技术路线和架构上以开源、开放、自主可控为导向。整个平台的技术架构采用目前主流的互联网技术体系。

PaaS层主要有以下特征：

①通过抽象出 IaaS 层提供的资源，以应用为中心，通过资源池方式实现资源的分配和共享，通过容器进行应用程序封装，实现应用程序的快速发布部署及环境隔离。

②通过抽象出分布式复杂应用模型，以模型为基础，实现全自动化端到端的应用生命周期管理，包括软件包管理、多实例安装、网络创建和隔离、负载均衡配置、故障发现和恢复、监控、实时分析、弹性伸缩，以及无中断升级和发布。

③通过微服务框架抽象出业务场景的共性特征，以服务为中心，实现支撑多种不同应用场景业务需求的共享服务能力，利用服务治理能力实现微服务之间的依赖关系、安全策略及运维监控，包括服务订阅、创建、运行时多租户隔离、多实例的服务路由、客户端和服务端服务调用流量分析和控制、协议转换、高效服务间通信等特性。

④PaaS 平台所具备的这些核心特征可以快速构建强大的分布式应用系统，从而灵活满足业务需求的快速变化。

⑤PaaS 平台一般分为基础平台层（GPaaS）和应用平台层（APaaS）两层。

（1）基础平台层（GPaaS）

基础平台包括服务治理平台、容器云平台、DevOps 平台。

微服务治理平台支持微服务架构，负责对微服务运行中的服务注册、服务发现、服务依赖、运行状态进行管理，提供应用全生命周期、服务框架、RPC、流量控制、权限控制、服务管理、服务调用、链路追踪、服务降级、配置中心、一致性框架（用于支持分布式事务）、异步编程框架等核心组件。

同时基础平台层以容器云平台为支撑，容器云平台包含容器管理、资源管理、容器编排等技术能力，在运行期为应用提供扩容、缩容、升级、回滚等功能，支持针对容器的服务发现和负载均衡，实现弹性计算能力，保证服务的高可用和稳定性。

DevOps 平台基于持续集成、持续部署、配置中心、多套环境等基础服务，提供从代码编译构建到应用程序发布上线的持续集成、持续发布、运维监控等全过程管理，在应用发布过程中可以自动化执行代码扫描、代码编译、单元测试、代码构建、生成镜像、多环境部署、功能测试、压力测试、蓝绿发布、灰度发布等多个环节的工作，并具备日志管理、应用版本升级管理、应用性能监控、用户行为监控等管理监控能力，为长江电力在企业应用系统开发和运维中的应用，降低应用系统研发中的成本，提高研发效率。

（2）应用平台层（APaaS）

应用平台层（Application PaaS，APaaS），由多个基于微服务框架构建的微服务组成，以共享服务的形态为上层应用系统提供通用技术和业务场景支撑能力，形成强大的中台服务能力，包括数据库管理平台（DBMS）、三维可视化平台（3DGIS）、数据交换平台和其他应用支撑平台。

数据类服务包括通用文档预览及检索，监测数据服务、综合管理数据服务等；信息呈现类服务包括二、三维可视化服务，监测设施布置图、断面图，监测数据过程线图、分布图、相关图等,图表服务、报表服务等;分析计算类服务包括安全监测专业分析及评价模型服务等。

应用层的子系统包括测点信息管理、智能巡检管理、环境信息与工程特征信息管理、分析与建模、评价与预警、工程可视化、信息外部推送、业务流程管理、综合信息管理、系统管理、三峡集团内部和外部接口等。

4.2.2.4　应用层(SaaS)

实现安全监测监控信息的多端访问,及 PC 端、Web 客户端、移动客户端,实现直观的二、三维可视化展示。

系统的用户包括安全监测实施用户(监测实施单位、监理单位)、安全监测业务管理用户、大坝安全管理用户、系统管理维护用户 4 类。

智能监测系统主要功能见图 4.2-4。

4.2.3　系统主要功能

系统功能模块包括 12 个,包括:测点管理、巡检管理、特征信息、工程可视、分析建模、预警评价、BIM 应用及快速结构计算、信息外部推送、业务流程管理、大坝安全管理、系统管理、三峡集团内部和外部接口等。

测点管理包括数据管理、属性数据管理 2 个功能模块。数据管理实现人工数据录入、离线数据批量导入、在线数据自动接收、数据暂存与可靠性检验、人工与自动化观测比较、全测点数据库、在线监控测点数据库;属性数据管理实现测点基本信息管理、测点分类管理、测点布置图管理及测点综合统计。

巡检管理对三峡枢纽巡检中的部位进行细化,将最小巡视单位定义为巡检对象,不同类型的巡检对象具有各自的巡检内容、标准和方法。传统的巡检结果描述是单纯的文档记录,而智能巡检结果既可以在空间位置下将对象结果进行分组查询,也可以在巡检类型下对所有的检查内容进行分类。

特征信息包括水文和气象信息管理、地震监测信息管理、工程运行特征信息管理等。

工程可视包括基本可视化、结构可视化、监测可视化。

BIM 应用开展左厂 1#~5# 坝段 BIM 建模,开展多角度的 BIM 应用,包括信息管理、计算分析、信息表达、信息扩展以及信息查询等内容。实现基于 BIM 模型的左厂 1#~5# 坝段(每个坝段前缘长均为 38.3m,又分为两个坝段,即左侧为钢管坝段,长 25m;右侧为实体坝段,长 13.3m)结构快速仿真计算的功能,通过数理统计和计算分析对建筑物及结构的运行状态进行评判和预警。

分析建模包含在线计算、数据分析整理、分析模型、各类分析报告生成。

预警评价包含安全监测鉴定和评价、运行性态分析和安全评价、监测系统预报预警、数据异常预警。

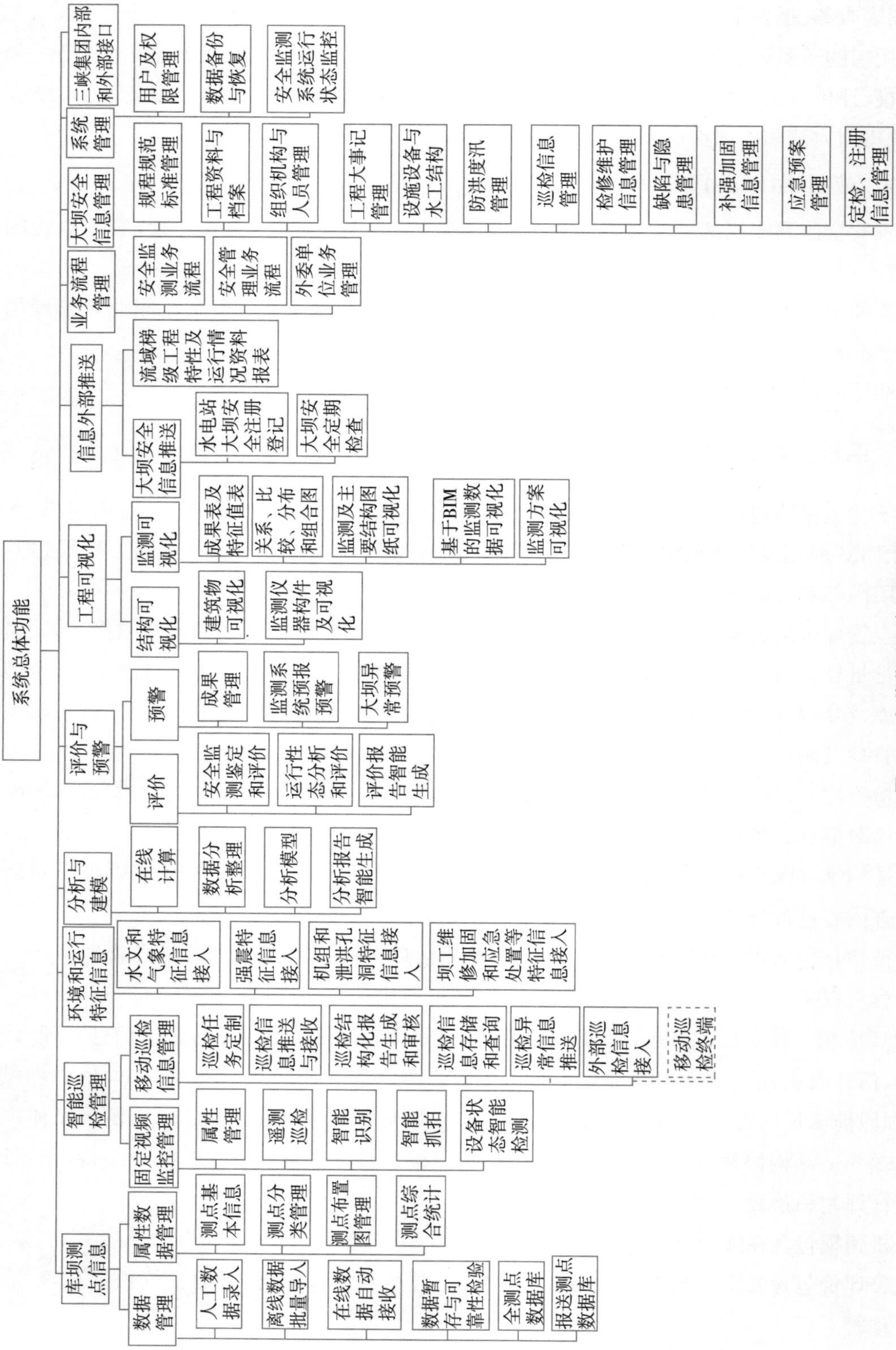

图4.2-4 智能监测系统主要功能

信息外部推送在集团管理信息网中,是大坝安全管理的核心功能模块,实现信息对外推送。

业务流程管理实现安全监测业务流程的数字化管理,提升企业管理的规范化、科学化、系统化水平。流程主要有:总体业务流程、监测信息管理流程、人工观测(外观)入库流程、人工观测(内观)入库流程、自动化观测(内观)入库流程、强震自动化观测流程、巡视检查流程、监测资料分析流程、自动化运维工作流程等。

综合管理以电子档案文档为主,结合相关数据的结构化信息管理,实现大坝运行安全(综合)管理。采用文档资源目录管理方式,实现各类文档进行分类录入,维护、设置各种关键属性以便进行筛选查询,辅助大坝安全管理。

系统管理不仅提供用户、角色及权限的管理,还可以管理系统使用的用户、用户可以操作的功能模块及访问的数据资源。

内外部接口包括视频监控信息输入输出、流域综合监测信息接入等,预留三峡集团内部和外部接口,三峡集团大数据中心以及溪洛渡、向家坝、白鹤滩和乌东德工程等接口,提供智慧流域运行管理工作平台接口,向智慧流域运行管理工作平台推送安全监测管理所需相关信息。

4.2.4　系统用户总体分析

(1)用户构成

三峡集团流域枢纽运行管理局监测中心是主要负责内部流域枢纽安全运行管理与外部信息的推送业务的牵头单位,以三峡枢纽大坝安全监测管理和大坝安全管理业务为核心,以流域枢纽运行管理局监测中心为中心的系统用户(表4.2-1、图4.2-5)。

表4.2-1 安全监测管理和大坝安全管理用户汇总

单位及部门(用户)	职责	系统角色
安全监测实施单位	内观观测、外观观测、安全监测巡检,监测作业及数据处理及提交	数据上传。大坝安全管理被考核对象
安全监测监理单位	安全监测项目管理,安全监测监理,监测资料整编,预警发布,安全监测自动化系统运行维护管理	数据的审核者,大坝安全注册、定检的参与单位

续表

单位及部门(用户)	职责	系统角色
枢纽管理局监测中心	负责水库大坝地质地震安全监测管理;负责组织三峡枢纽大坝安全监测工作,包括监测数据采集、应急反应、初步分析、简单评价,监测设施管理等	是安全监测的组织者,也是大坝安全注册、定检工作的牵头单位
大坝安全管理相关单位(流域枢纽管理局办公室、枢纽管理部、水库管理部、枢纽工程部、技术管理部、质量安全部、监测中心等;长江电力的三峡电厂、三峡梯调通信中心等)	水工建筑物及设施设备巡视检查、维护及补强加固、缺陷及隐患清单、应急电源、应急预案;年度详查、注册报告、定检报告	大坝安全管理信息源和使用者
集团公司其他单位(建设管理公司等)	大坝安全管理信息的维护,如水利水电工程环境管理信息等	填报国家能源局信息中心需要的环保、生态环境管理信息等
系统管理维护用户	保障数据库及系统正常运行	DBA,系统维护

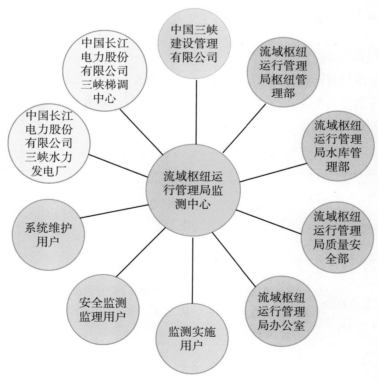

图 4.2-5　系统用户分析

（2）用户分类

1）安全监测实施用户

包括安全监测施工单位、监理单位等。

2）安全监测业务管理用户

主要包括枢纽管理局监测中心领导、安全监测业务管理人员等。

3）大坝安全管理用户

包括枢纽运行管理局相关部门领导及大坝运行安全管理人员，涉及流域枢纽运行管理局办公室、枢纽运行管理部、水库管理部、枢纽工程部、技术管理部、质量安全部、监测中心等；涉及中国长江电力股份有限公司三峡梯调中心和中国长江电力股份有限公司三峡水力发电厂等单位。

4）系统管理维护用户

专门从事系统及数据库维护的人员。

4.2.5　总体数据流程设计

4.2.5.1　总体数据流程图

在线监控系统总体数据流程见图4.2-6。

4.2.5.2　主要业务数据流程分析

（1）安全监测数据

包含自动化采集和人工录入的安全监测数据。在已有"长江三峡水利枢纽安全监测自动化系统"基础上，打造统一"安全监测数据采集系统"。

在线监控系统数据库在已有三峡枢纽安全监测自动化系统数据库基础上建设，实现安全监测业务数据库升级、改造，对已有安全监测数据库表进行结构优化，并扩充监测管理信息数据库、环境监测数据库、巡视检查数据库、视频监控数据、预警预报数据库、模型方法库、安全评价库等子库。统一"安全监测数据采集系统"建设和在线监控系统的监测数据流程见图4.2-7。

①自动化监测数据（已有、待建）利用统一"安全监测数据采集系统"统一入口完成入库。

②新增的人工观测数据有两种入库方式：一是通过已有自动化系统完成入库，同时同步推送到在线监控系统数据库中；二是直接通过在已有系统模块基础上升级的在线监控系统数据处理及入库模块实现监测数据入库，同时更新至两个数据库中，以保持数据的完整性。

③历史监测数据，采取一次性迁移方法，迁移至在线监控系统数据库中。数据迁移的时机和条件，以数据库及系统试运行稳定性得到确认为前提。

④完整的安全监测数据处理及入库流程包括：人工观测数据，需借助数据录入软件录入或批量导入，在监测单位进行自检、粗差检验后，导入原始测值数据库；自动化数据，采用在

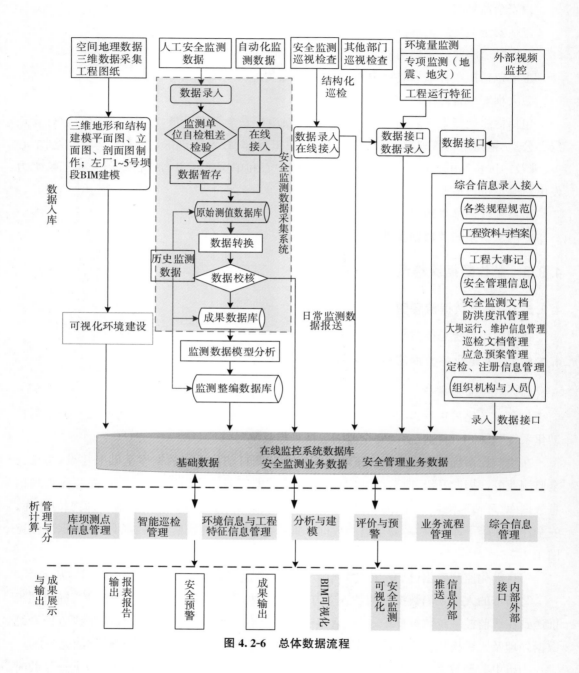

图 4.2-6 总体数据流程

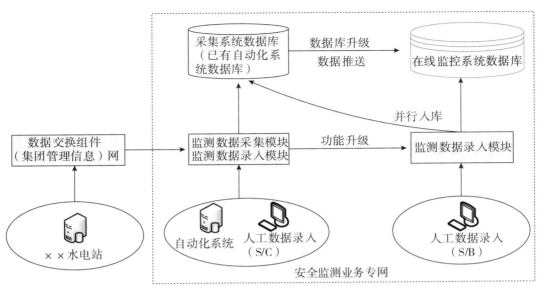

统一安全监测数据采集系统

图 4.2-7　安全监测数据采集系统建设

线接入方式,数据入库到原始测值数据库中。测值数据库中的数据经过数据转换、数据校核,形成成果数据库;针对成果数据库中的数据,运用确定性模型、灰色模型、统计回归模型等进行分析、计算,形成的成果或结果进入整编数据库。

（2）环境量监测、专项监测及工程运行特征数据

环境量监测数据,如大坝上下游水位、气温、降水量、出入库流量等,从梯级水库联合调度相关系统中接入或批量导入。

专项监测数据中,强地震监测数据从地震监测系统中动态接入。

工程运行特征数据,泄洪闸门启闭、机组运行等数据可从梯级调度相关系统或智慧流域平台中接入或批量导入;船闸运行及充泄水等数据可从通航局相关系统或智慧流域平台中接入或批量导入。

（3）巡视检查数据

安全监测巡视检查成果,采取录入和导入方式入库。

结构化电子巡检数据,如安全监测巡检,船闸、升船机电子巡检数据,通过移动设备采集的信息,采取在线上传或离线接入在线监控数据库中。

巡检相关文档(电子、纸质)成果,如枢纽管理部和电厂等部门的巡检数据,采取从外部数据库接入或批量导入方式入库。

船闸、升船机结构化巡检数据,拟从通航局电子巡检系统(在建)接入。

（4）其他大坝安全管理信息

包括规程规范管理、技术资料与档案、组织机构及人员管理、工程大事记管理、设施设备

及水工结构管理、工程缺陷与隐患管理、巡检信息管理、检修维护信息管理、补强加固信息管理、防洪度汛信息管理、应急方案信息管理、定检、注册信息管理等。采取从已建系统（EPMS、EIIS）数据库接入，或批量导入和录入三种方式。详见大坝安全信息汇集方案。

（5）视频监控

接入集团公司已有外部视频监控信息，通过集团视频监控平台提供的接口实现接入。外部视频监控信息接入的目的是帮助技术人员和管理者通过视频及时了解现场情况，辅助安全监测信息和事件的分析、决策。

（6）可视化环境建设

采集、获取影像、三维地形等空间地理信息，制作数字正射影像，构建三维地形地貌场景；收集水工枢纽建筑物图纸，结合现场拍照，建设工程建筑物三维模型；融合道路、水系等基础空间数据，叠加在线监测专题矢量数据，构建在线监控系统三维可视化环境。

本系统可视化环境建设需要与"船闸和地下电站关键块体三维信息库"项目共享基础信息资源和建筑物三维模型等。

4.2.6　流程与处置

流程系统在大坝安全监测中具有高效规范的作用与意义：

①负责大坝安全监测项目实施的统一规划、组织、协调的控制工作。

②负责大坝安全监测项目的监理工作，监督和管理监测项目的实施。

③对大坝监测项目取得的监测数据、资料、报告进行收集、管理、综合、分析和反馈。为安全施工和设计工作提供指导性的建议和意见，必要时发出工程安全预警。

4.2.6.1　业务流程基本要求

（1）安全监测业务流程

实现安全监测业务流程的数字化管理，提升企业管理的规范化、科学化、系统化水平，也可为外委单位绩效考核提供管理支撑。

运行维护阶段安全监测工作管理流程主要有：总体业务流程、监测信息管理流程、人工观测数据入库流程、自动化观测数据入库流程、强震自动化观测流程、巡视检查流程、监测资料分析流程、自动化运维工作流程等。

（2）安全管理业务流程

运行维护阶段安全管理业务流程主要有：工程验收流程、安全检查流程、运行维护流程、除险加固流程、日常巡视检查流程、缺陷管理流程等。

（3）外委单位业务管理

以项目为单位，系统对项目进度管理、人员、车辆以及三标一体等内容管理，可实现指标管理、优化资源配置管理和提升效能管理。实现对安全监测外委单位的业务管理。

4.2.6.2 大坝运行安全管理业务流程识别

大坝运行安全管理应满足《水电站大坝运行安全监督管理规定》第二章运行管理的要求，因此，大坝运行安全管理业务中二级流程有：

①工程验收流程（安全管理业务）；

②安全检查流程（安全管理业务）；

③运行维护流程（安全管理业务）；

④除险加固流程（安全管理业务）；

⑤安全监测流程（安全监测业务）；

⑥日常巡视检查流程（安全监测业务、安全管理业务）；

⑦缺陷管理流程（安全管理业务）；

⑧隐患管理流程（安全管理业务）；

⑨防洪度汛流程（安全管理业务）；

⑩应急管理体系流程（安全管理业务）；

⑪功能变更管理流程（安全管理业务）；

⑫改造管理流程（安全管理业务）；

⑬降低等别管理流程（安全管理业务）；

⑭退役管理流程（安全管理业务）；

⑮人员管理流程（安全监测业务、安全管理业务）；

⑯档案管理流程（安全监测业务、安全管理业务）；

⑰外委单位管理流程（安全监测业务、安全管理业务）。

上述二级业务流程中安全监测业务流程为主要管理流程，其余二级业务流程为安全管理流程。

（1）安全监测业务流程

大坝安全监测管理工作按阶段可分为设计阶段的审查等，实施阶段的仪器设备率定、埋设安装、基准值观测、施工期观测等，运行维护阶段的周期观测、资料整编分析等工作。

1）项目管理业务流程

大坝安全监测工作管理单位的主要职责有：

①负责大坝安全监测项目实施的统一规划、组织、协调的控制工作。

②承担大坝安全监测项目的监理工作，监督和管理监测项目的实施。

③对大坝及项目施工期和永久监测项目取得的监测数据、资料、报告进行收集、管理、综合、分析和反馈。为安全施工和设计工作提供指导性的建议和意见，必要时发出工程安全预警。

项目管理业务流程见图 4.2-8。

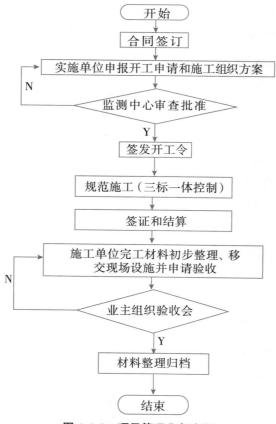

图 4.2-8 项目管理业务流程

2)监测信息管理业务流程

监测信息管理业务，是建立安全监测信息管理系统，各监测实施单位定期按合同要求向安全管理单位提供全部监测数据（包括原始记录和处理后的数据），以便进入安全监测中心数据库统一管理。

监测信息管理业务流程见图 4.2-9。

3)人工观测数据入库流程

大坝安全监测人工观测数据入库流程见图 4.2-10。

4)自动化观测数据入库流程

大坝安全监测自动化系统观测，其采集数据入库流程见图 4.2-11。

5）强震自动化观测流程

现阶段大坝内部强震自动化观测流程是对在收到强震信息后，触发安全监测数据自动化采集。其流程见图 4.2-12。

6）巡视检查流程

大坝安全监测人工巡视检查流程见图 4.2-13。

7）监测资料分析流程

大坝安全监测资料分析流程见图 4.2-14。

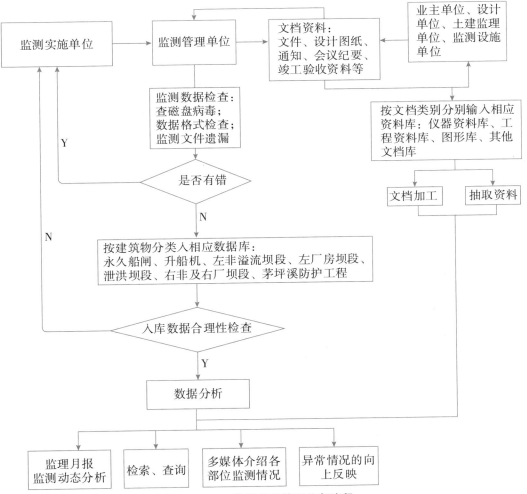

图 4.2-9　监测信息管理业务流程

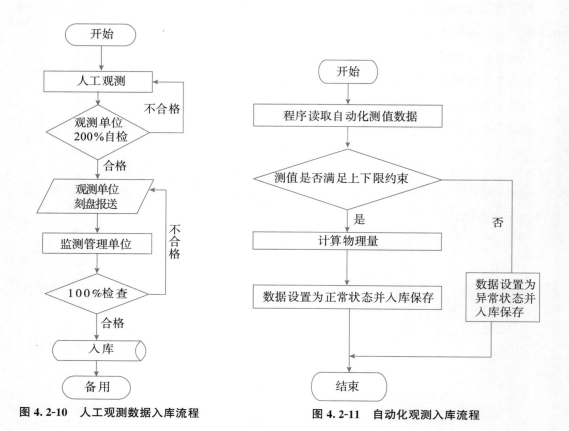

图 4.2-10　人工观测数据入库流程

图 4.2-11　自动化观测入库流程

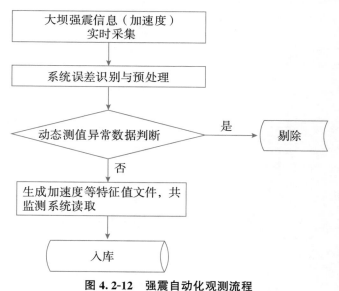

图 4.2-12　强震自动化观测流程

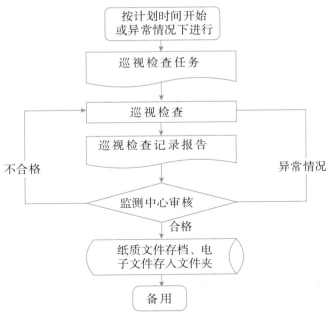

图 4. 2-13　巡视检查流程

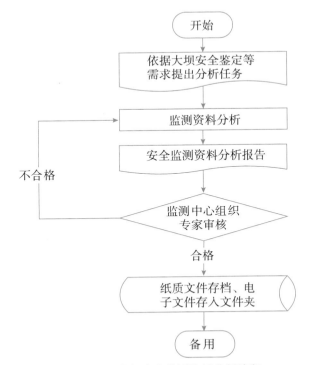

图 4. 2-14　大坝安全监测资料分析流程

8）自动化运维工作流程

自动化运维工作流程见图 4.2-15。

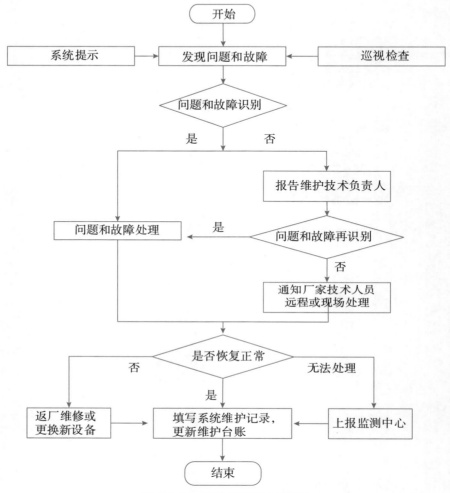

图 4.2-15　自动化运维工作流程

9）详细检查流程

大坝安全监测详细检查主要以人工巡视检查为主，其流程见图 4.2-16。

10）监测设施报废流程

大坝安全监测设施报废流程见图 4.2-17。

11）监测设备报废流程

大坝安全监测设备报废流程见图 4.2-18。

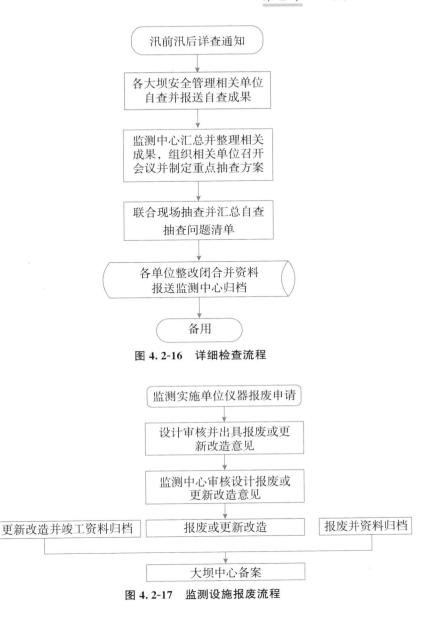

图 4.2-16 详细检查流程

监测实施单位仪器报废申请

设计审核并出具报废或更新改造意见

监测中心审核设计报废或更新改造意见

| 更新改造并竣工资料归档 | 报废或更新改造 | 报废并资料归档 |

大坝中心备案

图 4.2-17 监测设施报废流程

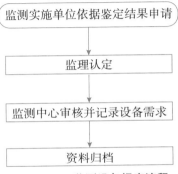

监测实施单位依据鉴定结果申请

监理认定

监测中心审核并记录设备需求

资料归档

图 4.2-18 监测设备报废流程

（2）安全管理业务流程

运行维护阶段安全管理业务流程主要有：工程验收流程、安全检查流程、运行维护流程、除险加固流程、日常巡视检查流程、缺陷管理流程等。

①工程验收流程；②安全检查流程；③运行维护流程；④除险加固流程；⑤日常巡视检查流程；⑥缺陷管理流程；⑦隐患管理流程；⑧防洪度汛流程；⑨应急管理体系流程；⑩功能变更管理流程；⑪改造管理流程；⑫降低等别管理流程；⑬退役管理流程；⑭人员管理流程；⑮档案管理流程。

一般日常巡视检查除安全监测业务外，还有建筑物护坡和山体排水系统边坡巡视检查和发电设备等运行安全巡视检查。

a.枢纽电厂设备巡视检查主要以人工巡视检查为主，巡检内容涉及所有设备，其流程见图4.2-19。

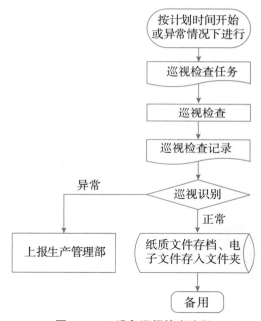

图4.2-19 设备巡视检查流程

b.建筑物护坡和山体排水系统边坡巡视检查主要以人工巡视检查为主，其流程见图4.2-20。

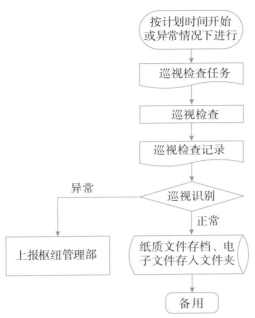

图 4.2-20　边坡巡视检查流程

c. 建筑物运行维护工作，其流程见图 4.2-21。

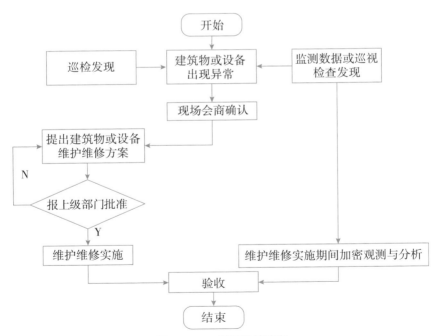

图 4.2-21　运行维护流程

（3）外委单位业务管理流程

大坝运行维护阶段安全监测委托具有一定资质的专业监测单位承担。外委单位的业务管理流程主要有:对外委单位投入的人员管理检查流程、对外委单位投入的仪器设备管理检查流程、对外委单位项目实施的三标管理流程,以及对外委单位完成项目的年度考核管理流程等。

(4)大坝定期检查流程

大坝定期检查是指定期对已运行大坝的结构安全性和运行状态进行的全面检查和安全评价。大坝定检范围包括挡水建筑物、泄水及消能建筑物、输水及通航建筑物的挡水结构、近坝库岸及工程边坡、上述建筑物与结构的闸门及启闭机、安全监测设施等。

大坝定检应当按照"系统排查、突出重点、全面评价"的原则,客观、公正、科学地评价大坝安全状况。

大坝中心负责定期检查大坝安全状况,评定大坝安全等级。其业务流程见图 4.2-22。

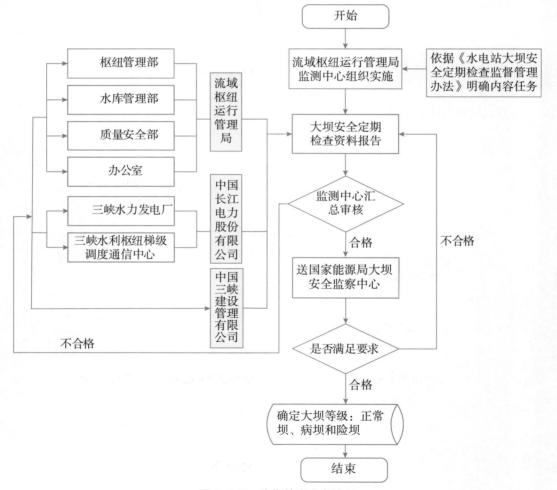

图 4.2-22 定期检查业务流程

（5）大坝安全注册登记流程

国家能源局负责大坝安全注册登记的综合监督管理，大坝中心负责大坝安全注册登记的监督管理并办理大坝安全注册登记工作（图4.2-23）。

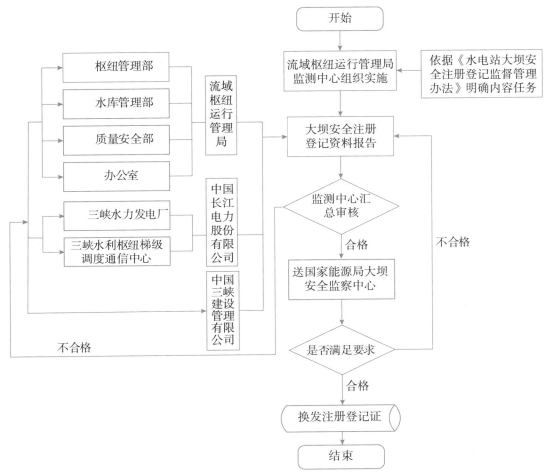

图4.2-23　大坝安全注册登记流程

（6）流域梯级工程特性及运行情况资料报送流程

目前，流域枢纽运行管理局负责葛洲坝、三峡、向家坝和溪洛渡等枢纽工程的工程特性及运行情况资料报送，主要包括基础数据、水能利用数据、生态环境数据和流域安全数据等，其业务流程见图4.2-24。

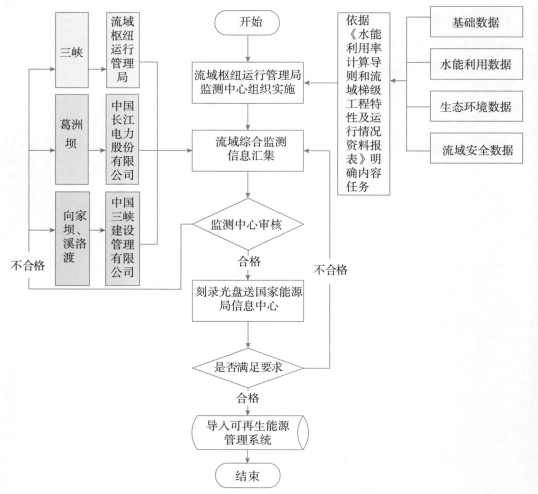

图 4. 2-24 流域梯级工程特性及运行情况资料报送流程

4.2.6.3 业务流程再造方法

流程再造的目的是充分利用大坝运行安全监测系统,将串行工作流转化成并行工作流,提高流程运行效率,实现信息的一次或并发处理与共享;流程再造需要站在系统的角度,对系统进行审视、梳理和再造;流程梳理、改造和再造要加强业务管理部门之间的沟通,达到步调一致,同时又要避免业务管理部门交叉工作的冲突和重复。

(1)安全管理业务流程基本属性

流程的基本属性包括范围、规模、分类和绩效四个方面。

1)范围

范围指跨越的部门或组织的数量,流程范围的缺陷会降低流程的效率。

2)规模

规模指流程所包括活动多少,取决于它的产品或服务内容的复杂程度,有时也与我们研究的目的有关。例如,建设项目的工程例会管理流程,可以划分为以下四个阶段:确定议题、会议准备、会议进行、会后工作管理。对于这样一个流程,很多项目管理组织往往只有前三个阶段,没有最后一个,这导致流程残缺不全,势必影响会议决定的执行和日后的查证工作。

3)分类

为了便于理解,可以对一级流程的某个过程或某个过程的某项活动作为细分的选项,形成二级、三级甚至更低级的流程。

4)绩效

绩效指该流程在多大程度上满足了客户需要。流程绩效指标是评估流程运行效率的,可能包括质量、成本、速度、效率等多个方面。

(2)安全管理业务流程管理

目标、流程、职责,三位一体,任何一个项目,一个建设工程项目,它都有自己的特定目标,每个项目组织都在为这一特定目标不断地进行努力,以实现组织目标。没有目标的流程是空洞的,没有意义的;而没有流程去实现组织目标,将会使组织内部人员陷入一种困顿状态,产生沟通障碍,职责不清,中间环节问题连绵,最终归结到最后一个环节那里。

流程管理是一种以规范化地构造端到端的业务流程为中心,以持续的提高组织业务绩效为目的的系统化方法。它应该是一个操作性的定位描述,指的是流程分析、流程定义、资源分配、时间安排、流程质量与效率测评、流程优化等。

流程管理的作用为保障项目计划战略的有效实施,提升项目效率。改善项目进度和效率,加速项目成果的固化和经验的积累,对项目实施起到承上启下的作用。可降低项目变更引起的风险;规范业务操作,提升项目组织的绩效和竞争力,保障组织的运营,提升项目团队执行力。

流程管理具备的特征为:可继承、可量化、可复制。作用主要体现在:优化流程执行过程,提高工作质量;提供业务绩效评估、对流程持续改进完善;固化业务流程,实现流程的自动化;加快业务响应速度,提高业务的灵活性;强化业务扩展能力,加强业务过程管理;实现业务执行监督、减少由人为因素造成的影响;提升企业管理的规范化、科学化、系统化。

从上述分析可以看出,大坝运行安全管理中的业务流程管理具备流程管理的一切特征,同时具备大坝运行安全管理的特点。从大坝运行安全管理的主要内容(运行管理、定期检查、注册登记和监督管理等四个方面)看,大坝的运行管理及其流程管理属于三峡集团内部管理范围。而大坝定期检查、注册登记和监督管理工作由大坝中心负责,三峡集团必须配合提交资料等,亦存在相应的业务流程管理工作。

依据大坝运行安全管理特征,大坝运行安全管理流程可划分为一级流程、二级流程和三级流程。其中,一级流程主要有:大坝运行安全管理流程,大坝定期检查流程,大坝注册登记流程。

(3)业务流程信息化要求

业务流程信息化管理将重点考虑以下方面:

①业务主流程有哪几个,怎么触发(计划、指令、其他流程触发、事件);

②需要其他哪些流程产生的哪些信息;

③流程各节点会产生哪些信息;

④流程各节点的属性(转向条件、权限、时间限制等);

⑤流程向其他哪些流程提供哪些信息;

⑥会触发哪些子流程;

⑦本业务各类用户需要做些什么、看些什么;

⑧查询时信息和界面的分层;

⑨各类终端显示什么信息。

(4)安全管理业务流程再造特点

大坝运行安全管理业务流程再造的特点,是基于现行流程的运行进行流程升级及流程流转过程再造,进行流程再造的原因只是为了适应企业信息化建设的需要,并且希望通过此项目在未来获得可见的技术成本优势(图4.2-25)。其次再造只是为了加强其已有的核心竞争能力。

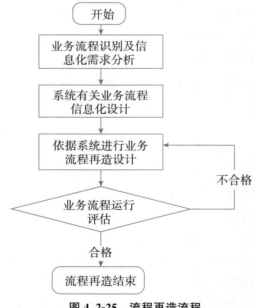

图 4.2-25　流程再造流程

(5)基于工作流引擎支撑业务流程再造

1)工作流引擎

为了解决企业内部工作流程和信息流的计算机管理问题,采用工作流(Workflow)技术实现系统内部工作流程和信息流的管理,以构造一个灵活、自适应的系统,实现图文一体化管理。

工作流技术的应用将参照工作流管理联盟（Workflow Management Coalition，WFMC）的有关工作流规范,利用工作流管理系统完成工作流程的定义和管理。业务应用系统按照在工作流管理系统中预先定义好的工作流逻辑进行工作流实例的执行,使系统的开发工作变为工作流的定义和应用组件的开发与调用。企业机构调整、人事变动、业务内容与流程的调整,只需要修改工作流的定义和配置,便可使应用系统适应新的业务要求,或根据需要新增应用组件并定义和配置相应的工作流,以适应新增的业务需求,从而使系统具有较强的易维护性和可扩展性。因此工作流引擎技术的应用带来的优点包括:辅助改进和优化业务流程,提高业务工作效率;实现更好的业务过程控制,提高业务流程的柔性;以信息化手段规范行为,落实制度;全面监控、协同内外、快速响应,提升企业执行力。

2）动态表单

系统开发过程中,大量的工作在于开发显示和处理表格数据的界面或表单,以及表格打印功能,如果数据结构稍有调整和新增数据,则要重新开发界面或表单,为增强系统的可定制能力和可扩展性,采用动态表单,作为工作流引擎一个辅助模块。采用表单设计程序设计表单,并将表单设计数据存入数据库中,应用时由表单应用组件直接调用表单设计数据库中的表单设计数据,便可生成表单,并进行数据的查询、修改,并按要求进行打印。

自定义的表单与 Web 服务集成,可以容易实现直接存储进数据库的表单库中,也可以方便地实现与各种系统和应用程序之间交流和应用。业务组件或应用系统可以方便地利用这些信息生成各种文档或报表。

4.3　智能监测系统

4.3.1　概述

为推进安全监测数字化、智能化、智慧化建设,掌握三峡枢纽健康状况,为应急决策提供及时、准确的数据支撑,开发建设了三峡枢纽安全监测在线监控系统,是国内首个能适用"混凝土坝＋土石坝＋通航建筑物＋电站厂房＋边坡"全生命周期的在线监测智慧管理系统,推动了水利行业安全监测工作智慧化转型。

系统具有测点管理、采集控制等 12 个功能;并取得了多项技术突破:系统综合应用感知物联网、大数据、人工智能等现代信息技术,建设了行业首个基于 GIS＋BIM 的安全监测在线监控系统,与三峡工程紧密结合,实现了安全监测信息的"采集、分析、评价、预警、报送"全流程在线可视化及智能化管理;基于"惯导＋物联网＋数字地图"的智能巡检、基于 BIM 和有限元的快速结构计算、基于传统模型和智能模型的数据分析评价等方面也取得多个亮点创新成果。

4.3.2　测点信息

测点信息管理包括数据管理、属性管理和数据查询 3 个功能模块,数据管理模块实现人工数据录入、离线数据批量导入、数据暂存与可靠性检验、数据录入流程审核等;属性管理模块实现测点基本信息管理、测点分组管理、测点布置图管理等;数据查询模块实现全测点数据查询展示、测点成果统计、过程线、分布图、相关图、人工与自动化数据比较、测点基本信息统计等。

(1)数据管理

1)离线录入

监测数据一般是通过各式各样的传感器采集得到的,原始监测量种类繁多(如电阻比、频率等),进行资料分析前应将其换算成具有明确物理意义的监测物理量。功能根据每种仪器不同的人工观测记录表的格式,在确定仪器类型后,将电子表格显示在前端界面,进行单个测点数据录入或大批量测点数据录入,不需要用户输入测点编号及时间,只需切换测点及填写测值(图 4.3-1)。在录入观测数据后,系统根据测点的计算公式自动计算成果数据(图 4.3-2)。

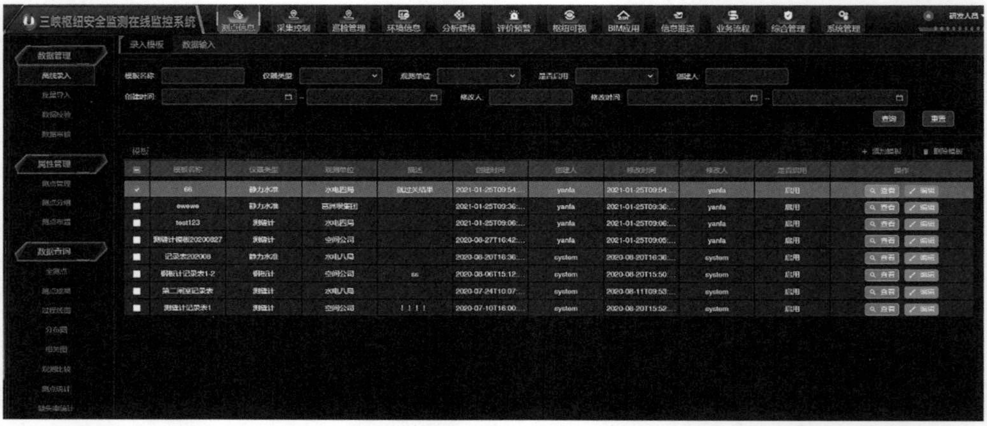

图 4.3-1　录入模板界面

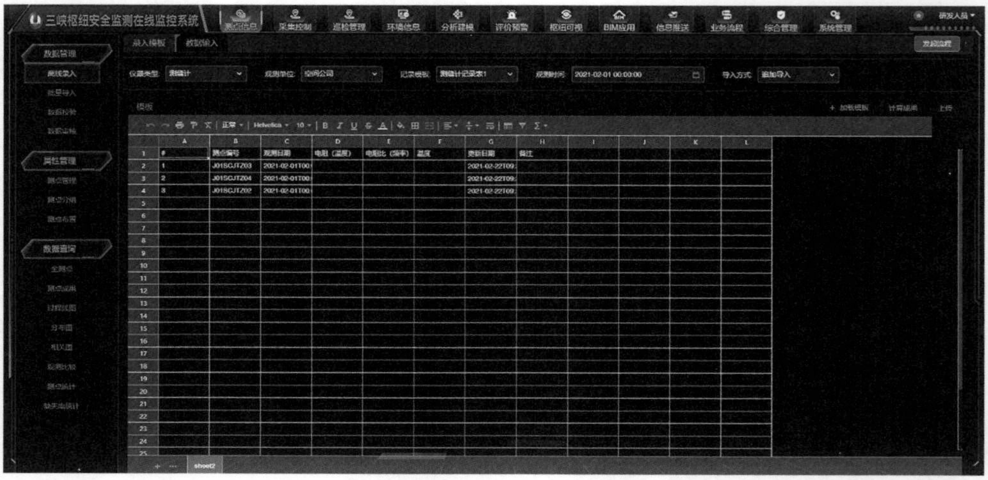

图 4.3-2　数据录入界面

2）批量导入

批量导入分为两种文件导入方式，支持自定入库方式：追加导入和覆盖导入，追加导入为导入数据库没有的数据，覆盖导入为删除数据库中已有数据，重新导入所有数据。首先，用户在三峡各类安全监测系统进行数据输出操作后，选择 txt 或 Excel 文件格式导出到本地；另外，用户可以直接在浏览器下载 Excel 模板后，填入完数据后即可离线导入。用户选择包含测点测值、成果值数据的文件（txt、Excel 等），系统首先验证数据组织方式是否符合数据交换标准，遇到文件格式错误或其他类型错误时，有详细的错误提示信息，如文件中第××行××列格式不正确、观测量名称不正确等（图 4.3-3 至图 4.3-5）。

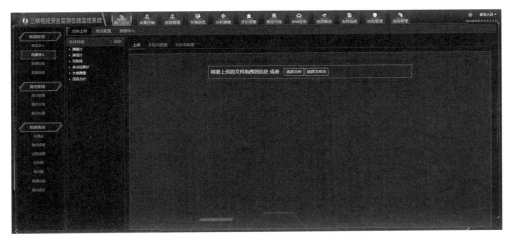

图 4.3-3　文件上传界面

图 4.3-4　格式配置界面

图 4.3-5　数据导入界面

3）数据检验

安全监测人工观测数据及自动化观测数据，无论来自多么高精度的仪器，测量误差总是不可避免的，这种误差包括各种客观条件的影响，如测量过程、测量条件和测量仪器。由于安全监测数据的特殊性，各期观测数据之间的变化量很小，因此很难分辨两次观测的变化量是实际发生的，还是由误差造成的。影响人们对安全监测数据变化规律的认识，容易导致漏报或者误报。因此在接收原始数据的过程中，要进行数据校核，来识别、排除干扰信息和突出信息，以保证后续的数据分析、预测能够顺利进行。

监测数据的检验方法很多，要依据实际的观测情况而定。一般进行两种分析：一种从时间的关联性来分析连续积累的资料，根据变化趋势来推测任一点本次原始实测值与前一次（或前几次）原始实测值的变化关系；另一种是分析本次实测值与某相应原因变量之间的关系和以前测次的情况是否一致。依据上述两类分析原理，主要提供阈值法和包络线法的数据检校方法（图 4.3-6、图 4.3-7）。

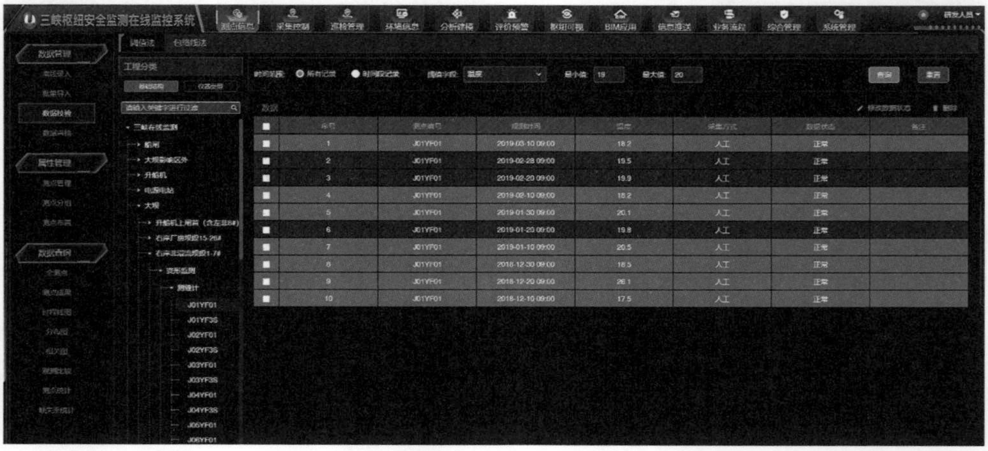

图 4.3-6　阈值法界面

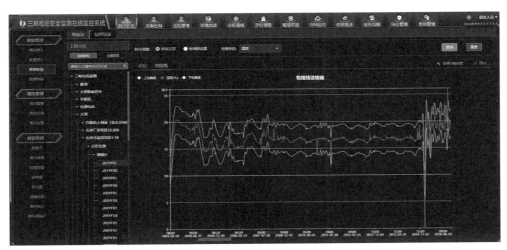

图 4.3-7 包络线法界面

4)数据审核

系统通过构建监测数据入库审核体系,该功能是人工观测数据入库流程中的一个步骤,当项目经理提交人工数据后,监理会在数据审核模块收到项目经理提交的人工观测数据进行审核。监理通过过程线及人工观测数据信息来判断人工观测数据是否正常并决定是否提交审核或进行重新测量(图 4.3-8)。

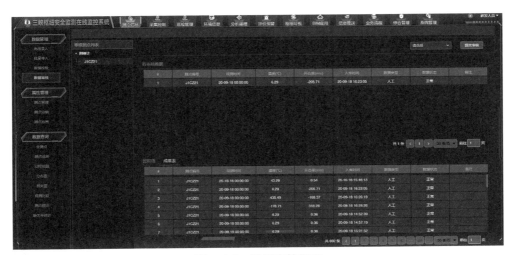

图 4.3-8 数据审核界面

(2)属性管理

1)测点管理

测点管理模块将整个项目安装埋设的所有仪器信息在系统中管理起来,并通过工程树的形式直观展示,便于单个测点的属性信息管理,为后续功能提供项目框架(图 4.3-9)。

此功能包含仪器类型创建、考证导入、框架编辑等功能。首先创建项目包含的所有仪器类型,按照各仪器类型内置的考证模板格式填写考证信息后导入系统。框架编辑从项目级开始,按照实际情况创建分部分项等,在创建的仪器类型级别下将已经导入的考证测点关联起来,完成整个树结构框架的构建。通过树来查找测点,完成对测点信息的快速编辑。

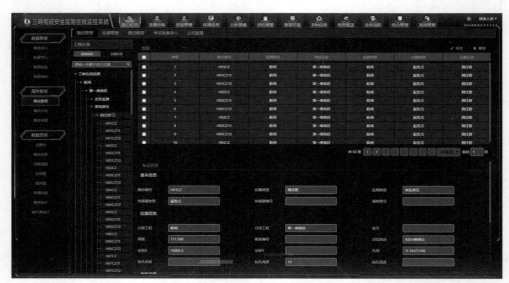

图 4.3-9 测点管理界面

2)测点分组

测点分组模块将有关联的测点组合起来,整体分析每个测点的变化情况及相互影响,明确各个测点之间的变化关系。将同类型有关联的测点进行组合,组合后的测点用于其他功能综合展示分析(图 4.3-10)。

图 4.3-10 测点分组界面

3）测点布置

通过测点布置图（图 4.3-11）直观了解测点的相关信息。用户可以选择布置图上测点，展示测点考证、成果及过程线等信息。测点列表中选择测点，布置图跳转到该测点在图上的位置并放大场景，同时展示测点成果及过程线等信息。实现了布置图到测点信息的双向联动。

图 4.3-11　测点布置界面

（3）数据查询

1）全测点

全测点功能（图 4.3-12）建立测点全数据模型，构建完整的测点数据查询事务，将项目仪器类型、测点信息、测点测值及成果数据关联起来，作为一个统一的模型在全测点功能中对数据进行统一展示。根据仪器类型分类查看所有测点列表，并能够同时查看单个测点的考证信息、测值成果值信息以及过程线信息。

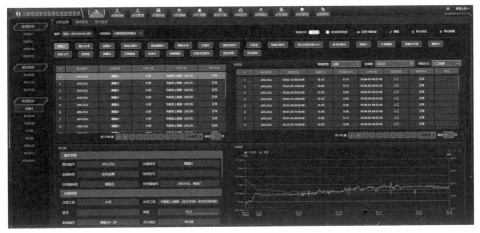

图 4.3-12　全测点界面

2）测点成果

可以查看单个测点的测值成果值数据，包括人工数据和自动化数据，同时需要对正常数据和异常数据做区分（图 4.3-13）。测点树上选择测点，选择查看人工数据或自动化数据，选择时间范围，选择需要查看的数据状态（正常或异常等），设置完查询条件后展示满足条件的成果记录，测点记录支持状态修改即异常改正常等操作，也支持导出、删除等。

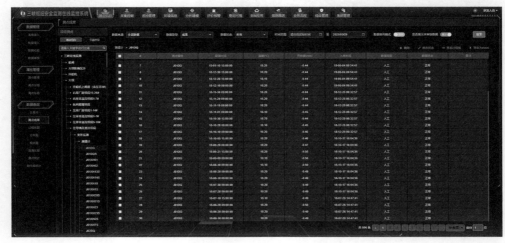

图 4.3-13　测点成果界面

3）过程线图

在安全监测系统数据中，过程线图是展示监测数据的重要方法之一，过程线图功能是以图形的形式向用户展示某个测点某个时间段内的成果数据（图 4.3-14）。用户可以选择不同的数据来源，如人工数据、自动化数据等。

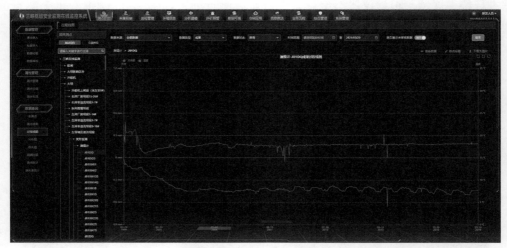

图 4.3-14　过程线图界面

4）分布图

分布图是将多个或某个断面的测点作为测点组合，按照选定的时间点查询这些测点的成果，并将成果数据绘制到图形的功能（图 4.3-15）。

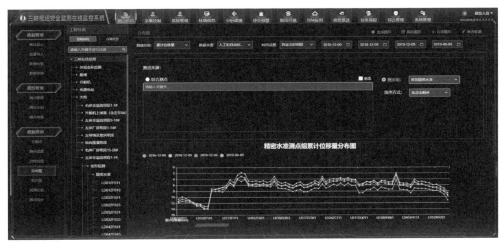

图 4.3-15　分布图界面图

5）相关图

相关图是在查询并展示测点成果数据后，将该时间段内的环境量数据同步绘制到图形的功能，相关图向用户展示了环境量与监测成果数据之间的相关关系（图 4.3-16）。其中，环境量包括气温、降雨量、入库流量、出库流量、上游水位、下游水位。

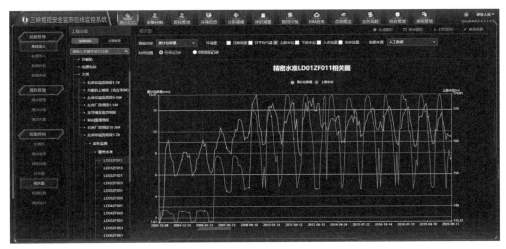

图 4.3-16　相关图界面

6）观测比较

观测比较是对人工数据和自动化数据的匹配结果进行校验，观测比较基于统计学原理的均值检验、方差检验的统计量和判定方法，将相同时间段内人工数据和自动化数据中的同一效应量作为整体样本做数据分析对照，分析评价两者观测偏差，得出人工总体和自动化总体预期的匹配情况（图 4.3-17）。

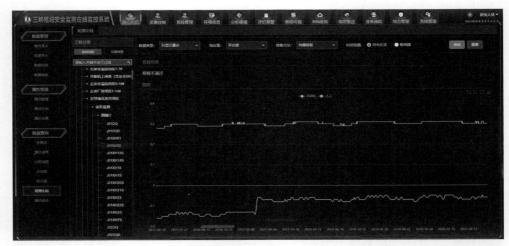

图 4.3-17 观测比较界面

7）测点统计

测点统计是按照测点树结构各层节点的设置，如工程结构、仪器分类等，再是按照仪器的类型，进行测点综合信息的统计（图 4.3-18）。测点综合统计信息包括各类统计条件测点的数量、失效仪器数量、仪器完好率等。

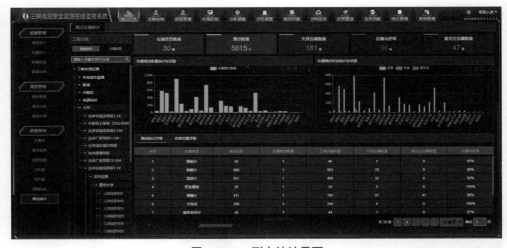

图 4.3-18 测点统计界面

4.3.3 采集控制

采集控制模块基于统一数据标准、统一传输标准、统一集成平台，用于实现对自动化监测数据采集设备的控制。当前已实现长江三峡水利枢纽安全监测自动化系统、三峡水利枢纽船闸安全监测自动化系统和升船机自动化监测系统三个已实施的安全监测自动化系统的数据统一集成,并充分考虑了对未来其他外观自动化系统及内观监测自动化系统的兼容。

采集控制模块可提供数据接口自动获取自动化系统相关监测数据,实现监测数据自动化采集。同时具备单点和批量数据采集命令发布功能,实现监测数据的在线采集、传输和信息处理等。模块主要包括数据集成、选点测量、选箱测量、预案选测和预案配置等功能。

(1)数据集成

对于各类大坝安全监测自动化系统,设备厂家都会配备相应的管理软件,其重点在于实现对监测仪器设备的控制以及简单的数据查询等。常规的日常自动化监测数据采集,根据规范或工程项目需求在管理软件中完成采集任务的设置后即可每日自动进行。采集控制模块数据集成功能则是通过建立与各个监测自动化系统数据库间的数据 API 接口自动同步最新数据,将各个系统的监测数据集成到综合管理系统的数据库中。

(2)选点测量

在日常自动化监测数据采集以外,时常需要对指定测点单独进行数据采集,如部分测点在日常自动化监测数据出现预警时。选点测量功能可选中不同工程部位的单个测点或者多个测点进行实时测量,测完一次后停止,并实时返回测量的测点数据,功能界面见图 4.3-19。

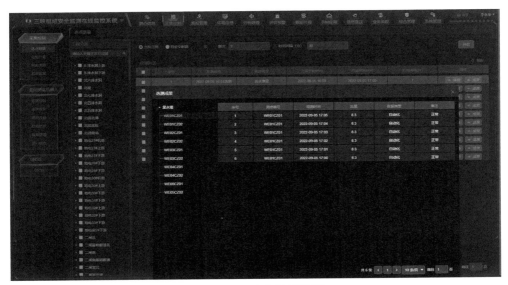

图 4.3-19　选点测量界面

(3)选箱测量

选箱测量功能根据测控单元的布置情况列出了各个部位的所有测控单元,可选中单个测控单元下的所有测点或者多个测控单元下的所有测点进行实时测量,测完一次后停止,并实时返回测量的测点数据,功能界面见图 4.3-20。

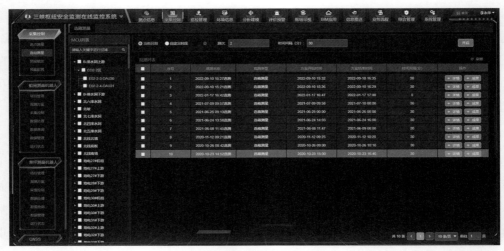

图 4.3-20　选箱测量界面

（4）预案选测

预案选测模块可选择指定监测预案，设置观测的开始时间、结束时间、时间间隔。从开始时间开始测量，按设置的时间间隔进行定时测量，到结束时间停止，或中途点击停止预案选测，采集停止。每采集一次，会实时返回测量的测点数据，功能界面见图 4.3-21。

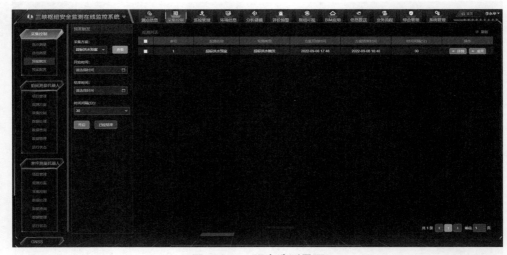

图 4.3-21　预案选测界面

（5）预案配置

预案配置支持使用者根据实际需求设置任意数量的测点或测控单元形成监测预案，选择测点形成的监测预案类别为测点预案，选择测控单元形成的监测预案类别为模块预案，功能界面见图 4.3-22。

图 4.3-22 预案配置界面

为应对各种特殊工况，预案配置模块针对强震、超标洪水、超限降雨、坝前水位升降速率超限、大坝泄洪等提供了单独的监测预案设置功能。

强震预案能够针对不同级别的地震设置多种监测预案，每种预案中可选择指定测点并设置触发预案的地震加速度阈值区间，当强震监测系统监测到相应级别的地震时系统将根据强震预案自动进行大坝安全监测数据采集，功能界面见图 4.3-23。

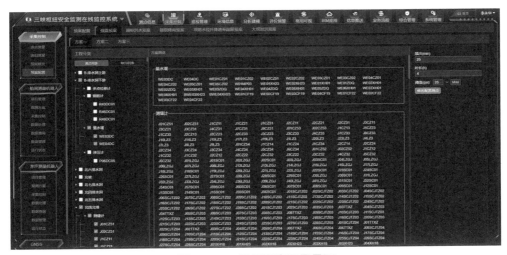

图 4.3-23 强震预案配置界面

超标洪水预案通过入库流量是否达到阈值来判断洪水发生与否，当入库流量超过 50000 m^3/s 时认为发生洪水，自动开启超标洪水预案进行大坝安全监测数据采集。超标洪水预案所包含的测点、采集频次、入库流量阈值均可自定义，界面见图 4.3-24。

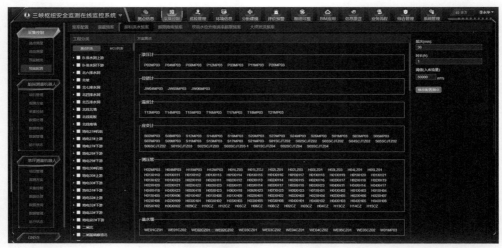

图 4.3-24　超标洪水预案配置界面

超限降雨预案通过降雨量是否达到阈值来判断超限降雨发生与否,当降雨量超过50mm 时认为发生超限降雨,自动开启超限降雨预案进行大坝安全监测数据采集。超限降雨预案所包含的测点、采集频次、降雨量阈值均可自定义,界面见图 4.3-25。

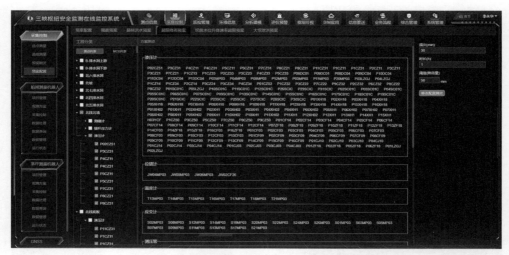

图 4.3-25　超限降雨预案配置界面

坝前水位升降速率超限预案通过水位升降速率是否达到阈值来判断水位变化速率超限发生与否,当坝前水位日变化量超过 3m 时认为发生水位变化速率超限,自动开启坝前水位升降速率超限预案进行大坝安全监测数据采集。坝前水位升降速率超限预案所包含的测点、采集频次、水位变化速率阈值均可自定义,界面见图 4.3-26。

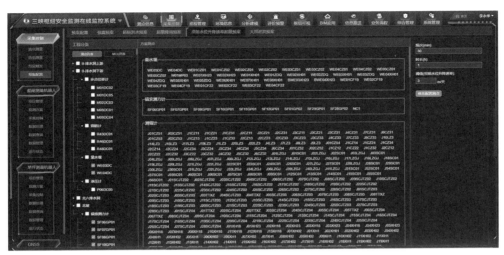

图 4.3-26 坝前水位升降速率超限预案配置界面

大坝泄洪预案通过出库流量是否达到阈值来判断泄洪发生与否,当出库流量超过 50000m³/s 时认为发生大坝泄洪,自动开启大坝泄洪预案进行大坝安全监测数据采集。大坝泄洪预案所包含的测点、采集频次、出库流量阈值均可自定义,界面见图 4.3-27。

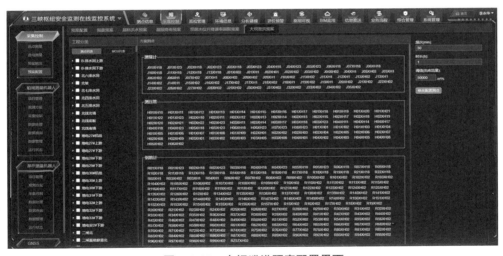

图 4.3-27 大坝泄洪预案配置界面

4.3.4 巡检管理

利用室内惯导定位与室外 GPS 定位方法,通过网络通信将智能手机终端和网页管理平台相结合的技术,形成了包含巡检任务定制、巡检信息推送与接收、巡检结果分析与结构化报告生成、巡视信息存储与查询、移动巡检终端等功能的移动智能巡检系统,让巡检任务的执行更加智能化、准确化。

(1)巡检任务定制

巡检管理人员可根据日常巡查、年度巡查和特殊情况巡查制定巡检任务,包括巡检的时间、巡检的部位、巡检的路线、巡检的内容、巡检的频率、巡检的人员等。提供巡检任务的添加、修改、删除功能,巡检任务制定完毕,巡检管理人员可以下发巡检任务(图4.3-28)。

图4.3-28　巡检任务定制界面

(2)巡检信息推送与接收

巡检任务下达后,系统通过手机缓存的方式发送巡检任务给巡检人员,巡检人员可登陆巡检终端或巡检管理平台查询巡检任务。巡检人员通过移动终端接受巡检任务,记录并提交巡检信息(图4.3-29)。

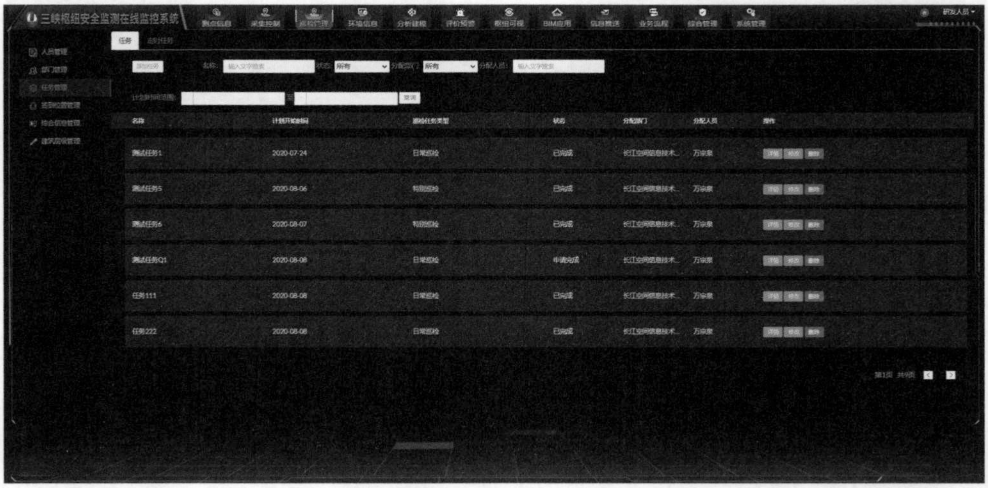

图4.3-29　巡检信息推送与接收界面

（3）巡检报告生成

系统通过构建巡视检查指标体系，实现巡视检查信息与仪器监测数据信息融合分析与预警。系统支持自动生成结构化的巡检报告，并将巡检报告推送给相关负责人进行审核，系统记录相关审核信息（图 4.3-30）。

图 4.3-30　巡检报告生成界面

（4）信息存储与查询

系统提供根据巡视时间、工程部位、巡检结论等查询巡视检查成果的功能，可查询巡检基本信息、轨迹信息及图像、视频等多媒体信息。系统提供多种巡视检查成果对比功能，包括同一部位或对象在不同时期的照片或视频的对比展示，也包括同一时期不同部位或对象的照片或视频的对比展示（图 4.3-31）。

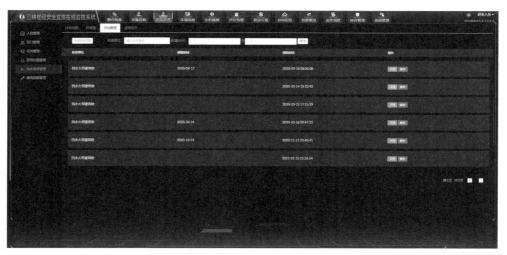

图 4.3-31　巡视信息存储与查询界面图

（5）移动巡检终端

用户开始检查时持移动巡检设备，逐个对路线中的巡检区段进行检查，也可根据自己的实际行走路线安排对各区段的检查先后顺序。抵达区段时，扫描标签开始对区段进行检查，同时移动巡检设备记录区段开始检查时间，用户根据系统提示逐个完成区段中的对象检查。检查对象时需判断该对象检查结果状态，录入描述内容，也可拍摄照片或录制视频。在完成区段中所有对象检查后，扫描结束标签结束区段检查，即完成所有区段检查后结束路线检查（图 4.3-32）。

图 4.3-32　移动巡检终端管理功能界面

4.3.5　环境信息

环境信息模块负责环境信息、地震监测信息以及工程运行特征信息的集成和展示，其中环境信息主要指的是水情水文和气象数据（上下游水位、出入库流量、气温、降水量等），工程运行特征信息包括泄洪闸门、机组运行、船闸运行及充泄水等。

（1）水文和气象信息管理

1）水文气象数据接入

水文气象信息，即环境量监测信息，包括水文水情（上下游水位、出入库流量、弃水流量)、气象(气温、降水量)等。水文气象数据获取或接入,分为基础数据整理入库和实时(动态)监测数据接入,预报信息接入和历史监测数据接入。实时(动态)监测数据接入,支持按不同的时间频率,自动获取数据并入库,满足安全监测数据分析不同需求。

2)水文气象数据浏览查询

统一收集整理水文气象数据入库后,通过接口和查询条件获取水文气象监测数据;展示水位流量过程线图等(图 4.3-33);测站查询及定位;水文水情、气象信息统计及成果展示(图 4.3-34、图 4.3-35)。

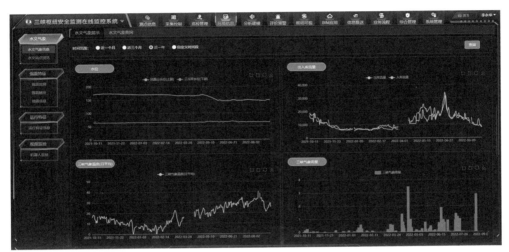

图 4.3-33 水文气象数据过程线

图 4.3-34 水文气象数据表格

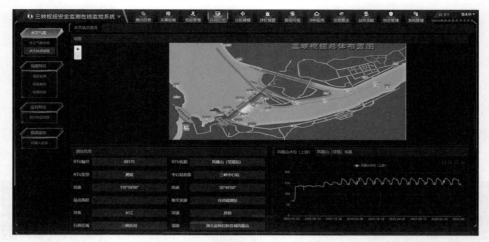

图 4.3-35　水文气象站点浏览

（2）地震监测信息管理

接入三峡工程库首区水库地震监测系统和三峡大坝强震观测系统中的全部数据，实现地震基本信息和强震动监测信息查询及管理，并实现报告自动生成。三峡坝址区地震烈度≥Ⅲ度时，综合强震和微震分析，触发安全监测自动化系统加密观测，并自动生成强震监测报告（图 4.3-36 至图 4.3-38）。

（3）工程运行特征信息管理

工程运行特征信息管理主要包括两部分：一是特征信息数据接入；二是特征信息浏览查询工程运行特征信息包括泄洪闸门、机组运行，船闸运行及充泄水等。工程运行特征信息接入，分为基础数据整理入库、实时（动态）监测监控数据接入和历史监测监控数据接入。工程运行特征基本信息包括测点基本属性等；实时（动态）数据接入，支持按不同的时间频率，自动获取数据并入库，满足安全监测数据分析的不同需求（图 4.3-39）。

图 4.3-36　强震监测页面

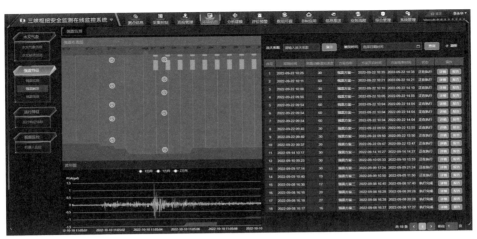

图 4.3-37　强震触发界面

图 4.3-38　地震信息界面

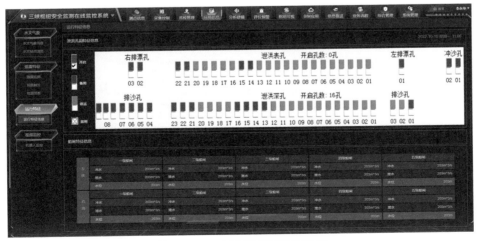

图 4.3-39　大运行特征信息界面

211

4.3.6　分析建模

在线监控系统具有实用、丰富、科学监测模型分析和计算功能,分析建模实现了专项计算、数据整理、分析模型等功能,数据治理和模型种类丰富、功能实用,大幅提升了监测数据分析的效率、大坝安全性态的实时认知能力及准确性。

(1)专项计算

1)无应力计算分析

混凝土应力应变观测的目的是了解坝体的实际应力分布,寻找最大应力(拉应力、压应力和剪应力)的位置、大小和方向,以便评估大坝的安全强度,为大坝的运行和加固维修提供依据(图4.3-40)。

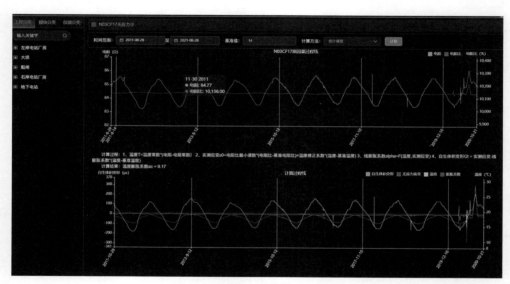

图 4.3-40　无应力计算分析界面

2)应变计组计算分析

根据无应力计和应变计组实测的原始数据进行整编计算,得到自生体积变形和总应变;由于混凝土产生的自生体积变形不是由坝体应力引起的,因此需要从应变计组的应变中扣除应变计组对应的无应力计的应变,从而得到应力应变;对得到的各向应力应变进行应变平衡以尽量减小测量误差,再进行单轴应变计算得到单轴应变;结合弹模和徐变度试验资料进行拟合,并应用变形法进行应力计算(图4.3-41)。

3)相关性计算分析

相关性计算分析是指对两个或多个具备相关性的变量元素进行分析,从而衡量两个变量因素的相关密切程度(图4.3-42)。相关性的元素之间需要存在一定的联系或者概率才可以进行相关性分析。

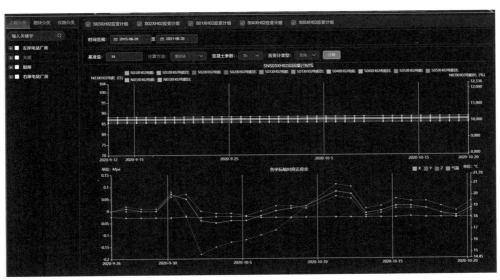

图 4.3-41　应变计组计算分析界面

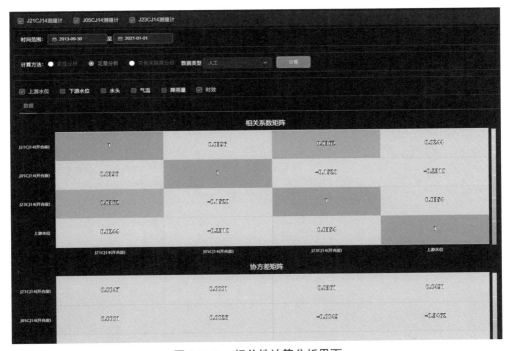

图 4.3-42　相关性计算分析界面

4)浸润线计算分析

浸润线是水从土坝(或土堤)迎水面,经过坝体向下游渗透所形成的自由水面和坝体横剖面的相交线;土体中渗流水的自由表面的位置,在横断面上为一条曲线。渗流在坝体内的自由面称为浸润面,坝体横剖面与浸润面的交线称为浸润线(图 4.3-43)。

图 4.3-43　浸润线计算分析界面

（2）数据整理

该功能分为逻辑分析法、推理法等内容。数据分析过程中会面对很多缺失值，其产生原因不同，有的是由于隐私的原因，故意隐去。有的是变量本身就没有数值，有的是数据合并时不当操作产生的数据缺失。缺失值处理可以采用替代法（估值法），利用已知经验值代替缺失值，维持缺失值不变和删除缺失值等方法（图 4.3-44）。具体方法将由参考变量和自变量的关系以及样本量的多少来决定。数据预处理主要包括时间序列处理、异常数据处理、滤波消除噪声、建模预处理等。

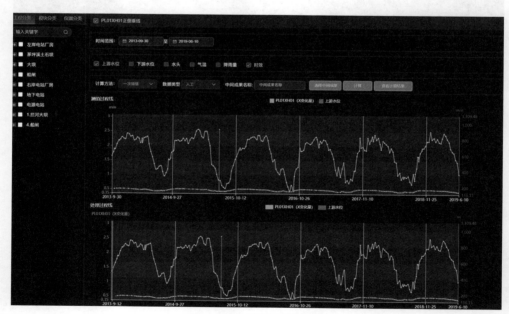

图 4.3-44　数据插补界面

（3）分析建模

1）常规数学模型

常规数学模型包括：统计模型（包含变形、渗流和应力统计模型）、灰色系统模型、时间序列模型、卡尔曼滤波模型等及其各自常用的修正模型。

针对大坝安全监测数据特点和分析模型的数据需求，开发了统一的、适用于所有模型的数据预处理模块，其核心技术是基于表达式解析的因子处理程序，通过数学表达式对各因子的数据处理方式进行定义，程序会对表达式进行解析并执行相关处理预处理操作，具有很强的通用性和扩展性。

在灰色系统模型中，针对传统 GM(1,1) 模型不适用于周期波动数据的问题，开发了残差修正算法；针对 GM(1,N) 模型在对长时间序列建模时可能出现的不稳定问题，引入了DGM(1,N) 模型。上述技术有效提高了模型拟合和预测效果。

在时间序列模型中，引入了 Hyndman-Khandakar 算法自动化确定最优模型参数，提高了模型的智能性。

将传统的统计模型参数作为状态向量，利用卡尔曼滤波算法，建立了卡尔曼滤波统计模型，较传统的统计模型效率更高，时效性更强（图 4.3-45）。

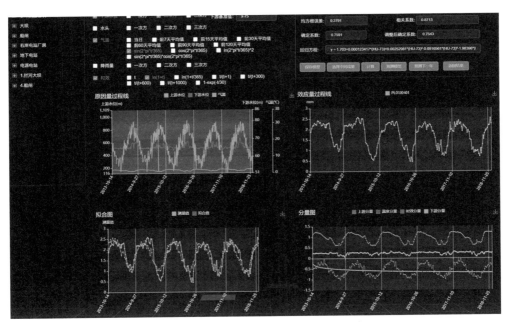

图 4.3-45　统计模型界面

2）智能算法模型

智能算法模型包括：神经网络模型、支持向量机模型、小波分析模型、模糊预测模型和智能组合模型等及其各自常用的修正模型。

将遗传算法引入神经网络和支持向量机模型，对其参数进行优化，建立了遗传算法神经网络和遗传算法支持向量机模型，进一步提高了模型效果（图 4.3-46、图 4.3-47）。

由于实际大坝工作条件复杂，影响因素众多，单一的分析模型在稳定性上有所不足。在传统数学模型和智能算法模型的基础上，采用最优加权组合方法，建立了 GM-BP-SVM、统计-BP-SVM 等组合模型，将灰色系统模型（GM）、统计模型、神经网络模型（BP）和支持向量机模型（SVM）等有机结合，取长补短，有助于获得更优和更稳定的建模、预测效果（图 4.3-48）。

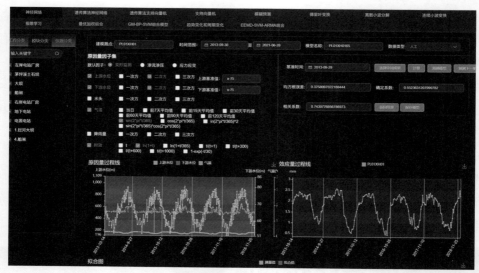

图 4.3-46　神经网络界面

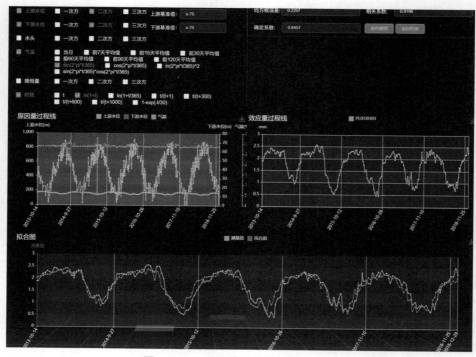

图 4.3-47　遗传算法支持向量机界面

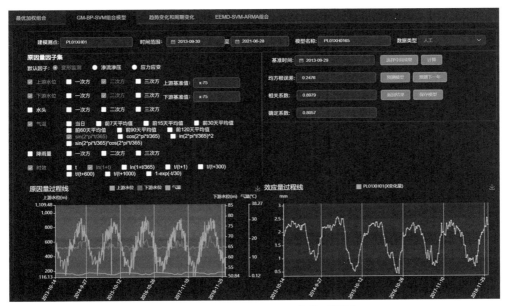

图 4.3-48　GM-BP-SVM 组合模型界面

3）模型管理与更新维护

根据模型库的存储组织结构形式，要查询模型，首先要查询索引字典，查到需要的模型号，再沿着该文件的存取路径查到相应的模型文件。模型的维护类似于数据库的维护，需要对模型进行增加、插入、删除、修改等工作（图 4.3-49）。

图 4.3-49　模型管理与更新维护界面

4.3.7　评价预警

评价预警实现了监测系统状态监控、监测数据质量与监测工作质量评价、异常值识别及粗差检验、特殊工况预警触发、异常情况预警等功能,提升了监测数据审核、整编、评价、预警和监控能力。

评价预警主要包括成果管理、监测系统评价、监测数据评价、故障报警响应、数据异常预警等。

其中,成果管理主要为梳理、提炼各类安全监测设计资料和各种计算分析、模型分析成果,将需要的成果以结构化数据的形式存入系统数据库,支持的文档格式包含 PDF、Word、Excel、wg、Dgn 等,支持用户进行上传、查询、下载操作。监测系统评价主要包含自动化系统运行评价与人工观测运行评价,其实质上是一种后评价,主要目的是评价已有的监测系统是否符合现行规范的要求,主要包括监测项目的完备性、监测项目的针对性、监测方法的正确性和监测精度的合理性等 4 个评价指标。

4.3.7.1 成果管理

设计成果功能为用户在进入系统后,对设计成果按照阶段、部位、内容、生产日期等分类上传设计成果文件(图 4.3-50)。

分析成果功能为用户在进入系统后,对分析成果按照阶段、部位、内容、生产日期等分类上传设计各类分析成果文件。

图 4.3-50　设计成果界面

4.3.7.2 监测系统评价

监测系统评价实质上是一种后评价,主要目的是评价已有的监测系统是否符合现行规范的要求,主要包括监测项目的完备性、监测项目的针对性、监测方法的正确性和监测精度的合理性等 4 个评价指标(图 4.3-51)。

(1)自动化系统运行评价

自动化系统可靠性主要表现在系统长期运行稳定性、所取得的监测资料的完整性以及监测管理系统功能的完善性等方面,因此,自动化系统可靠性评价主要包括平均无故障工作时间、数据缺失率、监测信息管理系统等 3 个评价指标。

平均无故障工作时间指标是指两次相邻故障间的正常工作时间,是考察设备可靠性的定量指标;数据缺失率指标是指考核期内未能正常采集的数据个数与应测数据个数之比,是考察监测资料完整性的定量指标;监测信息管理系统指标主要考察监测信息管理系统是否满足安全监测的日常管理、安全评价和安全监控以及监测信息安全保障等方面的需要。

图 4.3-51　自动化和人工比测界面

(2)人工观测运行评价

1)观测数据完整率

系统统计人工观测数据完整率,即缺测或漏测观测数据个数与应测个数的百分比(图 4.3-52)。

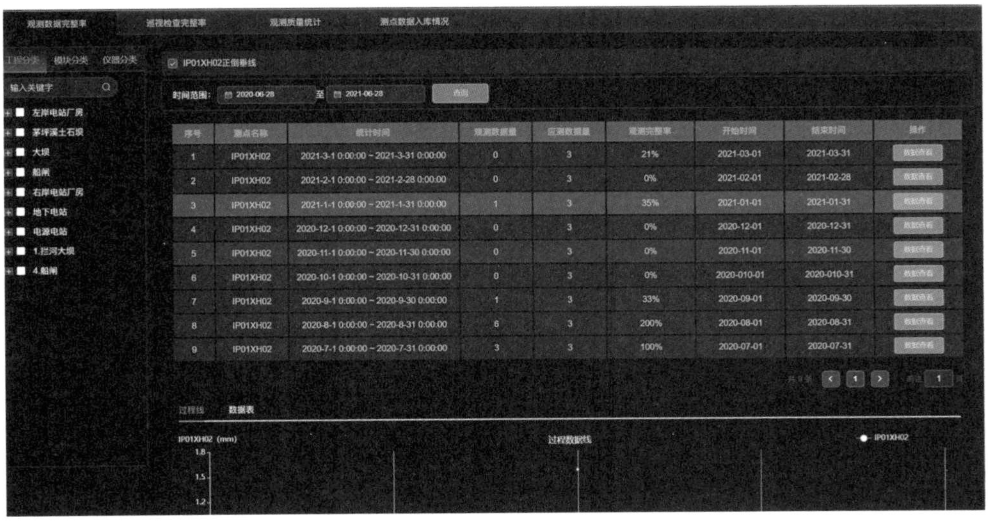

图 4.3-52　观测数据完整率界面

2)巡视检查完成率

通过智能巡检模块,统计考核巡视检查完成情况(图4.3-53)。

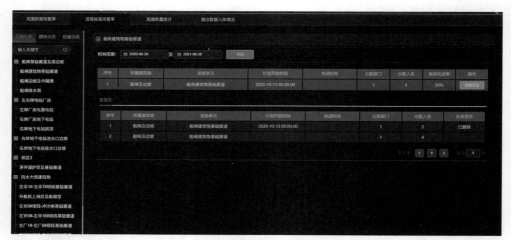

图 4.3-53　巡视检查完整率界面

3)测点数据入库情况

每月规定时间(5日)前,系统自动检查数据入库情况,并及时短消息通知(图4.3-54)。

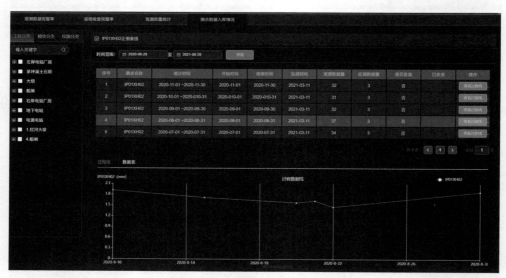

图 4.3-54　测点数据入库情况界面

4.3.7.3　监测数据评价

监测数据评价,主要包含分析评价等级管理、分析评价关键内容、监测数据评价、结构化报告生成。

分析评价等级管理主要包含变形、渗流、应力不同等级的参数录入(图4.3-55)。

图 4.3-55 变形监测指标界面

分析评价关键内容主要是对变形监测、渗流渗压和应力应变的监测数据进行综合分析评价(图 4.3-56)。

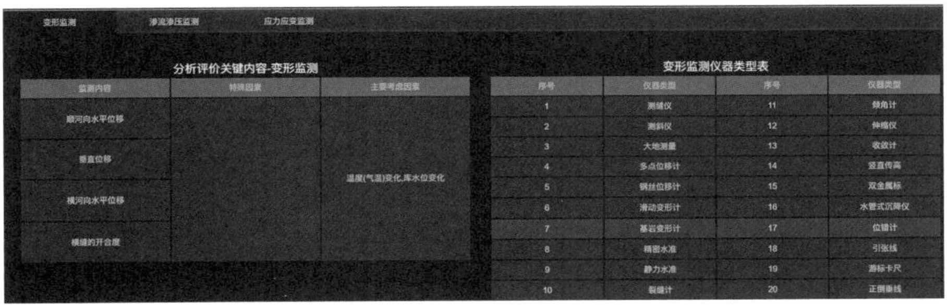

图 4.3-56 变形监测分析评价关键内容界面

评价总体上概括为几类评价准则:时空分布、监控模型、监控指标、巡视检查等(图 4.3-57)。

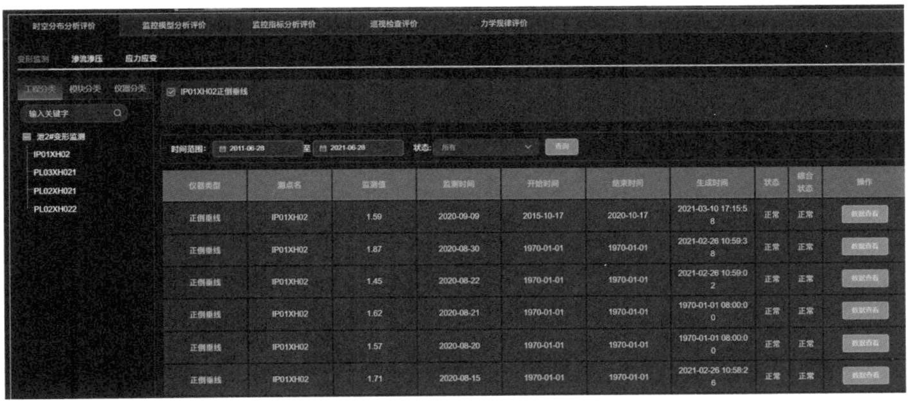

图 4.3-57 时空分布评价界面

依据监测数据分析成果自动生成结构化的分析评价报告。报告生成后允许有权限的用户修改评价报告,系统提供功能将评价报告推送给相关负责人进行审核,并记录审核意见(图 4.3-58)。

图 4.3-58　结构化报告生成界面

4.3.7.4　故障报警响应

故障报警响应主要包括监测系统故障报警、监测系统响应(图 4.3-59、图 4.3-60)。

依据自动化系统运行状态监控获取的异常数据,结合监测数据分析评价结果,判别为监测系统故障所致。应恢复后重测并将重测结果在整编数据库中修正,并将设备故障信息及时报送给有关技术人员,自动记录设备故障时间及处理时间。

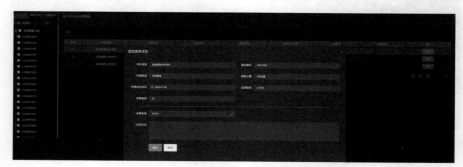

图 4.3-59　监测系统故障报警界面

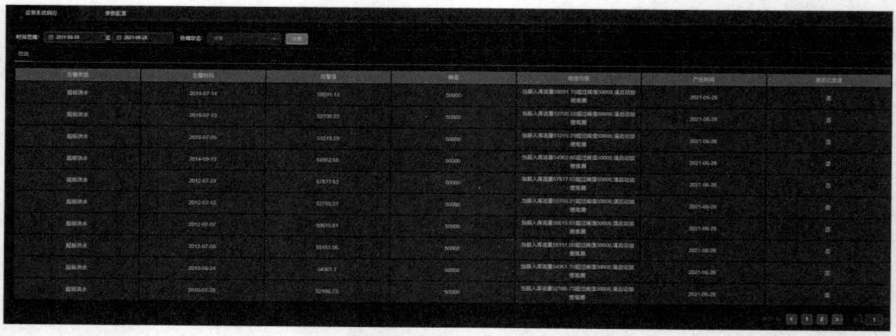

图 4.3-60　监测系统响应界面

系统具备在超标洪水、超限降雨、坝前水位升降速率超限、坝址区强震监测、大坝泄洪、重要监控指标过大以及智能巡检异常等(环境)信息异常情况下,应急启动对预设监测点的加密观测,事件结束后,通过系统功能自动生成分析和评价报告。

4.3.7.5 数据异常预警

数据异常预警主要包含预警指标管理、预警信息识别与推送、监测分级管理(图 4.3-61、图 4.3-62)。

枢纽预警指标拟定主要依据两种方式:根据设计文件设定预警指标;结合历史观测资料,通过历史峰值和谷值等分析对各监测项目测点设定预警指标。

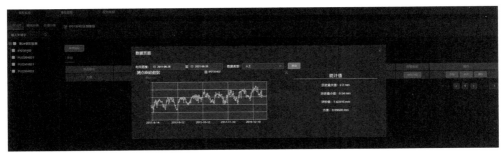

图 4.3-61 预警指标管理界面

在对监测数据进行人工入库、自动采集、数据转换、在线分析、离线分析时,其结果关联到业务库中的预警指标管理,使用正向推理得出是否需要报警。如果推理结果为需要报警,那么马上触发预警信息推送功能,并对其传递相应的监测成果、预警指标、初步分析等内容。

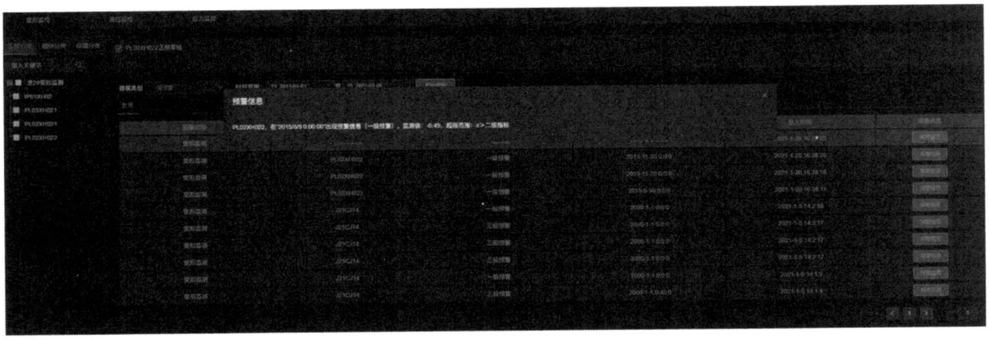

图 4.3-62 预警信息识别与推送界面

4.3.8 枢纽可视

枢纽可视模块负责为三峡枢纽安全监测管理工作提供真实、形象、完整、可靠的三维可视场景数据支撑,提供三峡大坝安全监测真三维场景。枢纽可视模块包括整体展示三峡枢纽安全监测全貌的枢纽重点区域基础地形地貌、枢纽建筑物的内外观结构形态,以及安全监测设备设施仪器三大部分。

本模块采用卫星遥感、航空摄影、地面摄影、三维建模等技术手段,对枢纽区周边基础地形、枢纽建筑物、安全监测仪器设施进行数据采集处理和三维重建,并基于地理信息系统技术三维可视化技术,通过多源数据融合、模型数据坐标统一、多模型数据管理等手段,完成三峡枢纽安全监测在线监控系统的建设可视化场景集成,搭建三峡大坝安全监测真三维场景,为三峡工程枢纽建筑物安全监测三维可视化系统提供基础数据支撑,实现安全监测系统的多层次、多角度展示和应用。

模块主要包括基础可视化、结构可视化和监测可视化三部分功能。枢纽可视化主要包括基础三维数据、大坝建筑结构和监测仪器业务相关数据三方面可视化内容。

其中,基础可视化主要展示出三峡库区范围内的基础高清影像、倾斜摄影模型场景、大坝实体模型等基础三维地理数据;结构可视化主要展示出三峡枢纽建筑物的建筑结构内容以及这些内容在三维实景中的空间位置和相关关系;监测可视化主要展示三峡安全监测相关数据的可视化内容,主要包括安全监测内外观仪器的埋设情况、监测方案展示、安全监测仪器工作状态和采集数据展示等信息以及针对安全监测数据进行的数据仿真。

(1)基础可视化

1)大坝模型

模型场景功能是在宏观三维地理空间中,展示出三峡大坝及其附属建筑物在三维空间中的定位,并能通过鼠标进行点选。

功能界面见图 4.3-63。

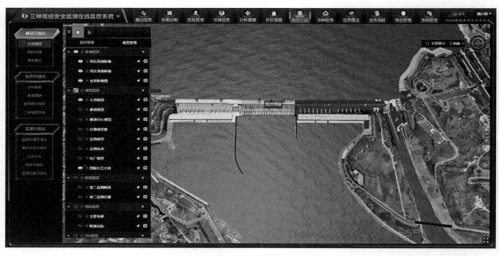

图 4.3-63 大坝模型功能场景

2)倾斜场景

倾斜场景功能主要用于展示生产的三峡库区范围内的基础高清影像、倾斜摄影模型场景(图 4.3-64)。

3)漫游路径

可设定多种游览路径,定义视点位置、视线方向、视点高度、俯仰角以及漫游速度任意进行三维场景漫游并能录制动画;可实现任意模拟飞行,亦可在预先设定路线的情况下,进行三维模拟飞行(图 4.3-65)。

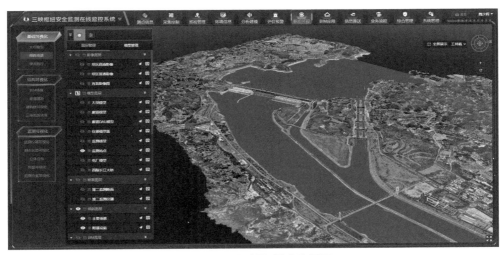

图 4.3-64　倾斜场景功能界面

图 4.3-65　漫游路径功能界面

(2)结构可视化

1)BIM 场景

BIM 场景使用 GIS+BIM 三维可视化技术,在大坝模型基础上,以大坝模型采用的基础 GIS 坐标系为基准,将 BIM 应用中使用的 BIM 模型进行坐标变换与集成,在库区三维场景中,集成展示 BIM 模型,并能够查看 BIM 部件结构树,并能查询各节点的属性信息(图 4.3-66、图 4.3-67)。

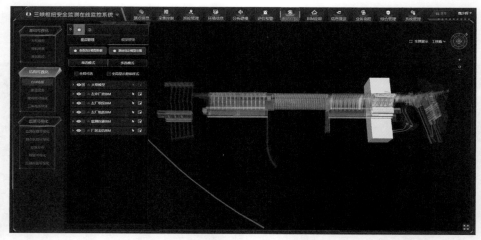

图 4.3-66　BIM 场景功能界面

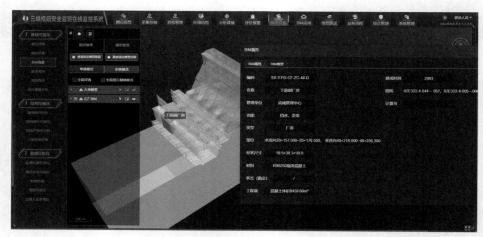

图 4.3-67　BIM 节点模块属性信息查询

2）廊道漫游

点击廊道列表中的预设视点，能够跳转到对应廊道并自动进入第一人称漫游视角，右下角提供漫游控制面板提示。利用鼠标左键能够点选中红标位置的模型，能够查看选中仪器的数据。

功能界面见图 4.3-68。

3）建筑物可视化

在三维场景中展示出三峡大坝以及附属建筑物三维模型（船闸、升船机、茅坪溪防护坝等）。通过图层管理和模型管理能够自定义控制展示模型的可见性、透明度。通过三维场景设置能够设置场景光照、地形底图、影像底图等全局设置以调整三维场景整体展示效果。

功能界面见图 4.3-69、图 4.3-70。

图 4. 3-68　廊道漫游功能界面

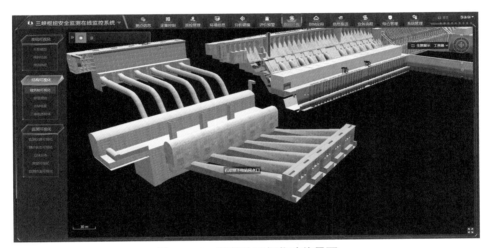

图 4. 3-69　建筑物可视化功能界面

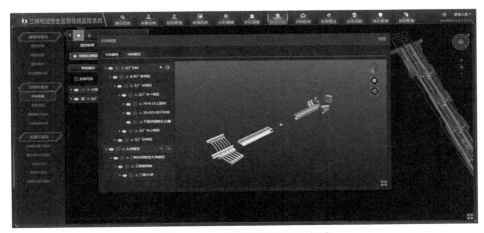

图 4. 3-70　建筑物层级结构查看

4）三维地质块体

实现地质块体集成展示、相关基础资料查询。三维地质块体包括船闸边坡重要块体、枢纽船闸及地下电站关键块体等（图4.3-71）。

图4.3-71 三维地质块体功能界面

（3）监测可视化

1）监测仪器可视化

按照仪器类型，对监测仪器模型进行归类，通过模型结构树对监测仪器模型进行管理，能够通过模型结构树跳转到对应仪器位置。能够查询监测仪器模型的监测业务数据和单体监测仪器模型查看。

如图4.3-72所示，通过隐藏大坝结构模型，在三维空间中显示廊道模型及各类监测仪器模型，实现了监测仪器的三维空间可视化展示。使用鼠标交互可以各角度查看。

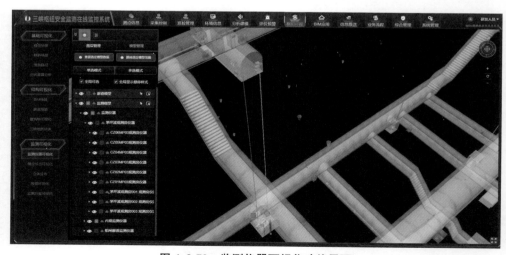

图4.3-72 监测仪器可视化功能界面

监测仪器模型单体查看见图 4.3-73，监测仪器模型交互查询监测数据见图 4.3-74。

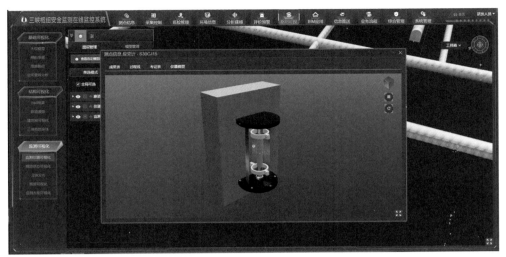

图 4.3-73 监测仪器模型单体查看

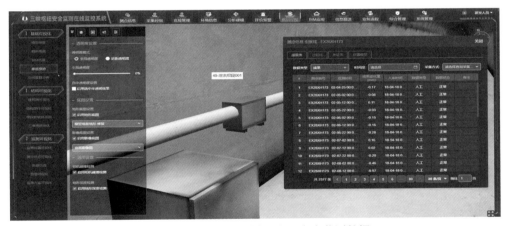

图 4.3-74 监测仪器模型交互查询监测数据

2）测点状态可视化

场景中展示出所有测点位置，并以颜色区分测点当前状态。其中，绿色表示正常运行的监测仪器测点，红色表示失效封存测点。通过不同颜色图标在三维空间中的分布，实现监测测点仪器工作状态可视化展示（图 4.3-75）。

3）立体分布

在监测仪器中，引张线、正倒垂线是负责监测大坝位移情况的监测仪器，位移量相对于应力、温度等能够在三维空间中进行更加形象地进行仿真可视化。立体分布功能是对变形监测类型的引张线等监测仪器模型位置，在三维空间中展示出对应部位的大坝结构在三维空间中的位移方向及位移距离。如图 4.3-76 所示，展示了廊道中引张线所在廊道向下游方向的水平方向位移情况，整体位移量级十分微小，因此对变形量的仿真展示量级进行了适当的夸张放大。

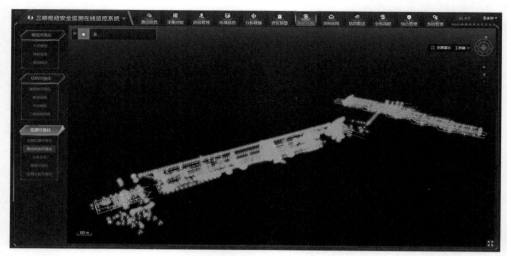

图 4.3-75　监测状态可视化场景

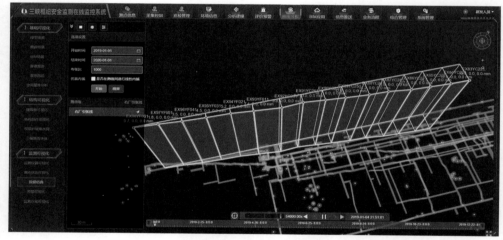

图 4.3-76　立体分布仿真场景

4）预警可视化

本功能结合预警阈值和其他预警检测手段，判断当前测点观测状态以后，三维场景按照正常、异常和离线三种状态提供三种颜色，在测点仪器展示在三维场景中的时候进行区分，其中绿色表示数据正常测点，黄色表示采集到的监测数据处于预警状态的测点，红色表示未采集到数据的离线测点（图 4.3-77）。

5）监测方案可视化

在变形监测中，需要明确变形监测的控制点，用于作为工作基点以此计算各个监测点的变形量。因此在三维场景中，明确各控制点位置，并构建出监测基准点间的关联关系，作为变形监测方案的可视化展示场景（图 4.3-78）。

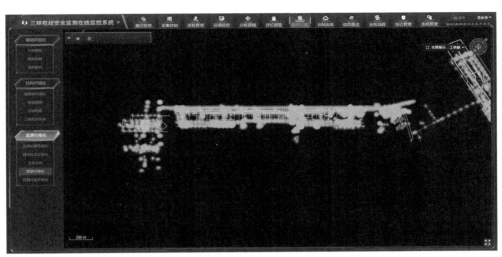

图 4.3-77　预警可视化场景

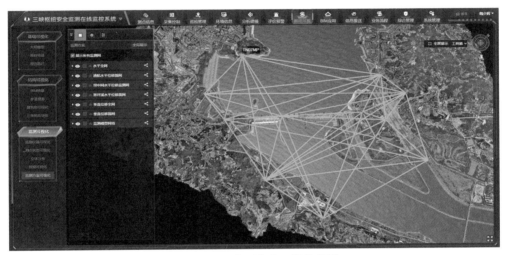

图 4.3-78　监测方案可视化场景

4.3.9　BIM 应用

BIM 应用可实现基于 BIM 模型的结构快速仿真计算的功能,通过数理统计和计算分析对建筑物及结构的运行状态进行评判和预警。

快速结构计算的方法包括基于结构有限元计算的确定性模型、基于统计模型和确定性模型的混合模型等。本模块将根据监测对象和预警要求,使用 BIM 模型统一管理几何、物理、功能数据和监测获取的实时数据及历史过程数据等基础数据。通过对基础及建筑物结构的形状、材料构成、物理力学参数等,和运行水位、环境温度变化等,以及监测得到的变形、渗流渗压数据等,进行统计、反演、正演,建立输入、输出量之间的对应关系。计算结果存于数据库中,与 BIM 模型构件相关联,实现历史计算数据的存储与查询。

BIM 应用分为以下几个功能模块：

4.3.9.1 模型显示

BIM 模型构建将以 3DE 结构树为基础,按照工程构件的功能、结构和技术特点等属性进行分块、分区建立,实现模型的模块化和体系化。在模型显示模块中,通过加载模型及基本信息功能菜单,加载出构建的 BIM 精细化模型(图 4.3-79)。实现了后台服务器上的有限元网格模型在 Web 端实时显示功能。其中,主要包括 BIM 模型视图控制和渲染模式两个功能。视图控制功能主要包括正视图、轴测图、模型旋转、平移缩放、适应窗口等,BIM 模型视角、尺寸缩放查看支持鼠标左键、右键、滚轮等符合人机习惯的通用视图操作。

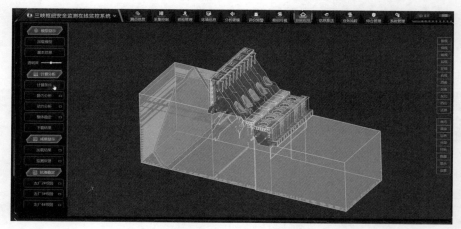

图 4.3-79　BIM 模型加载查看

4.3.9.2 计算分析

计算分析模块包括静力、动力、整体稳定、渗流/应力耦合等各类复杂的大型有限元计算子模块,实现多用户同时在线、多核并行计算功能(图 4.3-80)。

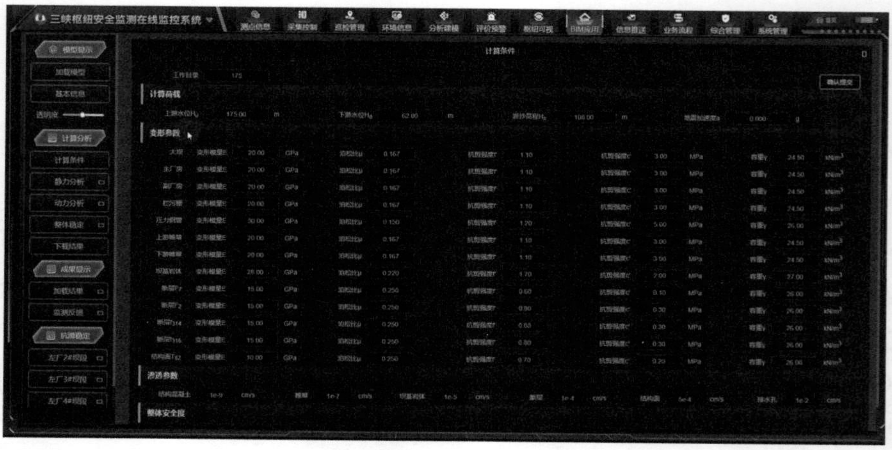

图 4.3-80　有限元计算条件设置

用户在计算条件输入框中输入用于有限元计算的相关边界条件,包括上游水位、下游水位、淤沙高程和地震加速度等计算荷载,BIM 结构各部位的变形模量、泊松比、抗剪强度等变形参数,各结构的渗透系数等。通过输入当前工作目录划分用户计算进程,实现多用户同时在线条件下的多核共享内存式并行计算。计算结果通过成果显示模块的加载结果功能,在BIM 模型中进行有限元结构计算结果展示。

4.3.9.3　成果显示

(1)加载结果

成果显示模块中使用加载结果功能,通过服务器获取计算结果文件或本地选择计算结果文件,在三维场景中通过给 BIM 模型各节点赋值,按照图例绘制颜色并内插,实现有限元结果各物理量在三维场景中实时显示。

有限元计算结果物理量分类包括:渗流分量(总水头、压强水头、坡降、渗透体积力)、变形分量(各向变形)、应力分量(各向正应力、剪应力、主应力),切换分类可以查看有限元计算全过程 3D 云图成果。3D 有限元结果云图效果见图 4.3-81。

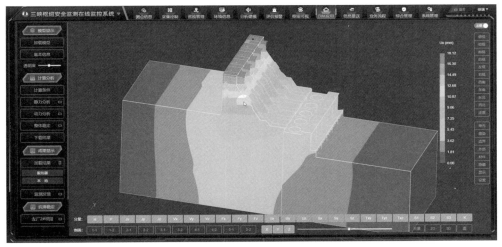

图 4.3-81　有限元计算结果变形分量展示

针对 BIM 模型坝段的计算关键剖面,功能页面下方预设多个剖面按钮,方便用户重点关注、任意切换查看 2D 云图成果,并实时显示 2D 剖面在 3D 模型中的相对位置。为提升用户体验效果,平台还定制开发了 X、Y、Z 三向任意位置剖切和 2D 云图、矢量图展示功能,极大地丰富了计算成果后处理表达效果。2D 形式 BIM 模型坝段断面有限元结果云图效果见图 4.3-82。

(2)监测反馈

监测反馈功能实现了大坝—地基系统渗压对比、变形对比和应力图表信息的管理,用户可根据界面选项实现典型坝段渗压、变形、应力等监测部位计算结果自动填表并绘制特征部位计算成果曲线。

1）渗压对比

渗压对比页面显示渗压对比界面并自动填入表格中监测点的计算值，用户可以对 BIM
模型中的各个单独坝段进行单独对比分析渗压计算结果（图 4.3-83）。

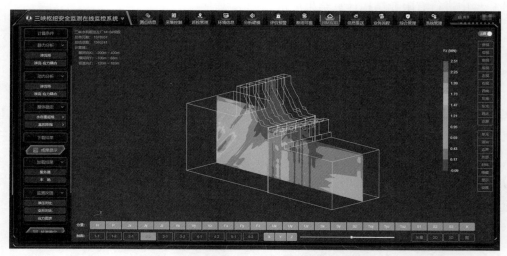

图 4.3-82　有限元计算结果重要断面展示

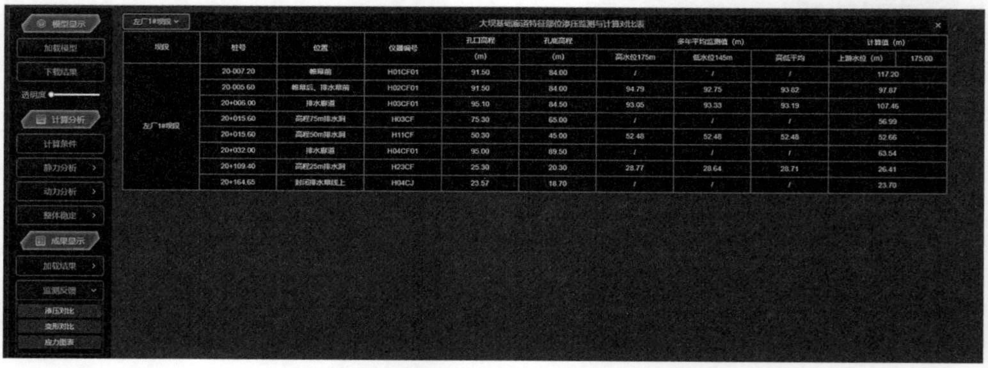

图 4.3-83　监测反馈渗压对比计算结果

2）变形对比

变形对比页面显示变形对比界面并自动填入表格中监测点的计算值，用户在下拉框中
选择"向下游变形""向左岸变形"进行确定方向的单独对比分析。对于上下游方向、左右岸
方向的变形，能够通过下拉框选择后，对确定方向的变形进行单独对比查看（图 4.3-84）。

3）应力图表

应力图表功能实现大坝建基面特征部位应力计算成果自动填表和绘制曲线。实现 BIM
模型各单坝段的建基面特征部位应力成果表格查看，基于不同部位和不同应力分量（Sx、Sy、
Sz、Sxy、Syz、Sxz、S_1、S_2、S_3）进行不同坝段建基面、不同应力分量曲线展示（图 4.3-85）。

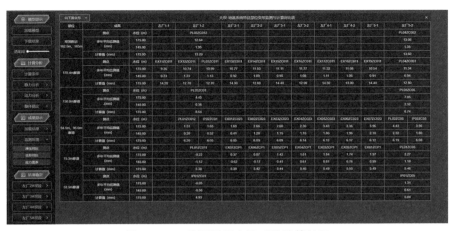

图 4.3-84　监测反馈变形对比计算结果

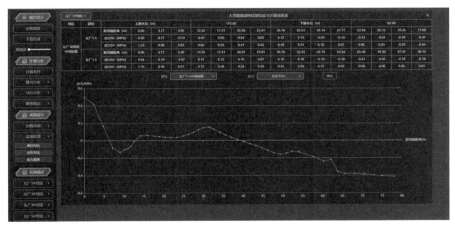

图 4.3-85　监测反馈应力图表

4.3.9.4　抗滑稳定

抗滑稳定主要包括计算条件输入框、计算结果输出框和计算简图显示框。各模块功能独立、逻辑清晰，外在界面表现形式高度统一。

（1）计算坝段和计算滑移模式导航

该模块实现了计算坝段和计算滑移模式信息的管理，可根据界面的选项开展典型坝段不同滑移模式坝基深层抗滑稳定等 K 法稳定计算（图 4.3-86）。

（2）计算条件输入

该模块实现了对计算工况、水沙荷载、材料容重、材料力学参数、裂隙连通率和测压管水位等 6 类信息的管理。界面包括 6 个部分：

图 4.3-86　抗滑稳定及
滑移模式选择

①计算工况;②水位、高程;③材料容重;④材料抗剪强度;⑤裂隙连通率;⑥测压管实测水位(图 4.3-87)。

图 4.3-87　计算条件

计算工况主要实现了不同荷载组合和不同扬压力假定的计算条件选择功能。荷载组合包括基本荷载组合和特殊荷载组合,不同荷载组合对应不同的安全评价标准。计算扬压力包含设计扬压力和实测扬压力,用户可根据需要、自主选择取值偏保守的设计扬压力或坝基测压管实测水位拟合的实测扬压力自动完成坝基深层抗滑稳定安全系数计算以及稳定安全度评判。

测压管实测水位实现了不同计算坝段坝基测压管实测水位数据管理。界面中已默认输入了各测压管多年平均实测水位数据,用户可根据需要对其进行修改后开展敏感性分析。

(3)计算结果输出

该模块利用计算条件输入模块得到的计算参数,采用等 K 系数刚体极限平衡法计算各坝段坝基深层抗滑稳定安全系数,并与不同荷载组合相应的安全评价标准进行对比,进而给出抗滑稳定安全评判结果。实现了各坝段坝基深层抗滑稳定安全评判分析和详细计算过程页面展示功能(图 4.3-88)。

图 4.3-88　计算结果输出

1)简要结果输出

在功能上,简要结果输出栏实现了各坝段坝基深层抗滑稳定计算安全系数 K 输出、相应荷载组合安全评价标准以及抗滑稳定安全评判结果输出;在界面上,计算结果输出栏从左到右依次包括"计算求解"按钮、安全系数 K 框、安全系数标准 Kc 框和安全评判框 4 个组成部分。

2)"更多"选项按钮

为便于用户了解详细计算过程,判断计算结果正确与否,提供了"更多"选项按钮,实现了各坝段坝基深层抗滑稳定安全评判分析和详细计算过程 Web 端展示功能。

详细计算过程展示主要包括大坝受力与坝基应力、条块受力与安全分析两个界面(图 4.3-89、图 4.3-90)。大坝受力与坝基应力界面,主要包含计算坝段受到的各种荷载及力臂、坝基正应力与剪应力求解过程;条块受力与安全分析界面,主要包含计算坝段划分的不同计算条块主要受力情况、材料参数、几何参数、条块相互作用力和单个计算条块安全系数等。此界面详细展示了等 K 系数刚体极限平衡法计算全过程,有助于用户判别计算结果正确与否。

图 4.3-89　大坝受力及坝基应力

图 4.3-90　条块受力及安全分析

(4)计算简图展示

该模块实现了各坝段滑移模式可视化展示和相应滑移模式下各计算条块受力分析可视化展示,从左到右依次包括滑移模式简图和滑块受力简图两个组成部分(图 4.3-91)。该模块便于用户能够快速识别不同坝段滑移模式和理解各坝段坝基深层抗滑稳定计算过程。

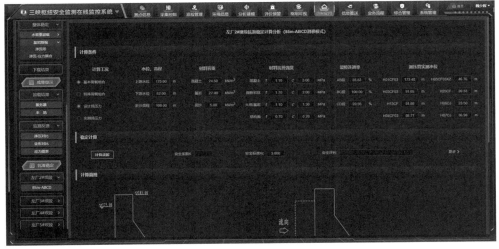

(a)

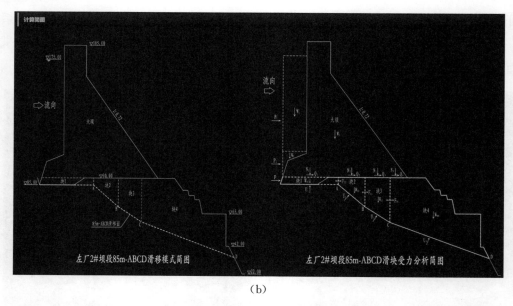

（b）

图4.3-91 滑移模型及受力分析简图

4.3.10 信息推送

信息推送模块运行在集团管理信息网中，负责将三峡在线监控系统录入、采集到的各类监测数据和巡视检查资料推送至集团大坝中心，并经由集团大坝中心报送至能源局大坝中心等管理单位，是大坝安全管理的核心功能模块。

对于监测数据的推送，首先需要进行报送测点设置（4.3-92）。信息推送模块提供报送测点设置功能，支持用户根据规范或管理需要选择指定测点进行监测数据推送。

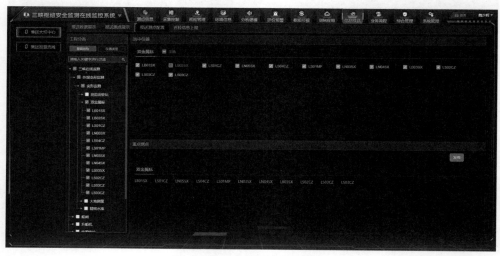

图4.3-92 报送测点配置界面

报送测点展示功能支持根据仪器类型、测点编号、埋设部位以及观测方式进行多条件组合模糊查询,便于使用者快速查询各类型测点数量是否满足需求,功能界面见图 4.3-93。

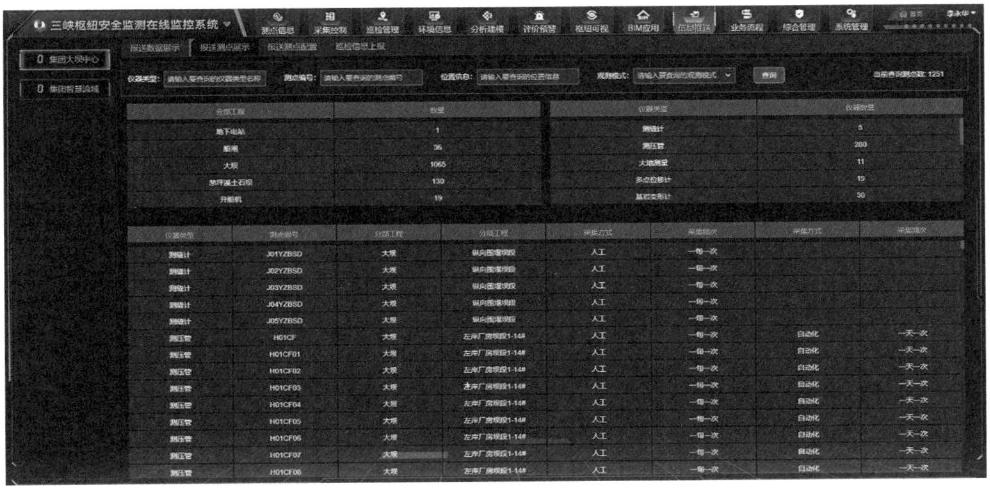

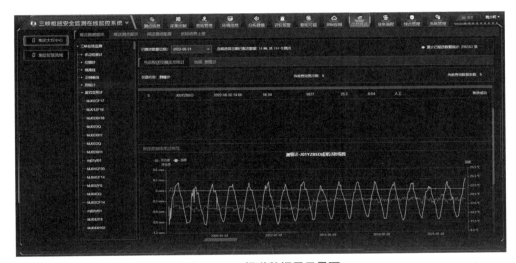

图 4.3-93 报送测点展示界面

完成报送测点选择后,每当系统录入的最新监测数据中包含报送测点,系统将自动发起报送数据审批流程,通过报送数据审批流程的数据将进行对外推送,以此保证报送数据的有效性。在报送数据展示功能中,使用者可选择不同日期查看报送数据的具体情况,以及当日报送量和累计报送数据量等,功能界面见图 4.3-94。

图 4.3-94 报送数据展示界面

对于巡视信息的报送,主要分为无异常和有异常两类。当日巡检信息无异常时无须添加附件,报送信息仅为无异常;当日巡检信息存在异常时,需上传巡检报告为附件。功能界面见图 4.3-95。

图 4.3-95　巡检信息上报界面

4.3.11　业务流程

4.3.11.1　业务流程功能

业务流程管理作为大坝安全监测管理的重要组成部分,主要负责系统中各类流程的发起、执行与查询工作。

业务流程管理按照功能的不同具体分为流程发起、流程待办、已办流程、流程查询四个子模块。

（1）流程发起

流程发起作为流程运行的第一个步骤,不同部门的用户能够发起的流程类型和流程数量不尽相同。不同的流程发起后需要填写的信息也不相同。这就保证了流程的相对独立性,不同的角色不同的人处理不同的流程。每个流程的发起人在流程定义中指定(图 4.3-96)。

图 4.3-96　流程发起

（2）流程待办

除流程发起与流程结束外，流程中间经历的每一个步骤都属于流程待办的范畴，不同的用户需要处理的待办流程数量和需要填写的流程内容均不相同（图4.3-97）。流程办理过程中每个步骤的处理人与填写内容均在流程定义中指定。

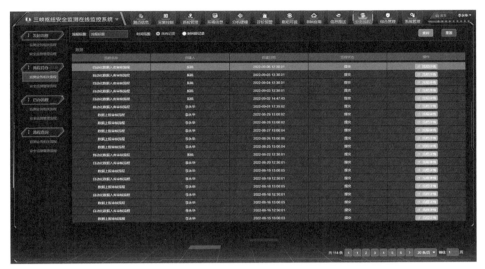

图 4.3-97　流程待办

（3）已办流程

已办流程用于方便用户查询自己已办流程的当前进度，了解流程的执行情况（图4.3-98）。

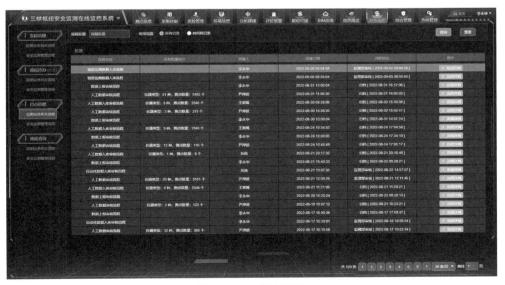

图 4.3-98　已办流程

（4）流程查询

流程查询是用于方便同部门的用户查询本部门已办结的流程，用户可以通过流程名称、流程开始时间来按条件查询所需流程（图 4.3-99）。

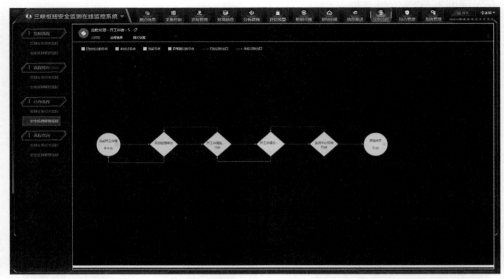

图 4.3-99 已办流程的流程

4.3.11.2 业务流程分类

（1）安全监测业务流程

安全监测业务流程实现安全监测业务流程的数字化管理，提升安全监测业务管理的规范化、科学化、系统化水平，也可为外委单位绩效考核提供管理支撑。

运行维护阶段安全监测工作管理流程主要有：总体业务流程、监测信息管理流程、人工观测数据入库流程、自动化观测数据入库流程、强震自动化观测流程、巡视检查流程、监测资料分析流程、自动化运维工作流程等。

1）自动化观测数据入库流程

自动化观测数据入库流程是大坝安全智能监测业务流程的重要一部分，安全监测数据通过智能设备采集到后，经过数据预处理及预警计算等数据智能处理模块后，流入入库流程中进行审核，完成审核后的数据最终进入整编数据库中（图 4.3-100、图 4.3-101）。

在自动化观测数据入库流程中，系统会将自动化缺测情况、自动化数据粗差情况、自动化数据异常情况展示在界面中，经过查看数据情况，同时可以对比同期及上次数据，参考预警计算结果和环境因素，对数据粗差和异常情况进行确认，确认后的正确数据完成数据整编进入整编库，有需要进行预警的数据则选择进行数据预警流程的发起，保证安全监测总体业务的链条化、闭环化、系统化（图 4.3-102、图 4.3-103）。

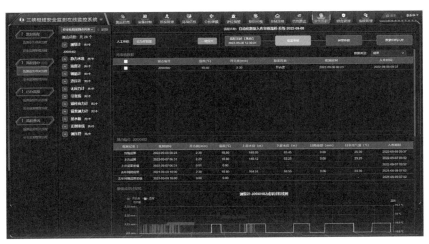

图 4.3-100　自动化观测数据入库流程

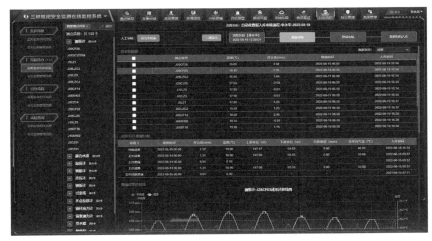

图 4.3-101　自动化观测数据入库流程——数据审核

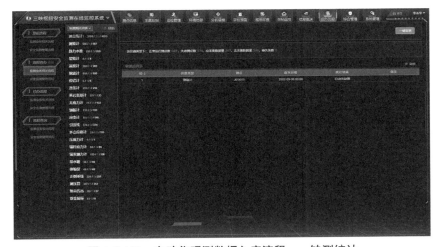

图 4.3-102　自动化观测数据入库流程——缺测统计

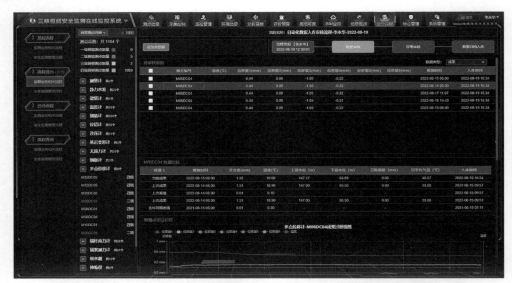

图 4.3-103 自动化观测数据入库流程——异常值审核

2）人工观测数据入库流程

人工观测数据入库流程和自动化观测数据入库流程不同的是，需在人工数据采集完成后，人工在系统界面进行数据录入后，进行人工观测数据入库流程的发起。人工观测数据入库流程同样经过数据智能预警计算后，对数据审核员展示数据的粗差及异常情况，对人工数据进行入库前审核（图 4.3-104、图 4.3-105）。

图 4.3-104 人工观测数据入库流程——数据查看

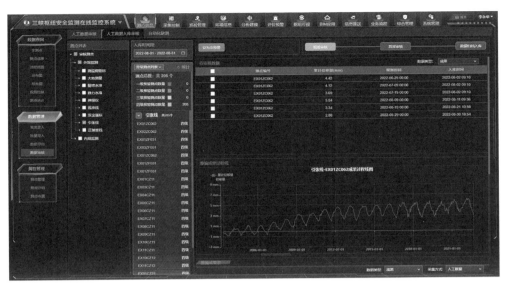

图 4.3-105 人工观测数据入库流程——数据审核

3)项目管理业务流程

项目管理业务流程是大坝安全监测工作的总体业务流程,主要有开工申请流程、工程变更申请流程、质量评定流程、工程验收流程等(图 4.3-106 至图 4.3-109)。

4)监测信息管理流程

监测信息管理流程是管理大坝安全监测信息的业务流程,其中也被拆分成监测数据的入库审核流程、强震数据的入库流程、巡检报告的上报审核流程、监测资料分析流程等(图 4.3-110)。

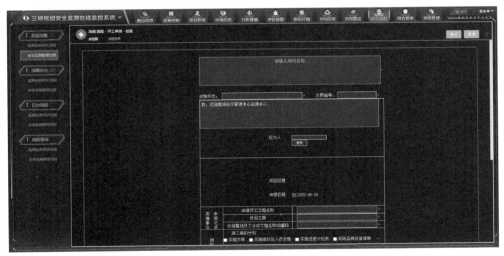

图 4.3-106 开工申请流程

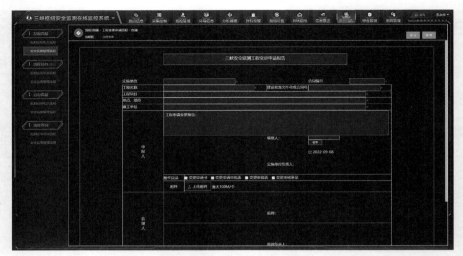

图 4.3-107 工程变更申请流程

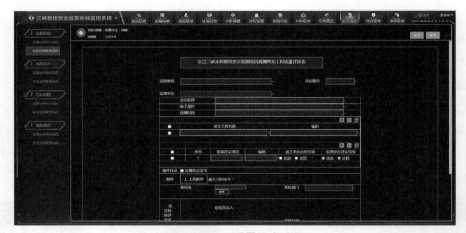

图 4.3-108 质量评定流程

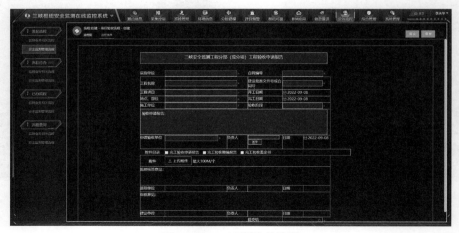

图 4.3-109 工程验收流程

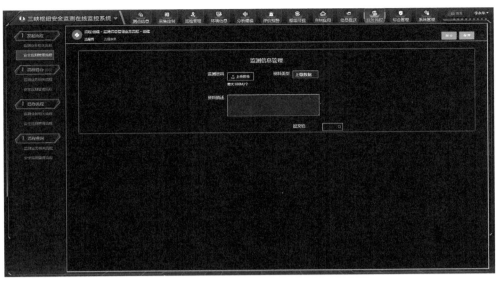

图 4.3-110 监测信息管理流程

（2）安全管理业务流程

运行维护阶段安全管理业务流程主要有：采购申请流程、安全检查流程、运行维护流程、除险加固流程、日常巡视检查流程、缺陷管理流程等（图 4.3-111 至图 4.3-119）。

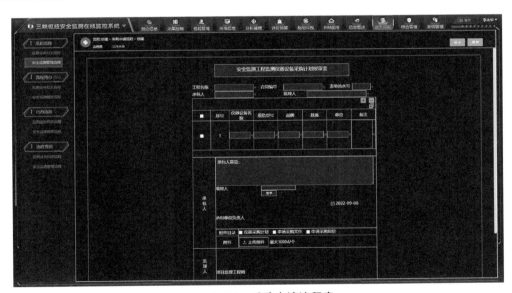

图 4.3-111 采购申请流程表

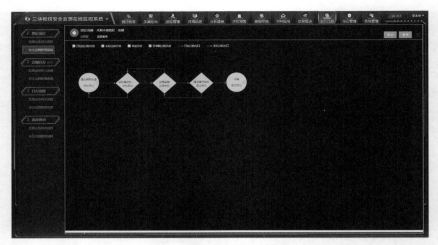

图 4.3-112　采购申请流程

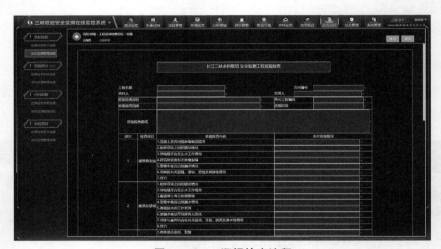

图 4.3-113　巡视检查流程

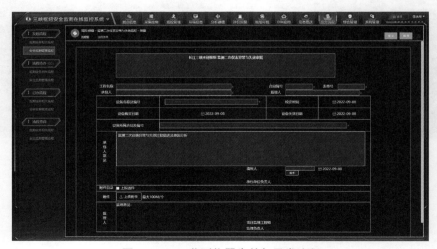

图 4.3-114　监测仪器失效与异常流程

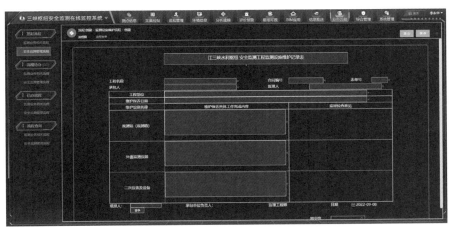

图 4.3-115　监测设施维护流程

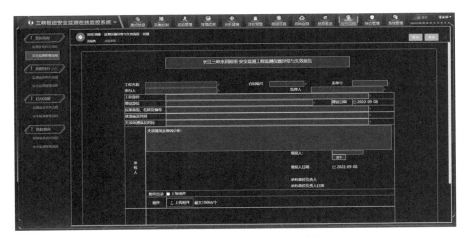

图 4.3-116　监测仪器异常与失效流程

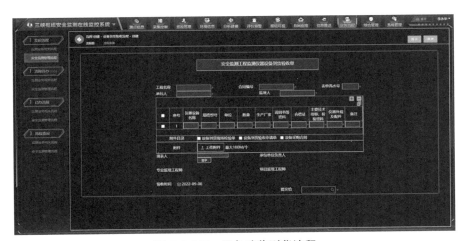

图 4.3-117　设备验收到货流程

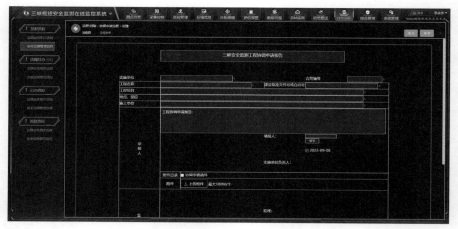

图 4.3-118　协调申请流程

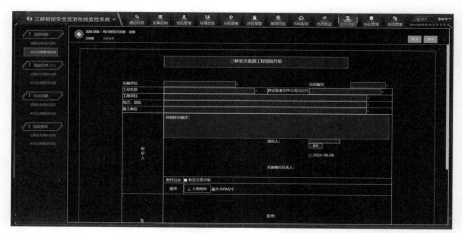

图 4.3-119　周报月报提交流程

4.3.12　综合管理

综合管理应用是以电子档案文档为主,结合相关数据的结构化信息对文档等资料进行管理,实现大坝运行安全(综合)管理。采用文档资源目录管理方式,实现对各类文档进行分类录入、维护,设置各种关键属性以便进行筛选查询,辅助大坝安全管理。综合管理包括工程资料与档案管理,安全管理信息(安全监测文档资料、防洪度汛管理、大坝运行、维护信息管理、巡检文档管理、应急预案管理、定检、注册信息管理等),工程大事记,标准与规程规范管理,安全管理组织机构与人员管理等,同时还包括文档资源目录管理,通过文档目录管理的通用功能,支撑上述各类大坝安全综合信息管理功能模块。

文件上传过程中,系统判断上传的文件大小,当文件超过设定的大小(比如100M),对文件进行切片处理;按照一定的大小,将整个文件切分成多个数据块进行分别上传,上传完之后再由服务端对所有上传的切片文件进行汇总整合成原始的文件。网络超时等原因,导致上传失败,又需要重传,通过分片机制,已经上传成功的分片就不需要再次上传,只需要上传缺失的分片即可,提高上传速度。

4.3.12.1　工程资料与档案管理

工程资料与档案管理是对工程前期规划、招标阶段、建设实施、运行阶段等所涉及的大量工程资料与档案进行分类上传、查询、删除、下载等,实现对所有工程资料分类的管理,提高管理效率和性能,并在此基础上实现文档全文检索。根据权限控制用户的上传、下载、删除等操作,实现文档安全共享(图 4.3-120、图 4.3-121)。

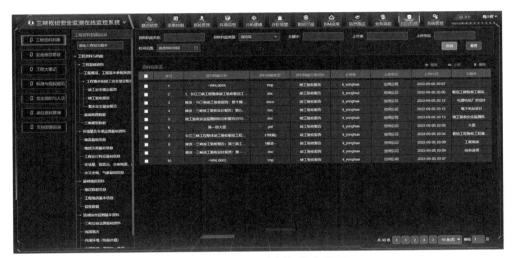

图 4.3-120　工程资料与档案管理

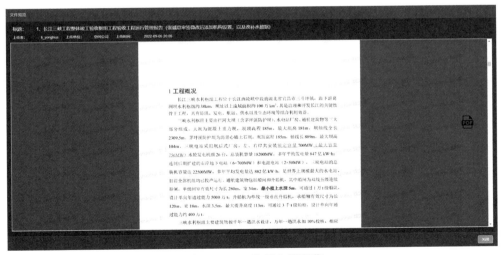

图 4.3-121　资料文档预览

4.3.12.2　安全信息管理

安全信息管理主要针对安全监测文档资料、防洪度汛管理、运行维护信息管理、巡检文档管理、应急预案管理、定检注册信息管理等实现电子文档的标准分类化管理。

（1）安全监测文档资料

主要包括监测仪器资料、监测仪器运行、维护和历次检查、鉴定记录及报告。仪器资料包括监测仪器的出厂参数、率定参数、埋设位置和仪器参与计算的基准值，外部变形监测以及其他监测项目的有效信息等（图 4.3-122）。

图 4.3-122　安全监测文档资料

（2）防洪度汛管理

实现防洪度汛相关文档资料的录入及维护管理。包括年度防洪度汛方案、汛期调度运用计划、联合防洪调度方案及批复文件等，库容复核、洪水复核、水位—库容曲线、水位—泄量曲线等资料，汛前、汛后大坝安全检查报告，暴风、暴雨、洪水和其他异常检查报告，年度防洪度汛总结等（图 4.3-123）。

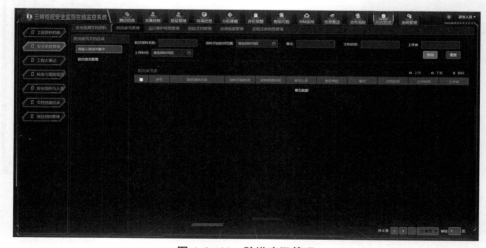

图 4.3-123　防洪度汛管理

（3）运行维护信息管理

实现大坝运行、维护信息的录入及维护管理，包括结构化信息和文档资料。大坝运行、维护信息包括：大坝缺陷相关记录，大坝日常维护记录，大坝补强加固和更新改造工程项目相关文档等。实现大坝日常维护、补强加固和更新改造项目的实施过程、完成情况和当年经费投入情况等信息录入、查询、统计分析（图 4.3-124）。

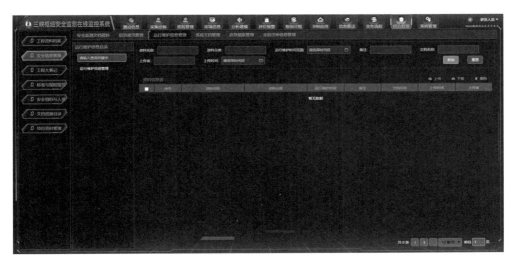

图 4.3-124 运行维护信息管理

（4）巡检文档管理

巡检文档的录入及维护管理，完成安全监测结构化巡检信息管理和从外部系统接入通航建筑物结构化巡检信息，其余巡检信息管理以文档资源目录管理方式进行（图 4.3-125）。

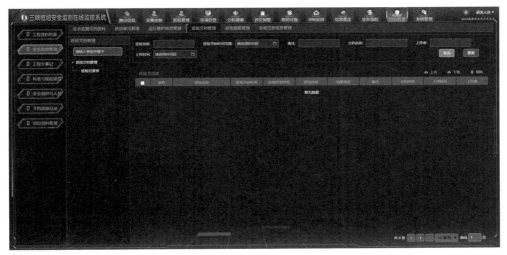

图 4.3-125 巡检文档管理

（5）应急预案管理

实现应急预案文档管理，以及应急预案结构化信息管理（图 4.3-126）。应急预案类宜按超标准洪水、地震、地质灾害、大体积漂浮物、水淹厂房、局地暴雨、其他属性分类等。

提供应急预案信息的可视化管理，包括应急物资及设备管理、应急组织机构及人员管理、应急处置流程管理、应急响应管理等。提供应急管理要素（应急物资、设备，应急组织及人员等）信息录入、查询、浏览、统计分析等功能。

图 4.3-126　应急预案管理

（6）定检注册信息管理

实现大坝安全注册、安全定检基本信息和基础文档的管理，方便用户查询历次注册和定检相关信息，同时辅助相关部门完成大坝注册和定检工作提供支持（图 4.3-127）。

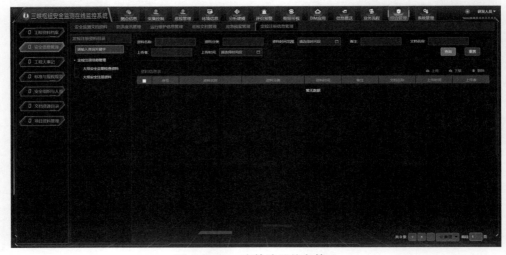

图 4.3-127　定检注册信息管理

大坝安全注册相关文档主要包括大坝安全注册(换证)资料等。

安全定检主要包括大坝安全定期检查资料和大坝特种检查资料。包括地质复查、大坝的防洪能力复核、结构复核或者试验研究等多个专项检查资料、专家报告、审查意见等。

4.3.12.3　工程大事记

工程大事记记载项目工程建设中有较大的影响事件及其情况,包含项目开工完工、历次验收、有关批示批文、设计重大变化、重要会议及汛期抢险等重要事件(图 4.3-128)。该应用对工程事件(如开工、截流、通航等)发生的时间、事件描述等信息进行分类上传、查询、删除、下载等,实现对所有工程大事记分类管理,提高管理效率和性能,并在此基础上实现文档全文检索。根据权限控制用户的上传、下载、删除等操作,实现文档安全共享。

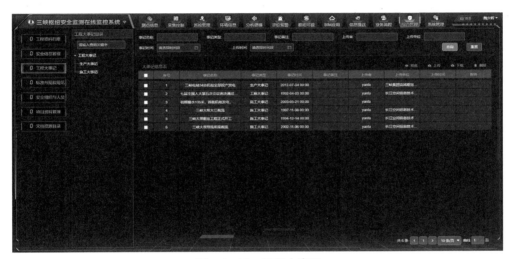

图 4.3-128　工程大事记

上传大事记时输入事记名称、事记类型、事记时间、事记内容等信息,提交上传到服务器。下载删除时勾选资料档案表中一项或多项,点击下载,实现下载功能;点击删除,实现删除功能。查询操作时用户可以对一个或多个查询条件进行自由组合来查询。

4.3.12.4　标准与规程规范

标准与规程规范用于增加、修改、删除相关的国家、行业及企业标准、规程规范、规章制度等文档资料,普通用户均能够下载、浏览,具有上传、下载、删除等权限的用户可进行对应的操作(图 4.3-129)。主要包括的文档资料:国家、行业相关的法律、法规,国家、行业部门相关的规程规范,公司相关的规章制度。

图 4.3-129 标准与规程规范

4.3.12.5 安全组织与人员

安全组织与人员,实现大坝运行安全管理相关的组织机构与人员信息的录入及维护管理,实现安全管理组织机构及人员的查询和分类统计(图 4.3-130)。

新增安全管理人员时选择安全管理组织机构树形目录,输入人员姓名、联系方式、人员类别、人员职责、人员详情等信息,提交到服务器。删除时勾选安全管理人员表中一项或多项,点击删除,实现删除功能。查询操作时用户可以对一个或多个查询条件进行自由组合来查询。

可对一个或多个查询条件进行自由组合来查询安全管理人员数据,可以批量删除安全管理人员数据。

图 4.3-130 安全组织与人员

4.3.12.6　项目资料管理

在大坝安全智能项目管理中,有着许多月报、周报等项目监测资料,项目资料监测管理既是对项目所涉及的大量项目资料进行分类上传、查询、删除、下载、预览等,实现对所有项目资料分类管理,提高管理效率和性能,并在此基础上实现文档全文检索(图 4.3-131)。根据权限控制用户的上传、下载、删除、预览等操作,实现文档安全共享。

上传资料时选择项目资料管理树形目录,输入上传单位、关键词、资料名称,文件上传,提交上传信息到服务器。其中其文档支持图片、dwg、PDF、Word 和 Excel 等多种格式,系统均支持这些格式的文档管理。查询操作时用户可以对一个或多个查询条件进行自由组合来查询。

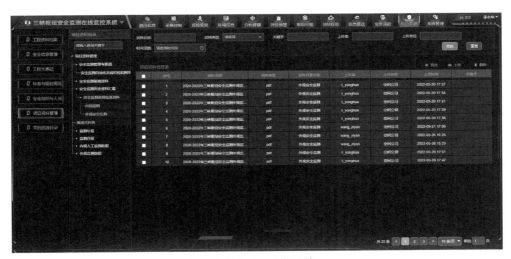

图 4.3-131　项目资料管理

4.3.12.7　文档资源目录

文档资源目录对项目工程所涉及的各类文档进行分类,按照不同类别创建文档目录结构,包括安全管理组织机构、安全信息管理、标准与规程规范、工程大事记、工程资料与档案、项目资料管理等类别(图 4.3-132)。并且通过对文档目录结构进行新增、编辑、删除等操作,实现文档目录结构自定义。通过对用户操作权限的管理,具有权限的用户可以新增、编辑、删除文档目录结构。

资源目录展示默认工程的文档目录节点,点击文档目录节点,展示该目录的父目录名称、目录名称、目录描述等详情信息。

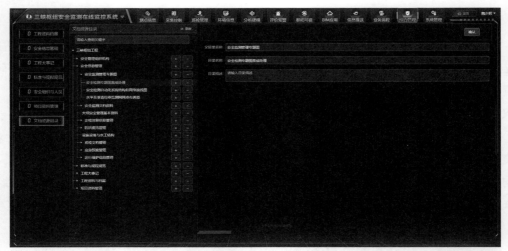

图 4.3-132　文档资源目录

4.3.13　系统管理

系统管理为安全监测智能管理系统的辅助部分,其职责是为保证系统的运行安全,对系统进行有效的管理。系统管理包括用户权限管理、数据显示配置、公式默认配置及系统日志管理等,对数据及软件系统权限集成式地进行统一设置及管理。

系统用户登录时能够识别其授权用户,可以防止数据和系统资源未授权用户故意或无意地修改、破坏。每一个用户登录都被分配了唯一的名称和口令以及对系统的操作权限,通过用户登记可以授予不同的登录账户以不同的权限访问对象、数据和执行功能来创建多个安全级别,使得部分用户可以修改和更新信息,而部分用户只拥有对系统信息的只读权限,以保证系统的安全性。

用户操作权限划分具体到每个子功能模块,具有管理员操作权限的用户可以新增、修改用户及用户角色级别;可对数据库及系统设置进行管理,能备份及恢复数据库;可对系统的数据列的显示进行属性管理、对默认公式及参数进行配置;同时,系统操作日志将用户在系统中所做的每一次操作(如查询、添加、修改、删除等),在操作完成后都将相关操作内容(如测点名称、操作时间、操作内容等)记录成日志信息保存到数据库。系统管理员可根据查询条件搜索相关操作日志记录。

（1）用户权限

对系统用户进行管理,包括新增用户、修改用户及删除用户。添加用户时可以自定义头像,输入账号名称、昵称、电话号、所属部门及所属角色;具有管理员权限时可以进行修改用户密码、删除用户。同时,系统记录该用户的创建时间、创建人及其上次登录时间,并提供用户列表的条件查询。系统提供以角色为基础的权限管理模块,可设置角色可以访问的数据权限及可使用的功能权限。数据权限可设置各个模块功能及数据的 CRUD 权限,通过绑定用户和测点分组或自定义测点组对监测数据的访问权限管理可以细化到单个测点。

1）用户管理

系统除提供用户注册、密码找回等功能外，还提供启用、停用、编辑、删除、统计、搜索等用户管理功能（图 4.3-133）。

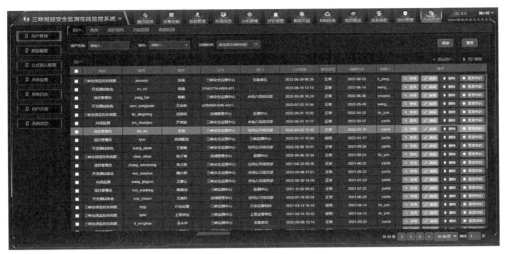

图 4.3-133　用户管理界面

2）角色管理

系统提供新增、编辑、删除角色的功能（图 4.3-134）。

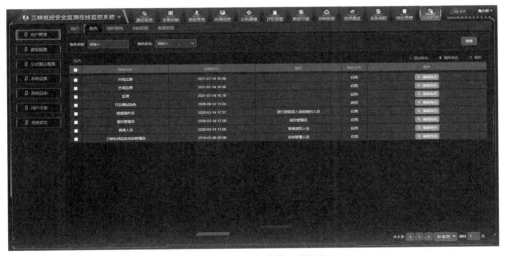

图 4.3-134　角色管理界面

3）权限管理

系统提供以角色为基础的权限管理模块，需要管理的主要权限有文档、图纸、监测数据的 CRUD（Create、Read、Update、Delete）权限，以及其他功能模块的访问权限等，对监测数据的访问权限管理可以细化单个测点（图 4.3-135、图 4.3-136）。

图 4.3-135　功能权限管理界面

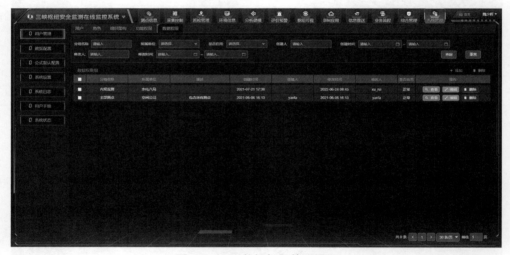

图 4.3-136　数据权限管理界面

（2）数据配置

由于系统的仪器类型及字段名称较多，需要有可以调整列名及顺序的定制化功能，以便适应不同的管理部门及使用者。其中，保留小数位及过程线的绘制有特点要求，需要可设置调整，让系统更具有灵活性与适配性。该功能是对系统所有仪器类型需要显示的成果字段、测值字段及考证字段的属性设置，包括字段的名称、小数位数、是否显示、是否统计、绘制过程线的颜色等属性管理（图 4.3-137、图 4.3-138）。

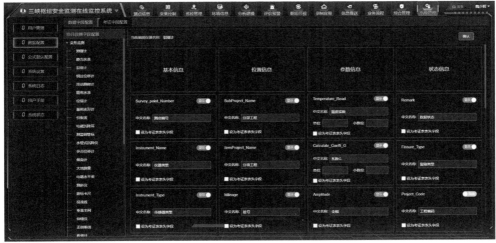

图 4.3-137　考证字段配置界面

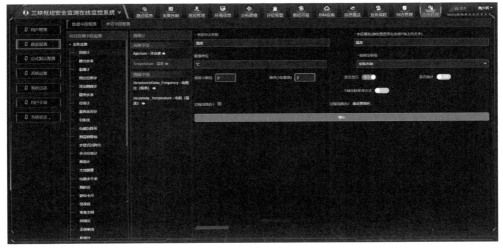

图 4.3-138　数据字段配置界面

（3）默认公式配置

在进行公式配置时，用户需要解决重复的公式输入及工商参数字符不统一的问题。该功能实现了公式默认配置，包括默认参数及默认公式的管理，该功能是针对统一仪器设置的，通过调整好默认配置再去设置单个测点公式时会便捷很多（图 4.3-139、图 4.3-140）。

（4）备份恢复

提供数据备份功能，定期备份数据，防止数据的意外删除和修改。数据备份支持完整备份、差异备份和日志备份。完整备份：将数据库的数据全部备份。差异备份：将上一次完整备份后到现在对数据的修改进行备份。日志备份：将上一次日志备份后到现在所生成的事务日志记录进行备份。管理人员可分别设置完整的备份计划、差异备份计划、日志备份计划

261

来实现数据的自动备份，也可手动进行数据备份和还原。

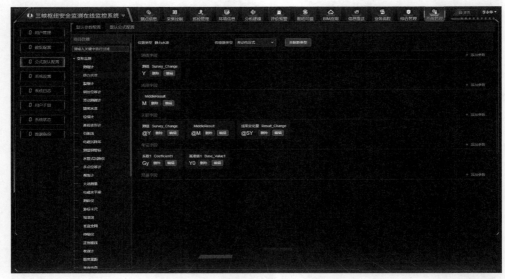

图 4.3-139　默认参数配置界面

图 4.3-140　默认公式配置界面

（5）系统日志

系统需要记录用户登入和登出信息，方便系统管理员了解系统使用情况。用户登录系统后进行的每一个行为都将被记录下来，形成操作日志；当后续发现有数据被误操作时，可以追溯问题的原因，保护数据的完整性。

第 5 章　智能监测关键技术

5.1　GIS＋BIM 技术

建筑信息模型(Building Information Modeling,BIM)是基于建筑全生命周期管理的概念提出的,通过创建面向对象的三维数字化模型,搭建一个储存建筑物工程项目信息的数据库,使项目的业务流程尽可能跨越和涉及整个建筑项目生命周期中的所有不同组织,实现项目各参与方之间的工作协同以及信息集成(图 5.1-1)。BIM 技术提供了三维信息管理的工作平台,改善了传统二维信息管理的局限性,通过将项目从设计、施工到维护的相关信息集成到一个中心文件中,实现多参与方的共同设计与协同管理,增进了各方的协同性,使信息更加全面和完整。

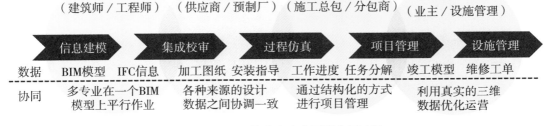

图 5.1-1　BIM 技术全生命周期应用过程

三峡工程规模宏大,结构体型复杂,其安全监测测点数量大且监测时间长,在工程运行过程中会产生大量的监测数据,在监测周期内积累的历史数据也会迅速增加。这些数据包含与结构安全状态相关的信息,为评判结构的受力状态、结构的损伤程度以及预测结构寿命提供有力依据,并为结构的维修养护、加固改造提供及时的帮助与指导,是建筑物生命周期信息的重要组成部分。

BIM 是一个具有信息集成、共享特性的平台,通过 BIM 技术与结构安全监测数据的集成,可以为结构健康监测提供一个三维可视化、可开发的数字表达环境,有效提高监测信息的可视化和共享。利用 BIM 所提供的信息集成与管理技术,实现监测信息的有效管理,为进一步的信息处理与分析提供坚实的基础,提高结构安全状态评估与诊断的效率(图5.1-2)。

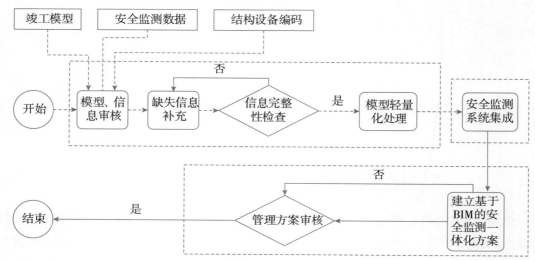

图 5.1-2 面向安全监测的 BIM 应用关键流程

GIS＋BIM 技术涉及地理信息平台建设和 GIS＋BIM 三维可视化平台建设两部分内容。

5.1.1 地理信息平台建设(二维)

地理信息平台采用 GeoServer 作为地图服务器,采用 Openlayer 作为前端地图开发框架平台。

（1）地图服务器 GeoServer

GeoServer 是 OpenGIS Web 服务器规范的 J2EE 实现,利用 GeoServer 可以方便地发布地图数据,允许用户对特征数据进行更新、删除、插入操作,通过 GeoServer 可以在用户之间迅速共享空间地理信息。GeoServer 是开源项目,可以方便得到较快的更新服务。GeoServer 是目前除了 ArcGIS 平台之外的主流 GIS 平台之一,其最新版本为 2.13.2。

GeoServer 兼容 WMS 和 WFS 特性;支持 PostgreSQL、Shapefile、ArcSDE、Oracle、VPF、MySQL、MapInfo;支持上百种投影;能够将网络地图输出为 jpeg、gif、png、SVG、KML 等格式;能够运行在任何基于 J2EE/Servlet 容器之上;嵌入 MapBuilder 支持 AJAX 的地图客户端 OpenLayers。

（2）地图前端引擎 OpenLayers

目前,主流的 Web 地图引擎有百度地图、高德地图、Leaflet 以及 OpenLayers。百度地图和高德地图为国内主流的 Web 地图引擎,在国内众多网络服务中都有广泛的应用。但百度地图和高德地图都只支持自身的地图服务,业务应用系统需要连接互联网才能访问地图资源服务,对于开发者自身生成的地图数据不能进行发布和展示。因此不适宜作为本项目的地图引擎。

OpenLayers 和 Leaflet 都是当前主流的 Web 地图引擎,但 Leaflet 内置功能较少,很多功能需要使用额外插件。基于本项目的建设需求分析,对于 GIS 展示方面的功能,使用 OpenLayers 开发更加适合本系统建设。

OpenLayers 是一个用于开发 WebGIS 客户端的 JavaScript 包。OpenLayers 支持的地图来源包括 GoogleMaps、Yahoo、Map、微软 VirtualEarth 等,用户还可以用简单的图片地图作为背景图,与其他的图层在 OpenLayers 中进行叠加。OpenLayers 支持 OpenGIS 的 WMS 和 WFS 等网络服务规范,可以通过远程服务的方式,将以 OGC 服务形式发布的地图数据加载到基于浏览器的 OpenLayers 客户端中进行显示。

5.1.2 GIS+BIM 三维可视化平台建设

本项目建设的 GIS+BIM 三维可视化平台将采用 3DGIS-Ark(方舟)。它是投标人面向水利水电工程管理需求形成的具有自主知识产权的三维地理信息系统平台。平台以 Open-GL 为基础,采用了 OSG 技术,同时对该技术进行了优化,创新性地解决了若干技术难点,提升了整体性能,解决了海量数据集成与调度、水工建筑与三维地形的无缝镶嵌、BIM 模型集成与融合等问题,增加了新的分支模块、离线渲染的三维场景特效、海量点云数据动态调度与显示支持,实现了室内外一体化漫游,安全监测信息无缝集成与展示分析,基于模型化、参数化的洪水淹没分析,实时动画模拟等。BIM 数据作为 GIS 平台的数据源,通过数据交换、属性集成、几何轻量化等技术手段,将 BIM 数据与三维 GIS 无缝集成,为安全监测可视化与分析提供科学决策平台(图 5.1-3 至图 5.1-5)。

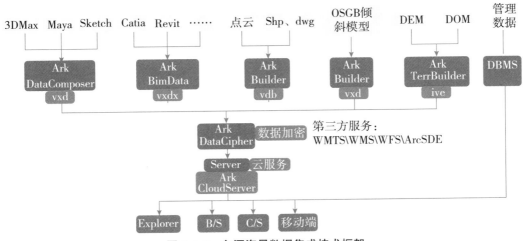

图 5.1-3 多源海量数据集成技术框架

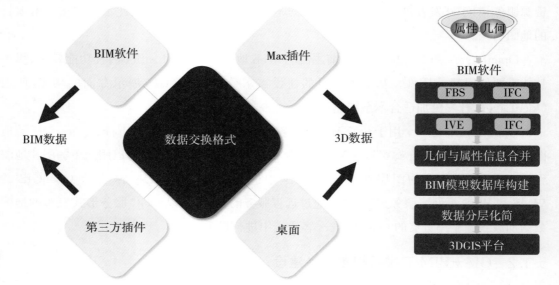

图 5.1-4　BIM 数据与 3DGIS 数据交换流程

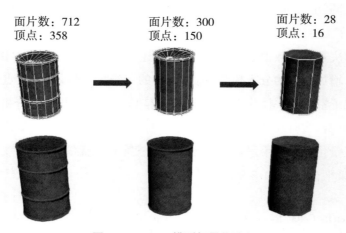

图 5.1-5　BIM 模型轻量化流程

5.2　三维实景建模及可视化集成技术

专业三维实景建模软件生成的模型格式一般为 *.osgb 格式,若用于三维模型可视化,需首先将其格式转换为 3DTiles 瓦片数据。

三维模型的多细节层次,可以树的形式进行组织。对于每个三维模型父瓦片来说,可以确定一个唯一的完全包含其全部内容的边界框外包围体。每个边界框外包围体又可以根据需要切分成多个小三维模型的边界框外包围体,从而确定多个三维模型子瓦片。子瓦片的边界框外包围体完全在父瓦片的边界框外包围体内。

3DTiles 瓦片数据集包含一个 json 配置文件,配置文件中包含了 3DTiles 瓦片数据集的

所有节点信息,所有节点构成一个多叉树。在 3DTiles 的 JSON 文件中用 bounding Volume 属性表示边界框外包围体,用 children 属性指向表示子瓦片。3DTiles 瓦片数据组织为一种特殊的多叉树结构。

如图 5.2-1 所示,在三维可视化过程中对三维实景模型数据进行调度时:

①要获取三维实景模型数据的配置文件,通过传入的配置文件路径信息去请求配置文件,然后通过广度优先的方式遍历配置文件内容得到的三维模型数据瓦片的树状结构:其中树结构中每一个节点关联了一个具体的 3DTiles 瓦片数据,并包含了如下信息:

a. parentTile 属性:指向当前节点的父节点。

b. children 属性:是数组属性,包含了当前节点的所有子节点。

c. bounding Volume 属性:是当前节点所包含的 3DTiles 模型数据的外接球体信息。boundingVolume 属性是对节点所包含的模型数据所占据的空间范围的近似,便于在三维可视化时对数据进行裁剪。

d. geometryError 属性:表示节点所包含的模型数据的分辨率信息,即模型数据的 LOD 级别,便于在三维可视化时进行判断。

e. contentUpload 属性:自定义属性,初始为 true,表示节点的瓦片数据并没有真正获取,避免数据的重复获取。

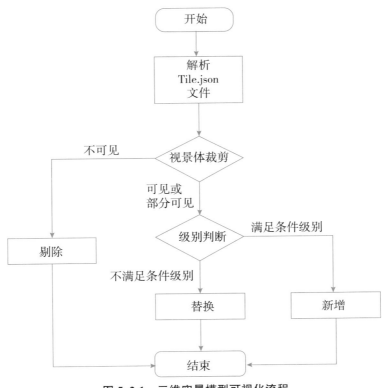

图 5.2-1　三维实景模型可视化流程

通过以上属性，就可以索引到树结构的任意节点瓦片。

②按需请求 3DTiles 瓦片数据，请求得到的具体的 3DTiles 瓦片数据包含了如下信息：

a. type 属性：代表瓦片数据的具体类型。

b. content 属性：是瓦片数据的数据内容。

根据 type 属性就可以判断瓦片数据的具体格式，进而去调用相应的解析算法解析 content 属性的内容，最终生成场景中的模型要素。

③三维模型可视化过程中 3DTiles 的具体调度流程：

a. 瓦片选择：前文解析 3DTiles 的配置文件生成了 3DTiles 瓦片节点信息的树状结构。

在每一帧渲染前，首先根据 Camera 的视点和视景体对树结构的根节点瓦片进行裁剪测试，裁剪测试对视景体与节点对象的 boundingVolume 属性所表示的外包围体进行。如果节点对象可见或者部分可见的话，对节点对象通过其 geometryError 属性判断其多细节层次是否满足当前视点下的要求，如果满足要求则进入流程②，否则将其子节点压入队列里依次进行流程①。如果当前的节点对象不可见则直接剔除。

b. 对通过裁剪测试且满足多细节层次的节点对象请求 3DTiles 瓦片数据，如果数据请求成功则将节点对象的 contentUnloaded 的属性为 false，避免重复请求。

c. 瓦片更新：更新操作有新增和替换两种方式，其中新增操作比较简单，就是把请求完成的节点对象解析渲染加入当前场景中。替换操作比较复杂，我们知道瓦片的父节点和子孙节点占据相同的空间范围，替换就是当前的节点对象的多细节层次不能满足要求，如当前的节点对象多细节层次较低，则用其满足要求的子孙节点瓦片进行替换，替换可能是全部也可能只替换当前节点对象的一部分。除此之外，更新还包括处理场景中 3DTiles 模型有透明的情况，这时候需要按当前视线的方向对场景的节点对象进行由近到远的排序，WebGL 按照排序后节点对象进行渲染工作。

d. 瓦片数目检测：3DTiles 瓦片数据量较大，渲染后占用资源较多，同一时间需要设置可渲染的节点数目的阈值，在每一帧更新时检测当前场景中的已经渲染的 3DTiles 节点对象数目，对超过阈值的部分进行剔除，剔除包括清除 WebGL 渲染时开辟的缓冲区以及删除纹理资源。

通过以上流程，在三维模型可视化过程中就能平滑高效地对 3DTiles 模型数据进行渲染。

5.3 基于"微惯导＋物联网"的智能巡检技术

5.3.1 系统架构

基于微惯导技术的智能巡检系统软件架构设计分为 5 层，具体包括应用层、服务层、数据层、传输层、资源层。智能巡检系统架构见图 5.3-1。

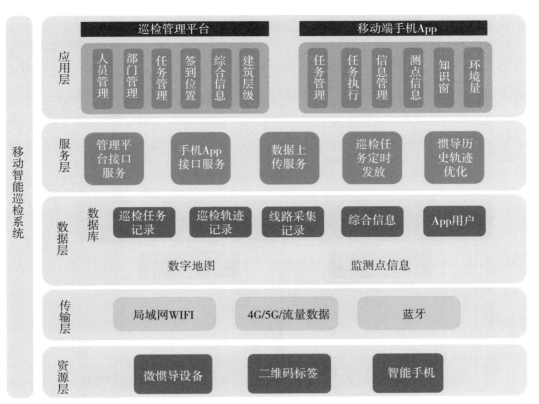

图 5.3-1　智能巡检系统架构图

应用层包含巡检管理平台和移动端手机 App 两部分。管理平台为 B/S 架构,前端主要使用基于 HTML5 的技术框架,平台主要功能为管理智能巡检相关的基础数据,包括人员数据、部门数据、巡检任务数据、签到位置数据、综合信息数据、建筑层级数据等。手机 App 为 C/S 架构,前端主要使用原生安卓和安卓工具包,App 主要实现巡检任务的执行和辅助巡检任务执行的相关功能。

服务层主要使用 Spring、SpringMVC 技术框架,还使用了 Web Service 等外部服务,为应用层提供相应的接口服务,主要服务包括管理平台接口服务、手机 App 接口服务、数据上传服务、巡检任务定时发放服务、惯导定位历史轨迹优化服务等。

数据层整个系统的数据来源,主要使用 Mybatis 技术框架,缓存处理使用 Redis 技术框架,主要来源为智能巡检数据库。除此之外,还包括数字地图等基础数据,监测点信息等外部接口服务数据。

传输层网络数据传输功能包括:局域网 WIFI、4G/5G/数据流量、蓝牙等传输方式。系统传输流向主要分为智能巡检管理平台数据传输、智能手机终端数据传输两部分。其中,智能巡检管理平台数据传输:智能巡检管理平台至服务器,再向数据库均为内网传递。智能手机终端数据传输:微惯导定位模块向智能手机终端为蓝牙传输,智能手机终端向服务器为局域网传输或 4G/5G/流量数据传输,服务器向数据库为局域网传输。

资源层包括微惯导模块设备、智能手机终端、二维码标签等。其中,微惯导模块可实现自主定位,定位过程中不需要借助卫星信号,也无须建立外部基站,主要用于解决大坝廊道或洞室内无定位环境的巡检线路定位问题,或者实现安全环境要求下的室外定位。微惯导模块配合二维码使用即可确定巡检人员的位置、方向及轨迹,二维码标签分为 3 类:①用于惯导位置校正的二维码。②用于巡检签到的二维码。③扫描后提供监测点信息的二维码。

5.3.2 网络结构

智能巡检由二维码、微惯导模块、巡检终端 App 和在线监控系统 Web 端管理模块等构成(图 5.3-2)。采用 C/S 和 B/S 相结合的混合模式,在传统人工巡检基础上应用"微惯导 + 物联网"技术,确保巡检任务无遗漏、异常部位定位准。实现定位信号智能切换、巡检签到、巡检记录、巡检层级、巡检报表和报告生成等智能化功能。

图 5.3-2　智能巡检网络结构

(1)二维码

二维码具有存储容量大、纠错能力强、制作简单、能够引入加密机制等优良特性

用生成器生成的每一个二维码与数据库中的相关信息进行绑定,此后扫描二维码将可以调出后台相关信息。二维码标签一般采用亚克力等材质制作。巡检二维码标签分为定位二维码、仪器设备(设施)二维码、签到二维码和异常点二维码。定位二维码用于廊道内,无GPS 等信息时为微惯导提供定位基准,主要写入坐标等信息;仪器设备(设施)二维码主要写入测点编号、仪器设备编号、埋设安装时间、当前测值等综合信息;签到二维码主要用于巡检人员现场打卡,记录现场巡检轨迹等,一般在室内廊道可用定位二维码代替。现场通过手机扫描不同的二维码可获得写入的不同信息。异常点二维码主要记录工程病害等信息。

(2)微惯导模块

一是通过惯导模块相对定位算法获取巡检人员的即时坐标;二是通过蓝牙传输功能,将惯导定位模块中的坐标数据、轨迹数据传输至智能手机终端；三是巡检任务完成后，通过优化线路算法将巡检轨迹进行优化，解决巡检轨迹偏移问题。

（3）巡检终端 App

①任务管理：巡检任务的查看、接收、退回巡检管理平台；巡检签到、添加巡检问题、巡检进度查看、巡检轨迹记录。②任务执行：在巡检任务接收后，进行巡检任务的执行，有巡检签到、添加巡检问题、巡检进度查看、巡检轨迹记录等。③信息管理：查看任务周边坝区及建筑的信息和监测点的数据等相关辅助信息。④数据上传：由于巡检过程中是无法连接到内网环境的，因此巡检过程中所提交的数据需先保存在手机终端，等到连接内网后才能上传到服务器。该功能就是用于将手机终端中的数据上传至服务器。⑤知识窗：搜索检测知识，输入关键字就可以进行相关检测知识的查询，支持离线使用。⑥设备管理：用于切换惯导定位和GNSS 定位。⑦环境量：用于环境量信息的查看。⑧测点扫一扫：扫描监测点上的二维码，查看监测点的相关数据。⑨辅助功能：该功能主要用于智能巡检的准备工作，其中包括经纬度设置、签到点绑定、线路采集。

（4）Web 端管理模块

①人员管理：用于管理人员的基本信息，有新建、修改、删除、启用、停用等功能。②部门管理：管理部门的基本信息，有新建、修改、删除等功能。③任务管理：用于管理巡检任务，巡检任务分为巡检任务、定制任务两类。④签到位置管理：用于管理签到位置，有新建、修改、删除、详情查看等功能。还包括上传签到位置和上传校正位置的功能。⑤综合信息管理：用于管理综合信息，其中包括：计划线路管理、环境量管理、文档管理、监测知识管理。⑥建筑层级管理：主要是体现建筑物下的层级结构，如建筑物管理、巡检单元管理、检查项目管理、检查内容管理等。⑦巡检数据量化与分析评价：基于巡检数据量化后的定性指标值，结合安全监测成果、巡视检查成果及各类规程规范要求，按照巡检要求将定性指标划分为不同的取值范围。应用基于深度学习的图像识别技术（多比例特征图像检测、卷积检测预测、样本训练、数据增强等方式），智能巡检 App 能记录异常事件并自动形成告警信息，包括异常事件类型、等级、位置、录制的视频或拍摄的照片。在水利枢纽安全监测巡视监测数据量化时，可以把量化评价指标划分为五个层级，并智能与裂缝长度和宽度、渗水面积大小、混凝土表面脱落面积大小关联，从而量化评价巡视检查工作和大坝综合性态。

5.3.3　关键技术

（1）室内惯导定位技术

在大坝建筑物内部无 GNSS 或 4G/WiFi 定位条件下，通过微惯导模块及最优路径优化算法实现巡检轨迹定位等功能，其原理和功能如下：

微惯导模块内置陀螺仪和加速度计,其定位原理是根据陀螺仪输出的信息建立定位坐标系,根据陀螺仪采集的角速率和加速度计采集的比力信息实时计算模块的速度和姿态,从而确定微惯导模块载体在定位坐标系中的位置和轨迹。受器件误差的影响,当不存在任何约束时模块解算的位置误差、速度误差和姿态误差会随着时间的不断累积,本书通过校正坐标和历史路径优化算法对定位结果进行校核以提高定位精度。巡检人员在行走的过程中,行人的脚会周期性、重复地接触地面,当脚接触地面的短暂时段内,脚的速度为零。当把模块安装在脚上时,可以利用脚触地时段内的零速信息对模块的位置、速度和姿态进行不断的修正,从而获得更为可靠的结果。本书研发的微惯导模块功能结构见图5.3-3。

图 5.3-3 微惯导模块功能结构

微惯导模块使用方便,便携性强。微惯导模块内置电源,充满一次电可连续工作10个小时,能够满足长时间下连续的较高精度的定位需求。微惯导模块与二维码进行联合定位时(二维码所在位置坐标的绝对坐标精度优于10cm),其定位精度能达到1%(100m距离下定位精度优于1m)。

(2)巡检数据量化与分析评价

大坝安全监测巡视检查工作评价指标主要分为定性指标和定量指标,基于巡检数据量化后的定性指标值,本书结合安全监测成果、巡视检查成果及各类规程规范要求,按照巡检要求将定性指标划分为不同的取值范围。

在水利枢纽安全监测巡视监测数据量化时,可以把量化评价指标划分为五个层级,并智能与裂缝长度和宽度、渗水面积大小、混凝土表面脱落面积大小关联,从而量化评价巡视检查工作和大坝综合性态。

智能巡检系统应用了基于深度学习的图像识别技术(多比例特征图像检测、卷积检测预测、样本训练、数据增强等方式),智能巡检App能记录异常事件并自动形成告警信息,包括异常事件类型、等级、位置、录制的视频或拍摄的照片。

智能巡检可量化识别的主要场景内容包含:裂缝长度和宽度识别误差±2mm;渗水面积误差±10cm^2;量水堰流量识别误差±1L/s;混凝土表面脱落±2cm^2 等。

智能巡检系统可以选择多条巡检记录联合生成巡检报告。巡检报告的主体内容会根据所选择的巡检记录来智能生成,同时能够一键生成巡检报告,方便管理单位和人员综合评判大坝实际工作状况,对工程安全性作出评价决策。

（3）巡检系统的智能化

1）智能切换定位方式

智能巡检系统拥有室内惯导定位和室外 GNSS 定位两种定位方式，可根据不同场景智能切换定位方式。

2）智能巡检签到

巡检签到的位置信息由管理平台进行创建和管理，再将签到的位置信息与二维码进行绑定。巡检人员到达巡检位置时扫描布设在现场的二维码进行巡检签到，签到的同时会进行自拍和记录签到时间，自拍的照片 App 会自动打上时间水印能够监督管理巡视检查工作。

3）智能记录巡检问题

巡检人员在巡检过程中发现巡检问题时，选择问题分类后可以通过文字、拍照、录像、录音的功能进行记录（拍照、录像均会自动打上时间水印），同时记录下该问题出现的坐标点，让巡检问题的记录更加有效化、准确化。

4）智能管理建筑层级结构

建筑物、巡检单元、检查项目、检查内容，这四项组成的层级结构是巡检表格智能生成的关键。同时每一个巡检过程中发现的问题也会挂靠在这里的最小级别检查内容上，巡检任务则会挂靠在这里的第二级别巡检单元上。巡检层级结构由管理平台进行创建和管理，按照巡检规范和工程要求所划分的巡检单元均能够生成对应检查内容的巡检报表。

5）智能生成巡检报表

在同一建筑物同一巡检单元下，可以选择多个已完成的巡检任务联合生成巡检报表，巡检报表的内容能够智能生成，报表模板由巡检单元下的检查项目和检查内容决定，生成的内容由巡检任务中添加的巡检问题所决定。智能生成报表无须再人为填写内容，生成后的巡检记录报表由管理平台进行管理，并可以打印和导出 Word 文档。

6）智能生成巡检报告

智能巡检系统管理平台可管理各项巡检数据，首先基于人工巡检报告模板设置编码标记自动生成内容；然后选择巡检任务数据遍历报告模板，基于微软组件对象模型执行选择查找指令查询需更新的对象；根据报告模板中的参数化信息和巡检数据库监测信息自动进行特征值统计，运行搜索查找指令对确定的特征值进行对象更新；继续遍历搜索过程，直至生成所有报告信息。巡检报告生成效率高、生成结果准确且与巡视监测现行报告样式及内容保持一致，具有较好的通用性。

5.4 智能算法模型及其组合模型技术

5.4.1 智能算法模型

大坝安全监控是根据大坝监测的数据资料,应用数学方法,建立能够有效反映大坝效应集与外界荷载集之间影响关系的监控模型,来模拟和预测大坝的运行性态,进而综合评价大坝的健康状况,是保证大坝能够安全有效运行的最常用手段和方法。

当效应量和自变量关系复杂时,传统分析模型预测效果较差,智能算法模型以可视化、网络化、易于实现等特征发展迅速。近年来,智能算法在大坝安全监控模型中能得到很好的应用。智能算法模型的主要思路是:产生训练集、创建训练模型、仿真测试、性能评价、预测。智能算法模型包括:神经网络模型、支持向量机模型和智能组合模型等。可以更好地应用于大坝各监测数据的智能分析和诊断预警。

(1)神经网络模型

神经网络模型具有良好的学习能力,在自适应和容错能力上也有良好的特性,特别是能够很好地拟合非线性问题。针对 BP 神经网络模型稳定性差、计算结果受初值影响大、易陷入局部极小值等主要缺陷,考虑对传统的 BP 神经网络模型进行优化。使用遗传算法和改进粒子群优化算法对 BP 网络模型加以优化。通过优化后的 BP 模型建立大坝变形数据分析与预测模型。把影响大坝变形的几个主要因素和变形量的历史数值作为 BP 神经网络预测模型的输入变量和期望输出;BP 神经网络经过优化后能够对大坝变形进行很好的拟合,经过与工程实例的结合表明,优化后的 BP 模型比起传统的 BP 模型对大坝的变形能进行更加合理的拟合。主要解决方案如下:

①在利用神经网络模型对大坝的变形量进行预测之前,对影响大坝变形的主要因子进行选择。对水位、温度、时效三个主要影响因子进行分析。在 BP 神经网络模型中,将水位、温度、时效三个主要影响因子的 n 个影响因子作为网络模型的输入,将大坝变形监测点变形作为模型的输出,利用已有的监测资料,对 BP 神经网络进行了训练,建立水位、温度、时效因子和监测点变形之间的非线性映射关系,并利用 BP 神经网络的仿真功能对大坝产生的变形量进行预测拟合。

②对神经网络模型的结构及学习规则进行深入研究,指出传统的 BP 算法存在学习速度和收敛速度较慢并且易陷入局部极小值而得不到全局最优解的缺陷。故针对 BP 神经网络因初始化权阈值的盲目随机性,导致收敛速度慢、易陷入局部极小等弱点。

③将具有全局寻优能力的遗传算法和粒子群算法应用于 BP 神经网络的优化之中,用于优化 BP 神经网络的初始权值和阈值,同时对粒子群优化算法原理的一些不足进行改进。对

于标准粒子群算法所采用的线性递减惯性权值存在的不足之处,提出由算法搜索过程中适应度值的变化来调整惯性权重先增后减的动态方法。可以建立基于遗传算法和改进粒子群优化算法的 BP 神经网络的预测模型,提高算法的收敛速度和网络稳定性。

④由于 BP 神经网络的结构对模型的训练速度与泛化能力产生的影响较大,然而现阶段对结构参数的选择仅依靠经验判断与试凑法决定。此外,在粒子群算法优化 BP 模型时,粒子的空间维度取决于 BP 网络的权值和阈值,粒子的维度大小会对最终的寻优效果和算法实现时间产生影响。故在 BP 网络结构参数选择上还需进行更加深入的改进。

（2）支持向量机模型

支持向量机（SVM）的主要思想是当经验风险降低的时候,期望风险的主界值也能降低,在原有小范围数据的基础上,保证模型能获得满意的预测精度。在处理非线性问题上,由内积函数架构的非线性变换可把输入空间转换成一个高维空间,并在这个高维空间中寻找输入与输出变量之间的非线性关系。大坝变形受到温度、时效以及水位等因素影响,其变形值呈现出非线性的特性,所以 SVM 算法是非常适用于大坝变形预测的。然而,SVM 进行建模的过程中,选取合适的核函数以及相关的参数组合是最重要的部分,参数选取的好坏将直接影响到预测结果的精度。主要解决方案如下:

①原始数据预处理:大坝外业监测时总会存在误差。大坝变形是微小量,其值与变形量相似,为了能够有效提取变形特征,我们需要消除超限误差。变形数据分为有用数据和随机噪声,其中有用信号表现为低频特性,随机噪声表现为高频特性,考虑使用小波去噪方法来实现原数据的预处理。

②改进 SVM 的核函数及相关参数组优选:SVM 在处理非线性问题上,需要利用核函数将大坝变形线性不可分数据进行处理,对于任意维度的空间,均从低维向高维转化,让原数据变成线性可分。通过基因表达式编程算法（GEP）对选定的核函数及其相关参数进行优化选取,经 GEP 算法遗传操作选取最佳参数组合,构建基于 GEP 算法的改进 SVM 大坝变形预测模型。

③在使用 GEP 算法进行参数组合群选取时,由于 GEP 算法本身的参数是人工选取的,并没有一套理论标准,可以根据我们对 GEP 算法中的参数选取的研究结果选出合理参数,从而总体提升所构建模型的预测精度。

5.4.2　智能组合模型

对大坝变形分析与预报的数学模型主要有统计模型、确定性模型和混合模型三类。其中,统计模型又分为回归分析法、灰色理论模型、支持向量机模型及人工神经网络法等多种模型方法,事实上以上各类数学模型均含有统计的特性,在一定程度上预报的精度取决于因子选取的正确与否,在实际应用中各种单一模型预报的精度都不高。鉴于每种单一的预报模型都存在着自身的优缺点,因此有必要将其组合起来,以期扬长避短,进一步提高模型预报的精度与适用范围,以准确地预报大坝变形并对大坝安全状况做出判断。在大坝变形预报和趋势性变化提取等方面实施如下:

(1)线性规划组合法预测

将各种单一监测模型进行组合的关键问题是确定每种预报模型的组合系数。线性规划组合法是采取对两种或多种预测模型进行加权组合的方式。比如:GM→GA→BP 智能组合模型预测:将灰色模型(GM(1,1))法、人工神经网络法(BP 网络法)、遗传算法(GA)的预测模型组合,建立大坝智能组合预测模型(GM→GA→BP 预测模型)使预测精度大大提高。

(2)趋势变化和周期波动智能组合模型

由于大坝监测时间序列呈现趋势变动性和周期波动性特征,对这种二重时间序列预测提出了很多方法,其中最常见的是自回归滑动平均(ARIMA)模型,而该模型要求时间序列数据经过差分后具有平稳性;BP 神经网络也广泛应用于该时间序列的预测,但它常常会忽略某些巨大噪声或非平稳数据;而灰色 G(1,1)模型,但它仅能较好地拟合时间序列的趋势性部分,而对于周期波动性,其预测精度则明显降低。显然,若用这些单一的模型对复杂的二重时间序列进行预测,难以取得理想效果。此外,利用在小波理论和神经网络模型组合也可用于大坝变形监测数据异常值诊断预处理、去噪、趋势分量提取。

(3)非线性智能组合模型分析预测

为同时利用不同大坝变形预测方法的特征信息,改进预测质量,可以采用一种基于微粒群优化—支持向量机(PSO—SVM)的大坝变形非线性智能组合预测模型。选取几种不同原理的建模方法建立预测模型并预测,利用其预测结果建立组合预测模型,组合函数的拟合采用混合核函数支持向量回归算法。为了提高 SVM 的学习、泛化能力,采用混合核函数,并用具有并行性和分布式特点的 PSO 算法优化选择 SVM 模型参数。该模型能较好地整合不同建模方法的特征信息,避免了单一方法的偶然性,较单一预测模型、加权组合预测模型具有更高的预测精度和更小的峰值误差,为更准确地进行大坝安全监控提供了一种新的途径。

5.5 基于 BIM 和有限元的快速结构计算技术

基于 BIM 和有限元的快速结构计算技术包括有限元前处理交互操作、静动力渗流/应力/稳定分析、计算结果全方位交互展示等,本技术联合 Vue. js、WebGL、Three. js、Node. js、DOS 批处理脚本、大型有限元二次开发脚本及 Fortran 等进行研发。

在线结构计算主要功能是在 Web 端实现向服务器传递数据、调用服务器计算资源、向前端传递计算结果以及结果前端可视化展示。与传统基于 C/S 模式的大型商用有限元软件相比,有着极大区别。商用有限元软件通过单机版的人机交互功能,能实现有限元前处理、计算分析、后处理等全套计算流程,但因软件封装等技术壁垒,除计算分析功能可通过批处理调用以外,其余前处理、后处理展示功能均无法提供相应的网页端服务,不能建立全套计算流程与 Web 浏览器的数据互访。

综合考虑大型商用有限元软件成熟度较高、前后处理不开放接口等因素,在线结构计算采用前后处理自主研发、计算分析后台调用的技术路线。依托左厂 1～5 号坝段,基于第 5 代 HTML 标准的 WebGL 技术,确定在线分析模块功能设计如下:

(1)有限元模型交互操作

该模块的目的是将后台服务器上存储的有限元网格模型,调用至 Web 端进行可视化的交互展示。模块前端页面、功能分别采用 Vue.js、Three.js 进行编写,通过 UI 设计确定界面风格,前端通过调用后台发布的 HTTP 服务接口,向后台服务请求获取对应的资源数据,后台按照收到请求参数查询数据库,并按照业务逻辑进行处理,将结果以 JSON 格式返回给前端,前端在接收到接口数据后,使用 Three.js 进行数据可视化渲染展示。图 1 为左厂 1～5 号坝段三维有限元网格模型 Web 端显示效果图。

有限元模型交互操作包括视图控制、网格模型两大功能。视图控制功能主要包括正视图、轴测图、模型旋转、平移缩放、适应窗口等,完全支持鼠标左键、右键、滚轮等符合人机习惯的通用视图操作,界面友好、功能强大,基本达到大型商业有限元软件前处理的显示效果。网格模型功能主要包括单元、渲染、边界、外部、材料、隐藏、显示等,通过 Three.js 定制开发,在 Web 端结合网格模型的单元、结点拓扑信息和材料信息等,根据用户操作指令实时在线计算模型的点、线、面、材料等展示内容,实现了单元网格模型显示、网格消隐渲染、模型外轮廓线框、外部及内部指定材料线框、网格材料分区线框、网格模型隐藏/显示等功能。

(2)静动力渗流/应力/稳定分析

该模块的目的是建立服务器与浏览器之间 HTTP 通信协议,向服务器传递计算指令并自动启动当前登录用户名下的相关计算工作。在后台服务器安装大型商业有限元计算软件后,采用 Node.js 将后台服务器有限元计算打包成服务,Web 端以 HTTP 服务接口的形式驱动 DOS 批处理脚本,启动安装的大型商业有限元软件,按照用户自定义的有限元二次开发语言完成指定计算工况分析工作。计算过程中,通过 Node.js 代码不断监听后台计算进程,并完成后台计算关键进程日志在 Web 端实时显示。

结合左厂 1～5 号坝段结构特点和坝基抗滑稳定问题,针对性开发了静力、动力、整体稳定、渗流/应力耦合等各类复杂的大型有限元计算子模块,实现了多用户同时在线、多核并行计算功能。为便于用户在 Web 端实时掌控后台计算关键进程,平台在服务器上预设 DOS

批处理命令,并通过服务器与浏览器之间的通信协议,实现了后台计算关键进程日志在 Web 端实时显示。为保证在线计算分析的效率、提升用户体验效果,针对选用的大型商业有限元软件,进行了相应的二次开发,实现了多用户同时在线条件下的多核共享内存式并行计算。针对用户在操作过程中可能会误操作导致后台服务器计算报错的问题,平台对可能出现的各种误操作均制定了相关的弹窗预警,以此规范有限元计算流程的正确性。

（3）结果展示与监测反馈对比

该模块的目的是将后台服务器上存储的有限元计算结果,或已下载至本地的计算结果,加载至 Web 端进行可视化的交互展示。计算结果加载完成后,用户点击 Web 页面下方的渗流分量(总水头、压强水头、坡降、渗透体积力)、变形分量(各向变形)、应力分量(各向正应力、剪应力、主应力)、点安全度等按钮,便可分类查看有限元计算成果,并可以查看测点监测反馈对比情况,实现自动填表和绘制相关曲线。图 5.5-1 为左厂 1～5 号坝段三维有限元后处理交互展示效果。

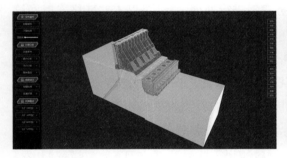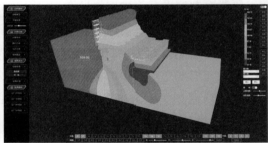

图 5.5-1　左厂 1～5 号坝段三维有限元后处理交互展示效果

第6章　智能监测应用

6.1　智能查询

6.1.1　交互浏览查询

6.1.1.1　可视化全景数据

在枢纽运行过程中,通过获取整个枢纽的实时全景数据,将电站变成一个"端到端"的透明系统,实现全局信息共享,消防"信息孤岛",避免由于信息不对称造成的资源浪费,本系统中主要实现的是安全监测相关的信息共享共联,并通过三维可视化手段对这些整合数据进行智能化管理。

借用大数据分析技术,实现对监测设备的实时监控、评估、分析及状态预测,从而快速隔离事故;实时获取监测设备运行状态及数据,达到对枢纽建筑物的实时安全监测,为设备快速响应提供数据支撑。

①建立枢纽数据整合的可视化全景数据管理,实现枢纽安全监测相关运维数据整合。

②建立三维可视化基础数据库,解决基础数据缺失、版本信息不一致等问题,形成与现场保持一致的准确、完整的基础数据库。

③建立多运维业务系统数据集成,包括设备资产(测点考证、仪器记录、水文站、地震台网等)数据集成、运营系统数据集成、视频监控系统集成、文档管理系统集成,实现基础数据三维可视化、对象化关联管理。

④三维全景信息快速检索,满足现场作业人员现场快速查看模型、数据、文档资料等业务需求,为现场作业人员提供全面、准确的数据支撑。

例如,设备仪表数据可视化,系统可以接入各种安全监测仪器、水文站、气象站等多种动态数据,以三维可视化的形式,直观显示出来,并对数据进行监测,超过警戒自动报警(图6.1-1)。

图 6.1-1　仪表运行数据可视化

本应用首先通过数据采集过程,对一定区域内的海量实时数据进行采集;通过加工,将海量实景数据和地图坐标数据进行整合,形成实景数据服务;然后,将管理服务和实景数据服务叠加,形成 Web 可视化管理服务;最后,通过互联网将含有海量实景地图数据的管理服务展现出来(图 6.1-2)。

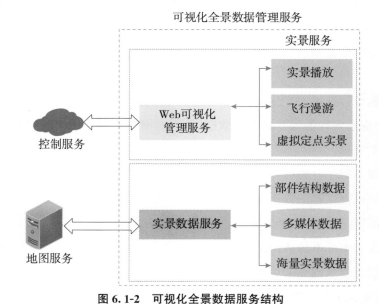

图 6.1-2　可视化全景数据服务结构

6.1.1.2　枢纽三维地图与漫游

利用三维数字化、可视化技术,基于对实物的拍摄、激光扫描、设备图纸、视频等资料构造出枢纽可视化对象的虚拟场景,在三维引擎驱动下生成与生产现场一致的虚拟化枢纽建筑物及其内部结构,通过自动漫游或主动漫游,并提供良好的人机交互能力,让人们从不同角度和详略程度观察这些可视化对象,辅助分析、综合信息及其信息之间的关系。

漫游类似于"人眼",与现实世界的照相机类似,常用的漫游方式包括键盘漫游和路径漫游。

键盘漫游是通过操纵键盘来实现在三维地图中的任意漫游,根据键盘漫游命令,不断改变视点位置或视线方向,可以灵活、准确地对场景进行全方位观察,主要命令包括:左转、右转、前进、后退、上升、下降、仰视、俯视、左移、右移等。

路径漫游通过预先设置漫游路径,然后再播放漫游路径的方式来实现电站三维地图中的任意漫游。

①在三维地图中,实现对角色的控制,能以第一人称进行巡游(近景漫游),并可以走入厂房内部查看,交互式控制角色漫游路线。

②通过小比例导航地图,在整个厂区室外、发电机层、风洞层、水车室、蜗壳层等,可以指示角色移动的区域位置,还可以实现自动跳转、自动定位,防止迷路。

③使用数据库存储监测设备的各类基本信息,通过鼠标点击相应设备,显示该设备的相关信息。

④角色在各区域切换,可以自动搜索各层最短路径,便于了解建筑物内部各层的功能信息。

⑤使用第一视角远景浏览,视角随时切换,并能实现缩放、拉伸、平衡等。

⑥三维地图内容包括场景模型、设备模型、导航地图、场景动画、天气环境、现实建筑物名称及其高程、尺寸等信息。

通过模拟监测设备变形数据,实现大坝时段内变形仿真模拟。

6.1.1.3　数据分析可视化

结合电子地图、GIS 系统等,将电站核心系统的各项关键数据进行呈现,提供运营、调度、安全、管控等信息的实时预警和综合查询,保障人员迅速、及时掌握枢纽监测综合信息,从而为日常巡查、应急指挥、综合决策等提供数据支持,提升综合水平(图 6.1-3)。

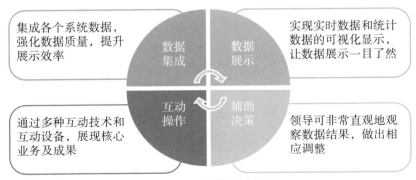

图 6.1-3　数据分析组成

(1)数据分析可视化展现形式

数据分析可视化展现形式主要包括二维可视化和三维可视化。

二维可视化主要是利用统计图表类可视化组件实现大数据二维可视化,即利用图形、图像处理、计算机视觉以及用户界面,通过表达、建模以及对立体、表面、属性以及动画的显示,对数据加以可视化解释。统计图表具有图表组件集、仪表盘组件集、图表统计对比、动态图表四部分功能,包括柱状图、折线图、柱状折线图、饼图、雷达图、表格控件、实时动态仪表控件等。每个图表均由标题、图表、图例组成,用户可控制标题和图例的显示,根据需要在图表上配上文字说明信息。

三维可视化是将大数据系统与三维可视化模块整合,使三维场景的图形计算和数据分析的数值计算在同一个架构内得到有机整合,实现协同化的大数据可视化分析,也能使数据挖掘、数据映射、三维建模、可视化管理实现并行处理,提高系统效率。

(2)数据分析可视化管理流程

采集监测仪器数据,通过序列化处理保存数据;采用相应的数据挖掘算法实现对大数据的分析;通过可视化模块将数据挖掘的输出集合映射为图形信息,利用可视化引擎把图形化的数据与三维场景集成,展现给终端用户。

数据分析可视化是建立在可靠、高速通信网络的基础上,对枢纽建筑物涉及的监测数据采集与监视、调度与控制、生产运行与管理、数据分析与决策等进行统一数据分析,满足安全监测智能化管理的数据分析需求,以提高安全稳定性、数据资源利用率、节能经济运行水平、辅助决策能力、网厂协调能力,实现安全监测智能化决策技术支持。

6.1.1.4 枢纽虚拟沙盘

枢纽虚拟沙盘结合实体地形三维立体模型,利用动画及多媒体软件演示,采用投影的方式,将动态效果投射到实体沙盘模型上,结合灯光音效及配音讲解,生动直观地进行展示,从而让参观者形象、生动地获取简明、优美、逼真的动态信息(图 6.1-4)。它能使观众对展示对象有全面、立体、直观的整体理解,比传统沙盘更具震撼力和感染力,更好地诠释客户所要表现出来的理念和传达给观众的内容。

图 6.1-4 虚拟沙盘

虚拟沙盘是实时浏览的三维立体电子沙盘。利用 3D 技术、矢量专题地图等结合,形成三维虚拟现实的数字沙盘。抛弃了传统模型沙盘只能看到固定制作出的景象模式。

①可以模拟飞行和游览整个电站区域场景;

②可以针对重点区域进行细致、全方位浏览观看;

③可以动态地加载不同比例尺的数据,实现无缝的放大缩小;

④可以展示到设备单体的三维模型;

⑤在三维环境中可以任意调整高度、角度进行浏览;

⑥可以实时显示地理坐标和高度信息;

⑦可以根据需要标注文字信息;

⑧可以添加设备、建筑物、道路、树木、人物等三维设施模型;

⑨可以查询详细属性、照片、录像等信息。

通过数字沙盘可以观看到整个区域的区位分布、路网分布等。

6.1.2　测点状态多元动态展示

6.1.2.1　测点状态树状展示

系统根据测点安装示意图的分部分项位置,建立测点目录树,按照测点目录树结构各层枝干节点的设置,如工程结构、仪器分类等,按照数据观测的类型,如自动化数据、人工数据等,还有将统计与测点分类关联,一同进行测点综合信息的统计(图 6.1-5)。

6.1.2.2　测点二维可视化展示

二维可视化主要是利用统计图表类可视化组件实现大数据二维可视化,即利用图形、图像处理、计算机视觉以及用户界面,通过表达、建模以及对立体、表面、属性以及动画的显示,对数据加以可视化解释。统计图表具有图表组件集、仪表盘组件集、图表统计对比、动态图表四部分功能,包括柱状图、折线图、柱状折线图、饼图、雷达图、表格控件、实时动态仪表控件等。每个图表均由标题、图表、图例组成,用户可控制标题和图例的显示,根据需要在图表上配上文字说明信息(图 6.1-6)。

图 6.1-5　测点树状图

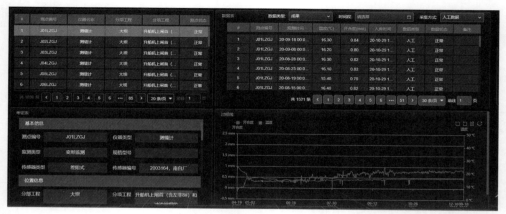

图 6.1-6　图表以及过程线

6.1.2.3　测点分布图展示

在测点布置图管理功能中,系统提供给用户对测点布置图的查询、浏览编辑功能,用户在浏览测点布置图时,同时能够查看布置图中所有测点信息,可根据测点编号搜索其对应的布置图,同时可以编辑布置图中的测点对象关联关系(图 6.1-7)。

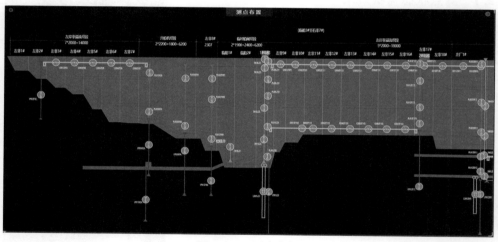

图 6.1-7　测点布置

6.1.2.4　测点状态三维模型展示

二维可视化主要是利用统计图表类可视化组件实现大数据二维可视化,即利用图形、图像处理、计算机视觉以及用户界面,通过表达、建模以及对立体、表面、属性以及动画的显示,对数据加以可视化解释。统计图表具有图表组件集、仪表盘组件集、图表统计对比、动态图表四部分功能,包括柱状图、折线图、柱状折线图、饼图、雷达图、表格控件、实时动态仪表控件等。每个图表均由标题、图表、图例组成,用户可控制标题和图例的显示,根据需要在图表上配上文字说明信息。

三维可视化是将大数据系统与三维可视化模块整合,使三维场景的图形计算和数据分析的数值计算在同一个架构内得到有机整合,实现协同化的大数据可视化分析,也能使数据挖掘、数据映射、三维建模、可视化管理实现并行处理,提高系统效率(图 6.1-8)。

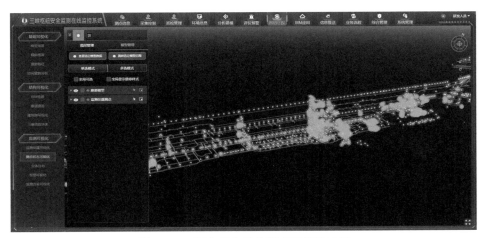

图 6.1-8　测点状态三维模式可视化展示

6.2　智能巡检

基于微惯导技术的智能巡检系统研发完成后,通过系统测试,已成功应用于三峡水利枢纽安全监测、白鹤滩电站安全监测、丹江口水利枢纽安全监测巡视及检查工作中。该技术的应用实现了传统人工巡检工作的信息化,系统可确保巡检任务无遗漏、异常部位定位准。巡检系统还具有定位信号智能切换、巡检签到、巡检记录、巡检层级、巡检报表和报告生成等智能化功能,有效解决了巡检的共享和时效性问题(图 6.2-1、图 6.2-2)。

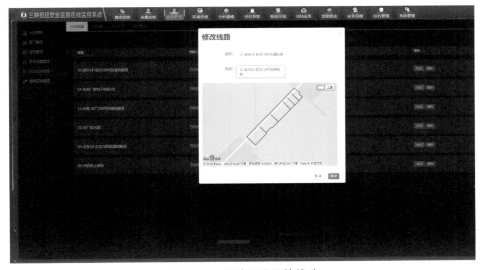

图 6.2-1　系统预设巡检线路

图 6.2-2 系统添加定时任务

（1）事前可预警

智能巡检系统能够根据安全监测工作的实际需求，按照区间预设巡检任务、制订工作计划、配置巡检人员、参照规定频次自动发布巡检任务，使巡检工作更加高效规范。

（2）事中可监管

巡检过程中能够监管巡检过程，该系统在巡检过程中可智能切换室内惯导定位或室外GNSS 定位来实现自动记录巡检轨迹。同时对巡检中发现的异常部位，可以做到同步的、1‰误差以下的准确定位，可以准确上报异常隐患信息，并结合业务流程将异常信息推送至相关人员进行整改、验收闭环处理。智能终端 App 定位界面见图 6.2-3。

图 6.2-3 智能终端 App 定位界面

（3）事后可考核

巡检过程中记录的人员轨迹与数字地图匹配,可以呈现巡检人员轨迹和签到情况,还原任务执行历史及巡检移动数据,通过检查轨迹来确保人员真实到位、任务无遗漏执行。巡检任务完成后系统可以对多期巡检结果进行比对分析,并自动生成报告,从而大幅减少内业工作量,并为事后考核提供数据支撑(图 6.2-4、图 6.2-5)。

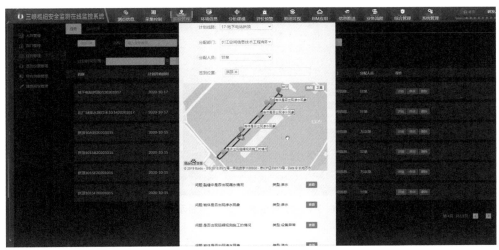

图 6.2-4　巡检轨迹及问题记录详情

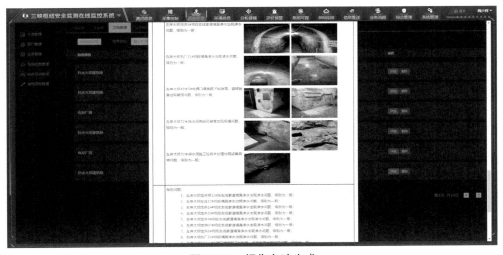

图 6.2-5　报告自动生成

6.3　数据管理

针对海量监测数据管理,利用行业领先的工作流引擎,实现了大坝安全监测运维管理业务流程,主要包括人工观测数据录入、分析、审核,自动化监测数据粗差探测、审核入库,大坝安全监测巡视检查、监测数据报送等全链条流程化工作。依据人工和自动化监测系统运行状态监控获取的异常数据，引入了改进的大坝监测数据序列拉依达准则，结合监测数据分析评价结果，自动探测并剔除粗差（图 6.3-1）。

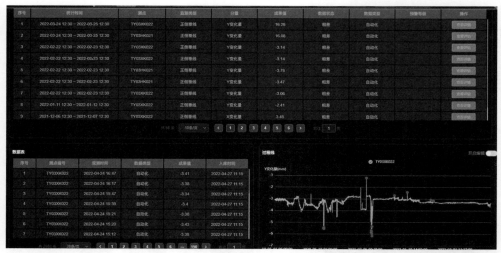

图 6.3-1　数据粗差计算结果显示界面

对于自动化监测数据，智能监测系统每日自动进行数据采集，自动调用分析评价系统进行数据审核，自动发起自动化数据审核流程，启动业务流程由监测观测单位、监理等各级进行审核。业务流程会智能关联异常预警计算，数据审核界面展示了"待审核粗差列表""已审核粗差列表""待审核异常列表""已审核异常列表""待预警计算列表""待审核正常数据""流程报送测点数"监测数据信息，业务流程完成后数据自动进行整编入库（图 6.3-2 至图 6.3-4）。

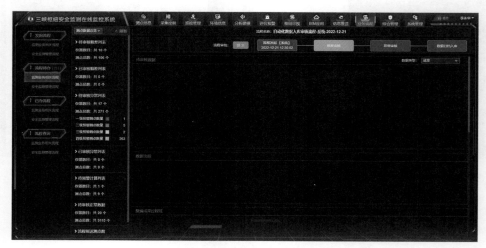

图 6.3-2　自动化数据预警业务流程

图 6.3-3　自动化数据异常预警计算界面

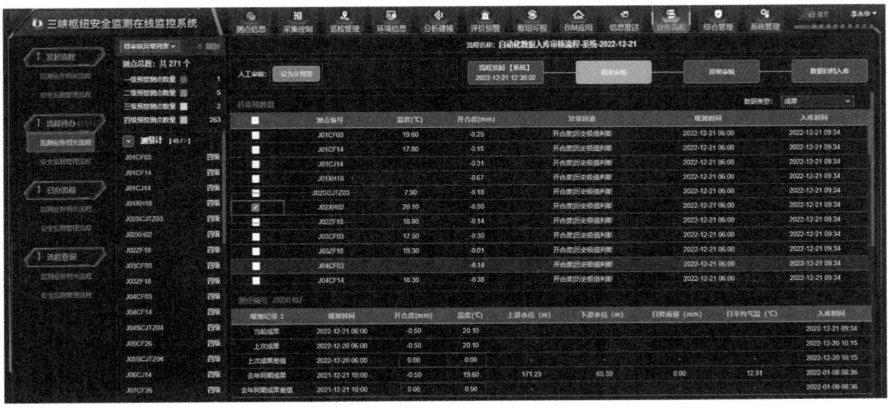

图 6.3-4　自动化数据审核入库界面

通过业务流程管理功能,将各个功能模块与业务流程进行了结合,实现了人工数据入库审核、自动化数据入库审核、数据上报审核、加密观测入库审核、巡视检查审核等多类型的日常业务的在线处理及入库审核(图 6.3-5)。

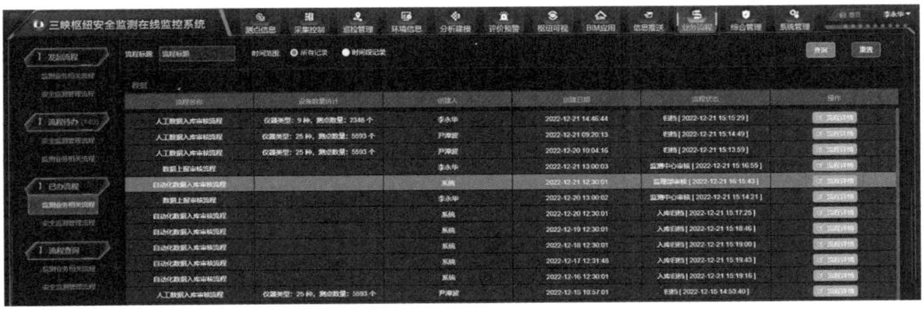

图 6.3-5　监测数据入库业务流程管理界面

6.4　数据分析及评价

在安全监测系统综合评价中,数据服务根据系统基本特点和评价实践,数据分析及评价应从数据质量、监测管理等方面综合考虑。结合工程安全监测成果、设计成果、各种计算和分析成果、巡视检查成果、各类规程规范要求,基于安全监测数据评价等级、评价标准、评价方法,研究建立了监测数据分析及评价体系,实现了监测系统状态监控、监测数据质量与监测工作质量评价等功能,满足了监测资料分析和研究大坝运行性态、系统评价的需求,提升了监测数据审核、整编、评价、预警和监控能力(图 6.4-1、图 6.4-2)。

图 6.4-1 数据分析及评价规则

图 6.4-2 数据分析及评价结果展示

6.5 异常工况(数据)智能触发

异常(数据)工况智能触发就是在系统捕捉到超高水位、超大降雨、超强地震、超阈测值时,自动启动布设好的天(无人机)、空(北斗)、地(测量机器人)、内(引张线、渗压计等)监测设施按照预定加密观测方案进行加密观测,系统利用内嵌的分析建模、在线分析评价等工具进行数据分析和大坝安全形态评价,并按照预设的报告模板进行报告编制,提供给管理者辅助决策。图 6.5-1 为异常工况智能触发的流程,图 6.5-2 为异常工况预案配置。

图 6.5-3 是强震触发观测的实例,包括预案配置、加密观测和监测简报(图 6.5-4、图 6.5-5)。

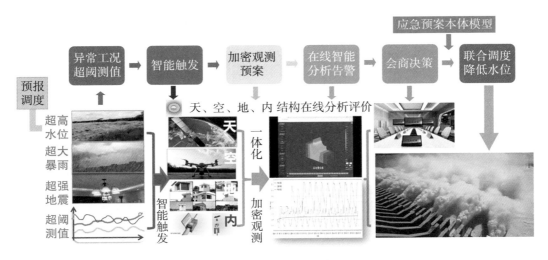

图 6.5-1　异常工况智能触发流程图

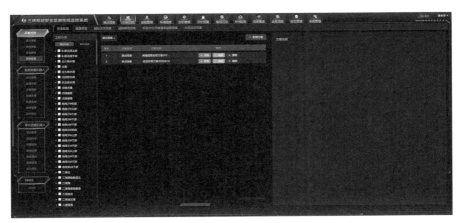

图 6.5-2　异常工况预案配置

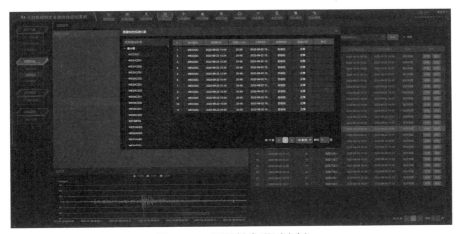

图 6.5-3　强震触发观测实例

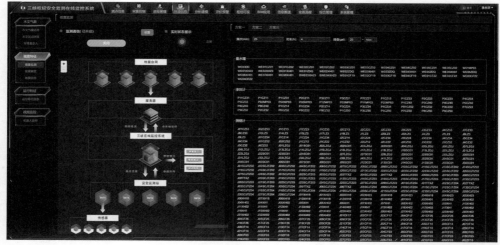

图 6.5-4 强震触发观测预案

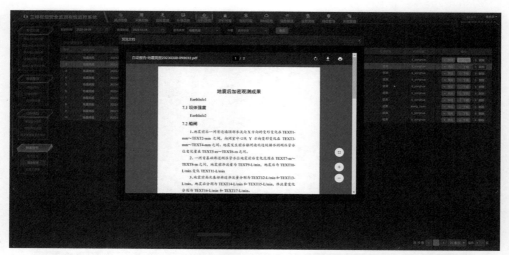

图 6.5-5 强震触发加密观测简报

6.6 智能算法模型应用

监测数据的分析处理和预报模型对大坝安全监测工作具有重要意义。在监测资料分析实际工作中,数据样本不足或者是环境因素复杂对模型的建立有很大影响,模型可能出现的误差就越多、拟合效果差,无法应用到实际工作中。通过研究神经网络模型(图 6.6-1、图 6.6-2)、支持向量机模型(图 6.6-3、图 6.6-4)、小波分析模型、模糊预测模型和智能组合模型(图 6.6-5、图 6.6-6)等及其各自常用的修正模型,并将其应用于大坝变形分析实例中,可有效降低预报模型的均方差,从而提高大坝变形监测的精度。

结合建模结果可以分析得出:泄洪 2# 坝段 PL03XH022 测点水平位移受库水位和温度变化的影响呈年变化,一般 1 月左右向下游位移最大,8 月左右向下游位移最小,符合重力坝的变形规律。

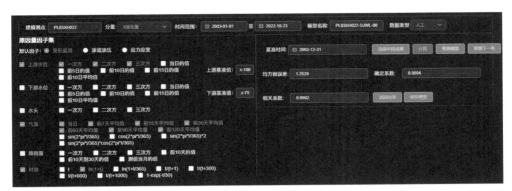

图 6.6-1　神经网络模型计算条件

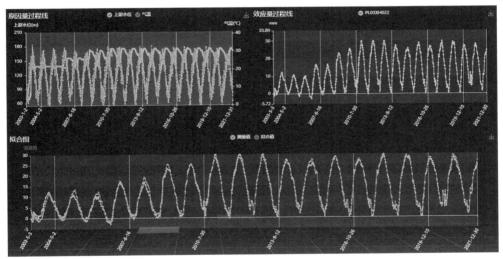

图 6.6-2　神经网络模型计算结果

图 6.6-3　支持向量机模型计算条件

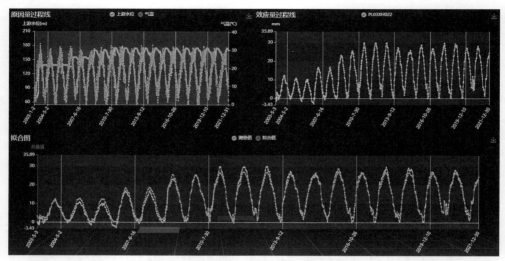

图 6.6-4　支持向量机模型计算结果

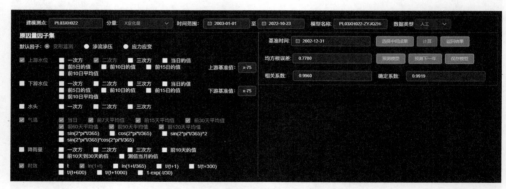

图 6.6-5　智能组合模型计算条件

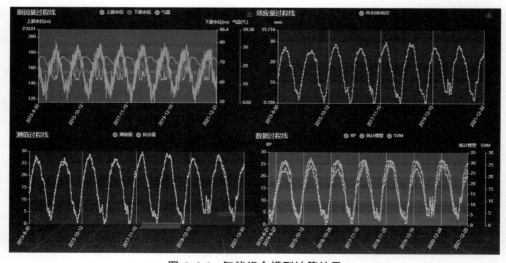

图 6.6-6　智能组合模型计算结果

6.7　分析报告智能生成

安全监测报告的内容覆盖广,具有数据类型多样、数据量巨大、报告整编制作专业性强等特点。目前,在国内各类型电站安全监测管理过程中,监测报告的制作还主要是依靠人工完成,首先从 Excel 文件或安全监测信息管理系统中查询报告相关的数据、图、表,然后复制到安全监测报告 Word 文件中,存在效率低、易出错等问题。人工报告整编模式与自动化监测系统所强调的实时性、准确性、便利性要求存在较大的差距,急需实现安全监测报告整编制作自动化与智能化。

以工程项目当前正在使用的监测报告为模板,首先通过设置编码标记出报告中需要更新替换的内容,然后通过自定义模板对报告中的文字、图片、表格等需要替换的内容设置模板信息,最后利用编码后的 Word 文件、模板信息以及安全监测数据库监测信息自动进行数据统计和报告生成,生成效率高、生成结果准确且与工程项目现行报告样式及内容保持一致,具有较好的通用性(图 6.7-1)。

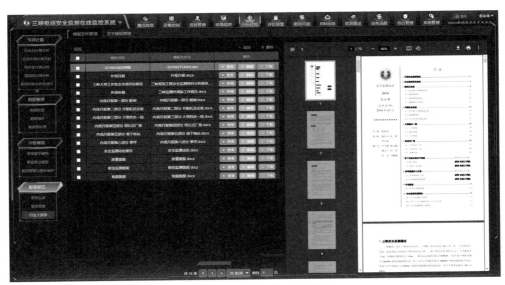

图 6.7-1　报告智能生成界面

第7章 展 望

现代智能制造、卫星导航、云存储、云计算、大数据、移动互联网、物联网、人工智能、数字孪生等现代信息技术赋能大坝安全智能监测,将极大地提升了大坝全生命周期安全管理的智慧化水平。在国家高质量发展战略的科学布局、智慧水利建设的持续推动下,高质量的智能感知传感器、大智慧的管理系统、沉浸式的人机交互服务等具有新型数字孪生工程监测系统是未来发展方向。

近年来,新一代信息技术在大坝安全监测中得到广泛应用,为构建"全过程、全覆盖、全要素"的大坝安全监测信息感知体系提供了技术基础。目前,监测传感器主要是传统的测读模式获取数据,智能传感器已逐步应用于大坝安全的数据采集,而未来智能感知传感器将以《中国制造 2025》导向发展,一是 MEMS(微机电系统)工艺和新一代固态传感器产品微结构制造工艺;二是集成工艺和多变量复合传感器产品微结构集成制造工艺;三是智能化技术与智能传感器产品信号有线或无线探测、变换处理、逻辑判断、功能计算、双向通信、自诊断等智能化技术。目前,部分企业已经开展了系列智能传感器研制,如长江空间公司研制的大气温湿压智能测量仪(CJKJ-iWSY)、钻孔测斜机器人(CJKJ-iCXY)和智能采集单元(CJKJ-iMCU),智能感知传感器将逐步替代传统的测读传感器。

在大坝安全"全过程、全覆盖、全要素"感知体系建设中,各感知传感器仪器设备的协同运行和感知数据的融合处理是大坝智能监测发展的需求。例如,各大坝利用北斗、测量机器人、自动采集单元、光通信等建立的自动化监测系统,对大坝监测信息的感知大多还是被动的、独立的,且感知仪器设备集成化程度不高,还不能完全实现大坝相对与绝对、动态与静态、定性与定量的主动感知。进一步研制感知仪器设备系统集成及联动引擎技术,提升自主感知与协同运行功能。研发智能感知数据监测的融合处理及应用,真正实现大坝安全智能监测。

大坝安全监测信息智慧管理技术将提升大坝安全监测智能服务的水平。要真正实现大坝安全形态评价与预警的智能化,这需要数据降噪技术、多元特征挖掘技术、在线跟踪监控技术、警戒值拟定技术、综合评估技术等多项技术保障。目前,这些单项技术都有相对成熟的理论与应用,但综合应用能力不足,需持续开展大坝监测多模型智能组合研究、大数据挖掘和机器学习模型研究、监测智能建模技术研究。但是要满足大坝运行安全更加实时的状态监测、异常检测、故障诊断、退化和寿命预测等,进而实现大坝运行安全全寿命周期的智能运维、精准管控,有必要利用多专业使能技术建立多维度、全要素的数字孪生大坝安全通用平台。

　　未来,大坝安全智能监测的另一个发展方向是提升人机交互的沉浸式体验,还需要构建大坝运行安全知识图谱,以实现知识推理来提升大坝运行安全管理的决策能力。构建大坝运行安全大语言模型,通过自动学习语言模式,并生成符合语法和语义的句子,实现自动生成监测报表中的分析语句,搜集专业知识,回答技术问题,还能够对监测数据实时分析并发布智能预警信息。另外,通过知识图谱和大语言模型的相互关联,建立易于集成应用的大坝运行安全大模型,利用大语言模型的处理技术,实现对知识图谱的结构化知识库的自动查询和解释充分利用,使大坝安全监测服务方式更智慧。

参考文献

[1] 刘宁. 21 世纪中国水坝安全管理,退役与建设的若干问题[J]. 中国水利,2004(23):27-30.

[2] 齐兆伟. 谈水利枢纽安全监测自动化系统[J]. 才智,2012(28):57-57.

[3] 孙伟. 水利枢纽大坝安全监测方式探讨[J]. 水利建设与管理,2017(6):80-82.

[4] 何金平. 大坝安全监测理论与应用[M]. 北京:中国水利水电出版社,2010.

[5] 彭虹. 大坝安全监测自动化 30 年历程回顾与展望[J]. 水电自动化与大坝监测,2012,36(5):5.

[6] Jinsheng Jia. A Technical Review of Hydro-Project Development in China[J]. Engineering, 2016,2(3):302-312.

[7] 张建云,杨正华,蒋金平. 水库大坝病险和溃坝的研究与警示[M]. 北京:科学出版社,2014.

[8] 李富强. 大坝安全监测数据分析方法研究[D]. 杭州:浙江大学,2012.

[9] 江超,肖传成. 我国水库大坝安全监测现状深度剖析与对策研究[J]. 水利水运工程学报,2021.

[10] 李方平,吴楠,郭运华,等. 水电工程智能安全监测体系特征及发展趋势[J]. 人民长江,2021,52(S02):259-264.

[11] 徐鲲,霍亮,沈涛,等. 融合 GIS 与 BIM 的水利安全监测语义模型设计[J]. 工程勘察,2021,49(2):6.

[12] 葛鑫. 水利枢纽安全监测自动化系统[D]. 长春:吉林大学,2010.

[13] 杨威. 探究水电站大坝安全监测自动化现状与发展目标[J]. 低碳世界,2020,202(4):117-118.

[14] 尹广林. 水电站大坝安全监测自动化的现状和展望[J]. 决策探索,2020,645(3):14-15.

［15］ 王德厚. 大坝安全与监测［J］. 水利水电技术，2009（8）：1-9.

［16］ QinQ，Bai X，Sun J，et al. Overview and prospect of dam deformation monitoring technology［C］//AOPC 2021：Optical Sensing and Imaging Technology. SPIE，2021，12065：704-709.

［17］ 赵志仁，徐锐，等. 国内外大坝安全监测技术发展现状与展望［J］. 水电与抽水蓄能，2010，34（5）：52-57.

［18］ 张斌，史波，陈浩园，等. 大坝安全监测自动化系统应用现状及发展趋势［J］. 水利水电快报，2022，43（2）：68-73.

［19］ 胡波，刘观标，吴中如. 工程安全监测信息管理与分析系统研究及其在特大工程中的应用［J］. 水电自动化与大坝监测，2013.

［20］ 刘峰，李大宏，黄张裕，等. 面向智慧流域的"陆水空天"安全监测数据获取技术研究［J］. 四川水力发电，2017，36（1）：5.

［21］ Shuangping Li，Yonghua Li，Min Zheng，et al. Research on dam deformation monitoring model based on BP ＋ SVM optimal weighted combination// Springer LNCE Advances in Frontier Research on Engineering Structures，2023.

［22］ Bin Zhang，Shuangping Li，Yonghua Li. Stability Analysis of Dam Foundation of Extra Large Hydropower Station under Complicated Geological Conditions -Taking Xiangjiaba Hydropower Station as An Example//2022 8th International Conference on Architectural，Civil and Hydraulic Engineering （ICACHE 2022）.

［23］ Zuqiang Liu，Shuangping Li，Min Zheng，et al. Research on the Application of Enabling Technology for River Basin Hydro-junctions Operation Safety Monitoring System//2022 8th International Conference on Architectural，Civil and Hydraulic Engineering （ICACHE 2022）.

［24］ Shuangping Li，Zuqiang Liu，Min Zheng，et al. Exploration on Big Data Architecture and its Correlation Analysis for Safety Monitoring in Operation of Basin′s Hydro-junctions［J］. IOP Conference Series：Earth and Environmental Science （EES），2019.

［25］ Shuangping Li，Zuqiang Liu，Min Zheng，et al. Research on intelligent monitoring system of hydraulic engineering based on digital twin［C］. 2021 7th International Conference on Hydraulic and Civil Engineering ＆ Smart Water Conservancy and Intelligent Disaster Reduction Forum （ICHCE ＆ SWIDR），2021.

[26] Yanjie Liu, Chenfeng Li, Zuqiang Liu. Research on the application of new generation information technology in safety monitoring of watershed hub operation[C]//2021 7th International Conference on Hydraulic and Civil Engineering & Smart Water Conservancy and Intelligent Disaster Reduction Forum (ICHCE & SWIDR). IEEE, 2021: 881-885.

[27] 黄铭著. 数学模型与工程安全监测[M]. 上海：上海交通大学出版社,2008.

[28] 刘祖强,张正禄,等. 工程变形监测分析预报的理论与实践[M]. 北京：中国水利水电出版社,2008,12.

[29] 张军,刘祖强,等,滑坡监测分析预报的非线性理论和方法[M]. 北京：中国水利水电出版社,2010.

[30] 金跃强. 基于最优加权组合预测的江苏高新技术产业发展趋势研究[J]. 深圳职业技术学院学报,2017,16(3):35-40.

[31] 刘祖强. 滑坡破坏灰色预测[J]. 水利水电技术,1991(2):38-42.

[32] 刘祖强. 大坝观测统计模型因子选择的两种新方法[J]. 水利学报,1992(2):67-70.

[33] 刘祖强. 工程变形态势的组合模型分析与预测[J]. 大坝观测与土工测试,1996,20(3):11-14.

[34] 刘祖强,张正禄,梅文胜,等. 乌东德水电站金坪子滑坡监测及若干关键技术[J]. 水电自动化与大坝监测,2009,33(5):61-64.

[35] 刘祖强,裴灼炎,廖勇龙. 三峡永久船闸高边坡深层岩体变形分析与预测[J]. 人民长江,2002,33(4):1-4.

[36] 刘祖强,张潇,施云江. 三峡永久船闸直立坡岩体变形监测与变形分析[J]. 人民长江,2004,35(5):3-5.

[37] 刘祖强,杨红,廖永龙. 三峡永久船闸建筑物变形特性分析[J]. 水电站自动化与大坝观测,2005,29(2):59-63.

[38] 刘祖强,张正禄,杨奇儒,等. 三峡工程近坝库岸滑坡变形监测方法试验研究[J]. 工程地球物理学报,2008,5(3):351-355.

[39] 李双平,马能武,马瑞,等. 工程安全监测信息云服务平台[J]. 水利水电快报,2022,43(12):6-7.

[40] 李双平,杨爱明. 水利水电工程野外远程实时安全监测系统研究[J]. 人民长江,2013,44(3):63-66.

[41] 周华,李双平,丁建新,等.基于 WebGL 的结构有限元在线分析评价可视化平台[J].人民长江,2021,52(S2):305-308.

[42] 谢向荣,程翔,李双平.安全监测技术在膨胀土渠道监测中的应用[J].人民长江,2015,46(5):26-29+34.

[43] 李双平,张斌.基于小波与谱分析的大坝变形预报模型[J].岩土工程学报,2015,37(2):374-378.

[44] 郑敏,李双平,裴灼炎.三峡大坝安全监测可视化系统开发[J].人民长江,2013,44(4):56-58+76.

[45] 李双平,方涛,王当强.测量机器人在溪洛渡电站变形监测网中的应用[J].人民长江,2007(10):54-56.

[46] 高改萍,李双平,苏爱军,等.测量机器人变形监测自动化系统[J].人民长江,2005(3):63-65.

[47] 严建国,李双平.三峡大坝变形监测设计优化[J].人民长江,2002(6):36-38.

[48] 张斌,顾功开,李超.基于动平均改进灰色模型的高边坡沉降变形预测[J].人民长江,2010,41(20):56-59.

[49] 刘波,张斌,喻佳,等.基于多元线性回归模型的大坝变形预报研究[J].人民长江,2010,41(20):53-55.

[50] 张吉艳,蔡德所,郭雅男,等.最优加权组合预测模型在大坝变形监测中的应用[J].人民珠江,2016,37(10):100-104.

[51] 李秀文,王建,赵向波,等.大坝安全监测系统研究应用及智慧化提升[J].中国防汛抗旱,32(12):53-57.

[52] 杨光,张帅,赵志勇.全生命周期视角下的混凝土坝安全监测[J].大坝与安全,2022,134(6):31-33.

[53] 张晓阳,杭旭超,贾玉豪,等.基于 BIM+GIS 的土石坝安全监测管理平台研究及应用[J].人民珠江,2022(2):43.

[54] 卢正超,杨宁,韦耀国,等.水工程安全监测智能化面临的挑战,目标与实现路径[J].水利水运工程学报,2021(6):103-110.

[55] 钟登华,王飞,吴斌平,等.从数字大坝到智慧大坝[J].水力发电学报,2015,34(10):1-13.

[56] 赵志仁,徐锐.国内外大坝安全监测技术发展现状与展望[J].水电自动化与大坝监测,

2010,34(5):52-57.

[57] 彭虹.大坝安全监测自动化 30 年历程回顾与展望[J].水电自动化与大坝监测,2012,36(5):64-68.

[58] 李林,李荣辉,梁学文,等.广西水库大坝安全管理信息系统开发与应用研究[D].南宁:广西壮族自治区水利科学研究院,2018:12-26.

[59] 聂强,张晓松.以信息化建设推动雅砻江流域大坝安全管理创新[J].大坝与安全,2016,(1):1-5+8.

[60] 冯涛,李小伟.流域水电站大坝安全信息化建设特点[J].大坝与安全,2016(1):6-8.

[61] 金乐乐,任晓春,刘成龙,等.基于边缘计算的智能型全站仪自动监测系统技术与应用[J].测绘标准化,2021,37(1):60-65.

[62] 刘陈,景兴红,董钢.浅谈物联网的技术特点及其广泛应用[J].科学咨询,2011(9):86-86.

[63] 黄震,廖敏杏,张皓量,等.基于 SVM-BP 模型非完整数据的隧道围岩挤压变形预测[J].现代隧道技术,2020,57(S1):141-150.

[64] 张慧敏,张林生.深度学习方法应用于边坡滑坡图像识别技术研究[J].科技与创新,2021(1):1-2.

[65] 维克托·迈尔—舍恩伯格,肯尼思·库克耶.大数据时代[M].盛杨燕,周涛,译.杭州:浙江人民出版社.2013.

[66] 田明昊,郑鸿斌.区块链在智慧水利建设中的应用研究[J].智能城市,2021,7(6):117-118.

[67] 文富勇.基于 BIM＋GIS 的大坝安全监测信息可视化展示技术研究[J].水力发电,2021,47(3):94-97.

[68] 周果林,胡伟,熊剑.基于 BIM＋GIS 的城市地下综合管廊运维管理平台架构研究与应用[J].智能建筑与智慧城市,2018(1):64-68＋74.

[69] 黄跃文,牛广利,李端有,等.大坝安全监测智能感知与智慧管理技术研究及应用[J].长江科学院院报,2021,38(10):180-185＋198.

[70] 雒翠.大坝安全预警系统关键技术研究[J].人民黄河,2008,273(5):78-79.

[71] 李晓晨,张毅,董龙根,等.典型小概率法在大坝径向位移安全监控指标拟定中的应用[J].三峡大学学报(自然科学版),2014,36(3):43-45.

[72] 孟表柱,朱金富.土木工程智能检测智慧监测发展趋势及系统原理[M].北京:中国质

检出版社,中国标准出版社,2017.

[73] 丁涛,韦耀国,等.安全监测新技术及应用[M].北京:科学出版社,2021.

[74] 赵键,张慧莉.大坝自动监测数据异常值识别的改进数据跳跃法[J].中国农村水利水电,2014(2):3.

[75] 邹晓磊,薛桂玉.大坝监测数据异常值识别方法探讨[J].水电能源科学,2009,27(5):3.

图书在版编目（CIP）数据

大坝安全智能监测理论与实践 / 童广勤等著 .
—武汉 ： 长江出版社，2023.10
ISBN 978-7-5492-8833-5

Ⅰ．①大… Ⅱ．①童… Ⅲ．①大坝－安全监测 Ⅳ．
① TV698.1

中国国家版本馆 CIP 数据核字 (2023) 第 058946 号

大坝安全智能监测理论与实践
DABAANQUANZHINENGJIANCELILUNYUSHIJIAN
童广勤等　著

责任编辑：	郭利娜
装帧设计：	刘斯佳
出版发行：	长江出版社
地　　址：	武汉市江岸区解放大道 1863 号
邮　　编：	430010
网　　址：	https://www.cjpress.cn
电　　话：	027-82926557（总编室）
	027-82926806（市场营销部）
经　　销：	各地新华书店
印　　刷：	湖北金港彩印有限公司
规　　格：	787mm×1092mm
开　　本：	16
印　　张：	19.5
字　　数：	540 千字
版　　次：	2023 年 10 月第 1 版
印　　次：	2023 年 10 月第 1 次
书　　号：	ISBN 978-7-5492-8833-5
定　　价：	228.00 元